内容简介

本书由江苏畜牧兽医职业技术学院陆桂平教授等编著。全书共17章，主要包括肉兔养殖的意义和前景、肉兔的生物学特性、肉兔品种、肉兔的繁殖、肉兔的营养与饲料、肉兔场建设与环境控制、肉兔的饲养管理、肉兔产品及其初加工、兔场的经营管理、兔场消毒和免疫接种、兔场兽医室建设及管理、兔病概述、传染性疾病防治、寄生虫病防治、营养性疾病防治、普通病防治等。

内容丰富、新颖，融知识性、科普性、实用性和可操作性于一体，文字通俗易懂，适合作为基层兽医、动检、防疫人员的培训教材和规模饲养场技术人员的学习用书，也可作为职业院校相关专业师生阅读参考。

新编农技员丛书

肉兔生产配套技术手册

陆桂平　刘海霞　李巨银　主编

中国农业出版社

编写人员

主　编	陆桂平	刘海霞	李巨银
副主编	倪黎纲	钱根林	乔荣根
参　编	李小芬	张　玲	毛庆玖
	程　汉	魏　宁	郝福星
	谭　菊	殷洁鑫	黄东璋
	文育胜	徐婷婷	席晓霞
审　稿	朱达文	樊　跃	

前　言

肉兔是节粮型草食小家畜。兔子虽小，浑身是宝。兔肉是高蛋白、高赖氨酸、高消化率、低脂肪、低胆固醇、低能量，即“三高三低”的动物性食品，兼具营养和保健功能；兔毛是质轻、柔软、保暖、美观的纺织原料；兔皮可加工成各式各样的毛皮制品；兔下脚料是生化制药、化工及动物性饲料的原料，开发潜力极大。兔产品是我国传统的出口商品，在国际市场上享有盛誉。发展肉兔生产，可增加出口创汇，支援国家建设。饲养肉兔，在我国具有得天独厚的条件。养兔已成为欠发达地区脱贫致富的有效途径。

为了普及科学养肉兔知识，促进我国养兔业的发展，我们编著了这本《肉兔生产配套技术手册》，主要包括肉兔的生物学特性、肉兔的品种、饲料与营养、繁殖与遗传育种、饲养管理、笼舍建筑与设备、疾病防治等几部分。内容丰富，深入浅出，实用性强，可供肉兔养殖场（户）、农村科技干部、基层畜牧兽医工作者、农业院校师生及养兔爱好者学习和参考。

本书由陆桂平、刘海霞、李巨银担任主编，倪黎纲、钱根林、乔荣根担任副主编，参加编写的人员还有李小芬、张　玲、毛庆玖、程　汉、魏　宁、郝福星、谭菊、殷洁鑫、黄东璋、文育胜、徐婷婷、席晓霞，全书由朱达文、樊跃审稿。在编写过程中，参考了前人的一些研究成果，不少同行、专家提供了宝贵的资料，提出了很好的建议，得到了中国农业出版社和江苏畜牧兽医职业技术学院的大力支持，在此一并对他们表示诚挚的谢意。

由于编者水平有限，加之时间仓促，不妥之处在所难免，恳请广大读者提出宝贵意见和建议。

编　者

2013年1月

目　录

第一章 肉兔养殖的意义和前景

第一节 发展肉兔养殖的意义

一、肉兔生产是节粮型养殖

我国是一个农业大国，但是人均耕地日趋减少，人口数量不断增加，粮食供应与需求的矛盾始终存在，而且在今后相当长的时期内都不可能有很大的改变。在畜牧业结构中我国耗粮型的猪、禽比重过高，畜禽与人争粮的矛盾日益突出。我国山地丘陵多，饲草资源开发潜力巨大。因此，大力发展节粮型草食家畜是我国畜牧业可持续发展的必由之路。肉兔属草食动物，能有效地利用植物中的蛋白质和部分粗纤维，从而提高了饲料的利用率，降低了成本。在肉兔的日粮中，原粮仅占25%左右，青草或干草要占70%以上。野草、野菜、树叶以及农作物秸秆和各种粮油加工副产品等都可作为肉兔的饲料。在规模饲养时，多种高产、优质牧草是它的主要饲料来源。发展以食草为主的肉兔生产，完全符合我国国情，是农业产业结构调整的方向。

二、肉兔生产可以提供优质的动物性食品

兔肉是珍贵的食品，与其他畜禽肉类相比，兔肉具有“三高三低”的特点，即高蛋白、高赖氨酸、高消化率、低脂肪、低胆固醇和低热量等（表1-1）。兔肉含有高达21%的全价蛋白质，丰富的B族维生素复合物，以及铁、磷、钾、钠、钴、铜等。兔肉肉质细嫩、鲜美，便于加工成各种味道，在中国饮食文化中

享有盛誉，代表了当今人类对于肉食品需求的方向。兔肉中的烟酸具有独特的去皱美容功效，肉中的钙吸收率高，是人体补钙的好膳食。故兔肉在国外享有“保健肉、美容肉、益智肉”之称。兔肉对人体的营养保健作用，我国早在《本草纲目》就有记载：兔肉味甘性寒，具有补中益气、凉血解毒、清补脾肺、养胃利肠、解热止渴等功效。由此可见，俗语“飞禽莫如鸪，走兽莫如兔”有其内在的科学根据。

表1-1　兔肉与其他主要肉类营养成分及消化率比较

类别	蛋白质（%）	脂肪（%）	100克热量（千焦）	100克含胆固醇（毫克）	100克含烟酸（毫克）	赖氨酸（%）	无机盐（%）	消化率（%）
兔肉	21	8	677.16	65	12.8	9.6	1.52	85
猪肉	15.7	26.7	1 287.44	126	4.1	3.7	1.10	75
牛肉	17.4	25.1	1 258.18	106	4.2	8.0	0.92	55
羊肉	16.5	19.4	1 099.34	70	4.8	8.7	1.19	68
鸡肉	18.6	14.9	518.32	69～90	5.6	8.4	0.96	50

随着国民收入及人民生活水平的提高，人们对兔肉营养价值的认识在逐步加深，将兔肉视为高档菜肴，甚至出现“无兔不成席”的局面，吃兔肉已成为人们的一种消费时尚。可以预见：兔肉将成为继猪肉、鸡肉之后又一个重要的消费热点，将会普及到寻常百姓家，对改变中国人不合理膳食结构、提高人们的身体素质发挥重要作用。

此外，兔脑、血、肝、胆、心、胃、肠等除可直接食用外，还可以为制药工业提供优质原料，直接为人、畜保健服务。

三、肉兔生产可以促进农村经济发展

肉兔生产与其他养殖业相比，具有投资少、风险小、周期短、见效快、易管理、效益高、节粮多等优点。其饲养规模可大可小，经营方式比较灵活。农民不仅可以利用菜叶、果皮、田边

地头杂草、作物秸秆、谷实类副产品等作为饲料小规模养兔，还可适度规模种草养兔，均可获得可观的经济效益。每只母兔年内可繁殖5～6窝，每窝产仔6～8只，成活5～6只，饲养90天，每年出栏25～30只商品兔，群众中流传“家养三只兔，不愁油盐醋；家养十只兔，不愁棉和布；家养百只兔，走上致富路”是现实的写照。在广大农村，特别是贫困地区，因地制宜，大力发展肉兔养殖业，是农民脱贫致富奔小康的重要途径之一。发展肉兔养殖业还可带动动物饲料工业、兔肉加工业、肉兔副产品（皮、骨、血、脏器等）加工业及相关机械设备工业的发展，还有利于促进第三产业的发展和解决相关产业及农村就业问题。

随着国内和国际需求量的同时加大，兔肉高价的局面将继续保持下去，活兔内销价格将比较稳定。同时，冻兔肉是国际市场上畅销的肉类食品之一，我国冻兔肉的出口潜力很大。

第二节　肉兔养殖业的现状

一、世界肉兔生产概况

目前，世界肉兔年饲养量已超过15亿只，其中肉兔约占94%。兔肉年产量现已达到210万吨，比1984年兔肉总产量100万吨，产量已翻了一番。肉兔皮年产量多达10多亿张。全世界约有106个国家（含中国）从事肉兔业生产。欧洲国家约占世界兔肉生产和消费量的85%以上，20世纪80—90年代其兔肉生产和消费量都在继续增长。如意大利的兔肉生产量，20世纪70年代为15万吨，80年代达到20万吨，90年代则已超过30万吨。

世界年人均兔肉占有量350克，其中欧美一些国家相对较高，如意大利年人均兔肉占有量5.3千克、西班牙3千克、法国2.9千克、比利时2.6千克。人均消费兔肉数量最多的国家是马耳他，人均年消费兔肉8千克左右；其次为法国和意大利，人均消费兔肉4～6千克；比利时人均消费兔肉2～3千克。

世界兔肉年贸易量6万～7万吨，占兔肉总产量的3.2%～3.5%。兔肉主要进口国有：意大利、法国、比利时、德国、瑞典、西班牙。兔肉主要加工再出口国有：法国、比利时、荷兰、英国、美国。传统的兔肉消费市场主要在欧盟各国，尤其是意大利、比利时、法国、英国、德国、荷兰等国自产兔肉不足，需要大量进口。近几年日本、韩国及东南亚地区兔肉需求量激增，进口量比较大。意大利是进口兔肉数量最多的国家，每年需进口2万～3万吨；其次为法国，每年需进口冻兔肉1万～2万吨；英国和德国各需进口0.5万～1万吨。

二、我国肉兔养殖业的现状

我国肉兔饲养量、兔肉产量居世界首位，约占世界总产量的1/4。近年来，我国有关部门在农村产业结构调整中，把"养兔生产"列为重要的饲养项目之一，使肉兔饲养区域不断扩大。目前我国肉兔的存栏量为3.3亿～4.5亿只，其中山东、四川、江苏、河北、河南、安徽等省饲养数量最多，占我国肉兔存栏量的75%～80%。

20世纪80年代之前我国兔肉主要以外销为主，内销量微不足道。随着改革开放和人民生活水平的不断提高，兔肉越来越受到人们的欢迎，我国兔肉销售以国内市场为主、国际市场为辅的格局已基本形成。目前我国年产兔肉50多万吨，年出口兔肉不足2万吨，其余均为国内消费。我国年人均兔肉占有量为385克，超过世界年人均兔肉占有量350克的水平，但和欧美一些国家相比还有很大差距。

第三节　肉兔养殖业的发展前景

一、市场分析与需求

随着人民生活水平的不断提高，膳食结构日趋合理，对蛋白

质的需求与日俱增。肉兔与马、牛、羊、禽相比，对地球的生态环境也具有一定的特殊作用，它以杂草及农副产品为主，不与人类争粮食，而向人类提供最廉价、报酬最高的动物性食品，发展肉兔养殖业是解决粮食紧缺和蛋白质供应不足的重要途径之一。人类对草食畜禽特别是兔，将应优先发展，并在一定时期内，其产品将成为人类生活中的必需物质之一。市场消费需求量将呈日益增长的趋势，从而促进肉兔养殖业不断发展，兔肉产量及消费量稳步上升。

二、发展肉兔养殖业的对策

发展肉兔生产，应以市场为导向，结合当地实际情况，采取适宜的发展模式，以期获得最佳的经济效益。

（一）提倡规模化饲养

养兔业是一个系统工程。养兔业发达国家，大多采用集约化、工厂化饲养。我国的养兔生产主要由农家副业养兔、集体养兔场和国营种兔场等多种模式组成。饲养规模过小，经济效益不高，而且容易诱发多种疾病，造成巨大经济损失。

（二）普及科学养兔知识

要提高肉兔的生产水平，必须普及科学养兔知识，采用科学手段和先进技术，尤其是肉兔良种选育、杂交组合、饲料搭配、饲养管理和疾病防治等科技知识，实行标准化、科学化饲养，以达到优质、高产、高效的目的。

（三）推广全价颗粒饲料

兔子喜欢吃颗粒饲料，而且饲料利用率高，浪费少。因此，应该根据肉兔的营养需要和饲养标准，生产全价颗粒饲料，以满足肉兔不同生产类型和生理阶段的需要。

（四）树立商品生产意识

养小兔子可以成为大产业，养兔不仅需要先进的科学技术，而且还要树立商品生产意识。如果不能很好地解决肉兔产品的加工、销售和市场开发问题，产前、产后矛盾突出，就难以实现增值、增效的目的。

（五）开展肉兔产品综合开发利用

肉兔的主要产品有兔肉、兔皮、兔粪和各种内脏。为了巩固和发展肉兔养殖业，有关部门应注意兔产品的综合开发利用，以适应市场经济的需要。兔肉除用于满足传统的外贸出口需要之外，必须立足于国内市场的开发和综合加工利用。对兔皮、兔粪和兔的各种内脏要进行深度加工，综合利用，增值、增效。

第二章 肉兔的生物学特性

第一节 肉兔的生物学分类地位

在动物分类学上，科学家根据兔的起源、生物学特性与头骨的解剖特征等，确定了肉兔的分类学地位：动物界、脊索动物门、脊椎动物亚门、哺乳纲、兔形目、兔科、兔亚科、穴兔属、穴兔种、肉兔变种。

世界上所有的肉兔品种都起源欧洲的野生穴兔，由野生穴兔驯化和培育而来。我国是驯化兔最早的国家之一，比欧洲要早得多。日本学者井口贤三（1941）认为："中国在先秦时代，即已养兔。"达尔文也承认中国是驯化兔最早的国家之一，他在《动物和植物在家养下的变异》中说："兔自古以来就被驯养了。孔子认为兔在动物中可以列为供神的祭品，因为他规定了它的繁殖法。所以，中国大概在古老的时期就已养兔了。"我国在历史上长期以来一直把肉兔作为玩赏动物养，故而其品种数量少和生产性能低，直到新中国成立以后，我国养兔业才逐渐发展起来。

第二节 肉兔的形态和解剖生理特点

一、外貌特征

肉兔与其他生产类型兔之间、肉兔的不同品种之间在外貌上均有不同的特点。肉兔的外貌形态可以反映出其健康、发育情况和生产性能。掌握鉴定外貌的方法和要求，对于选种、育种和了

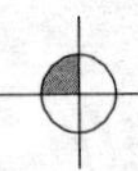

解饲养生产情况十分必要。

肉兔的身体一般可分为头、颈、躯干、尾和四肢五部分（图2-1）。除鼻尖、眼睛上方、腹股沟部和公兔阴囊等一小部分无被毛外，其余全身各部都有被毛覆盖，被毛的长短和颜色因品种而不同。

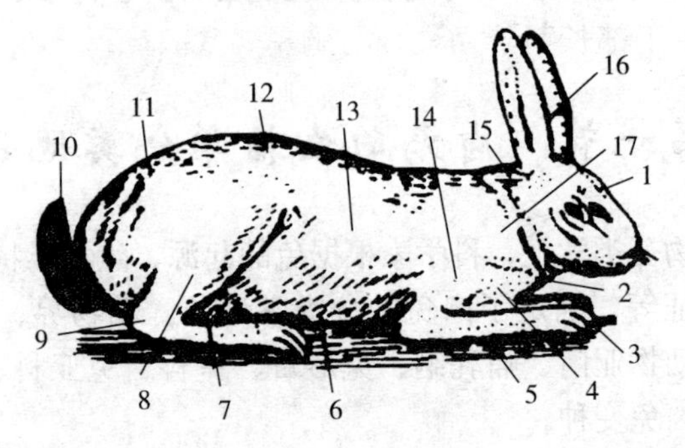

图2-1 肉兔各部位名称

1. 头 2. 肉髯 3. 爪 4. 胸 5. 前脚
6. 腹 7. 后脚 8. 股 9. 飞节 10. 尾 11. 臀
12. 背 13. 体侧 14. 肩 15. 后颈 16. 耳 17. 颈

（一）头部

肉兔的头较长，包括颅部和面部。颅部位于眼以后的部分，包括顶、额、枕、颞、耳和耳廓等。面部位于眼以前的部分，占头全长的2/3，包括眼、鼻、口等器官。口较小，外周由含有肉质的上唇和下唇组成，上唇中央有纵裂，俗称豁嘴或兔唇，门齿外露。口角周围有长而硬的触须，有触觉作用。鼻孔较大，呈椭圆形，位于上唇纵裂两侧。眼球大，近似圆形，位于头部两侧，其单眼的视野角度超过180°，以单眼视物。肉兔的眼睛有不同的颜色，如红色、灰色和黑色等。眼球的颜色为品种特点之一，如中国白兔、德国齐卡配套系兔等眼球为红色，比利时兔眼球为黑色。耳的形状、长度和厚薄也是品种特点之一，如中国白兔耳短、厚、直立，德国巨型白兔耳大而直立，日本大耳白兔耳长、

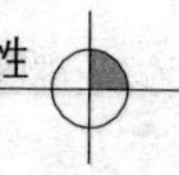

耳端尖、形同柳叶等。

（二）颈部

肉兔颈部位于头和躯干之间，肉兔颈短，一般大、中型兔在颈与喉的交界处有肉髯。

（三）躯干部

肉兔躯干部长而弯曲，分为胸、腹和背腰三部分。胸腔较小，其容积仅为腹腔的 1/7～1/8；腹部远大于胸部，这与肉兔的草食性相关。选种时，应选腹部容量大但肚皮不松弛且有弹性者。母兔在胸部一般有 3～6 对乳头，乳头的数目和发育情况反映母兔泌乳的能力，选种时要选具有 4 对以上发育良好的乳头的母兔。

背腰部有明显的腰弯曲，选种时要选背腰宽大、臀部宽圆的肉兔，背腰狭窄或下陷说明体质弱，脊椎骨棘突明显、臀窄且下垂者是发育不良的表现。

（四）尾部

肉兔尾短，起掩盖肛门和阴部的作用。

（五）四肢

肉兔前肢短细，后肢长而有力，适应兔的跳跃和卧伏的生活习性。前肢包括肩带部、臂部、前臂部和前脚部（包括腕部、掌部和指部）四部分。后肢包括大腿部（股部）、小腿部和后脚部（包括跗部、跖部和趾部）三部分。前脚有五指，指端有爪，后脚有四趾（第一趾已经退化），趾端有爪。兔脚着地的方式属于趾—跖行性，即不仅以脚趾（指）着地，脚掌（趾骨、掌骨）也在一定程度上参与着地，尤其是后脚脚掌着地情况更明显。

二、被皮系统

被皮系统包括皮肤和由皮肤演化而来的毛、爪、乳腺、汗腺、皮脂腺等皮肤衍生物，具有保护、感觉、调节体温、分泌、排泄和贮藏营养物质等作用。

（一）皮肤

肉兔的皮肤由表皮、真皮和皮下组织构成。

1. 表皮 是皮肤的最表层，由复层扁平上皮细胞构成，很薄，其表层细胞角质化称角质层。深层细胞具有不断增生的能力称生发层，使最表面细胞不断脱落而成为皮屑。

2. 真皮 位于表皮下面，是皮肤最主要、最厚的一层，由致密的结缔组织构成，坚韧而富有弹性，可分为浅层的乳头层和深层的网状层。真皮内有丰富的毛细血管和神经末梢。

3. 皮下组织 位于真皮下面，即皮肤的最深层，主要由疏松结缔组织构成，其中含有脂肪组织，有比较大的血管和神经。皮肤借皮下组织与深部的肌肉或骨膜相连。

（二）皮肤衍生物

肉兔的皮肤衍生物包括毛、爪和皮肤腺。

1. 毛 肉兔毛分为绒毛、枪毛和触毛三种类型。绒毛短、细且密，起保温作用；枪毛长而粗，耐摩擦，具有保护作用；触毛长、粗而硬，长在嘴边，有触觉作用。毛分为毛干、毛根和毛球三部分，毛干露在皮肤外面，毛根插入到皮肤的毛囊内，毛根的末端膨大称作毛球。毛有一定的寿命，生长到一定时期就会衰老脱落，为新毛所代替，这个过程就是换毛。成年兔在一年内有2次换毛，分别在春季和秋季。

2. 爪 肉兔的每一指（趾）的末指节骨上都附有爪，爪分为爪缘、爪冠、爪壁和爪底，具有挖土打洞和御敌的功能。

3. 皮肤腺 皮肤腺包括汗腺、皮脂腺和乳腺。

汗腺位于真皮内，有导管开口于皮肤的表面。肉兔的汗腺很不发达，主要分布在唇边和腹股沟部，因此体温调节受到限制，肉兔是不耐热的动物。

皮脂腺遍布全身，但不是很发达，位于真皮内靠近毛根处，其导管开口于毛囊，分泌的皮脂能滋润皮肤和被毛，防止干燥和水分的浸入。兔外阴部有1对鼠鼷腺，是由皮脂腺变化而来，腺

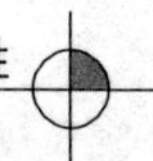

体较小，白色，公兔位于阴茎体背侧皮下，母兔位于阴蒂背侧皮下，分泌带有异臭味的黄色分泌物，腺体导管开口于腹股沟无毛处。

母兔的乳腺一般为3～6对乳头，位于胸部及腹部正中线两侧。每个乳头约有5条乳腺管开口。兔每日泌乳量为50～220克。

三、运动系统

肉兔的运动系统是由骨骼、关节和肌肉三部分组成。

（一）骨骼

兔全身有275块骨，由结缔组织或软骨连接而成，构成兔体的支架，起着维持体形、支持体重、保护内脏、参与运动以及参加机体钙、磷的代谢和平衡等作用，骨骼腔中的红骨髓有造血功能。全身骨的总重量约占体重的8%。骨骼依照生理部位可分为中轴骨和附肢骨。中轴骨有头骨、脊柱、肋骨和胸骨，附肢骨有前肢骨和后肢骨（图2-2）。

1. 头骨 头骨多是板状扁骨，内有骨腔，起容纳和保护作用。头骨可分为顶部的颅骨和前方的面骨两部分，共28块。除下颌骨外，各骨和软骨之间的接触面为不动关节。颅骨构成颅腔的外壳，包围脑及平衡和听觉器官，由4块单骨和6块对骨构成头骨的后半部。面骨由2块单骨和16块对骨组成，是构成兔颜面的基础，围绕在口及鼻腔周围，并与颅骨共同构成眼眶。肉兔的面骨长，这与其草食性有关。

2. 脊柱 脊柱纵贯全身，由一节节脊椎骨借关节、韧带和椎间盘联结而成。肉兔的脊椎骨大约有46块（45～48块）。肉兔脊椎分颈椎、胸椎、腰椎、荐椎和尾椎五部分，其中颈椎7块、胸椎12块（偶有13块）、腰椎7块、荐椎4块、尾椎16块（15～18块）。脊柱自头部向后延伸至尾部，由于各部分的承受力不同，形成几个弯曲，即头颈弯曲、颈胸弯曲、腰部

弯曲和荐尾弯曲，腰部弯曲在肉兔中最为明显，适应其后肢较强的弹跳。

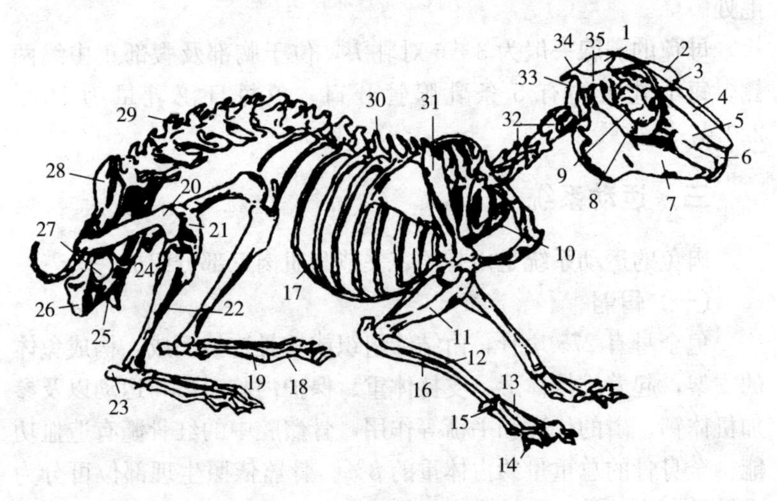

图 2-2 肉兔全身骨骼结构

1. 顶骨 2. 额骨 3. 泪骨 4. 鼻骨 5. 上颌骨 6. 前颌骨 7. 下颌骨 8. 颧骨 9. 腭骨 10. 胸骨 11. 肱骨 12. 桡骨 13. 掌骨 14. 指骨 15. 腕骨 16. 尺骨 17. 肋骨 18. 趾骨 19. 跖骨 20. 股骨 21. 膝盖骨 22. 胫骨 23. 跗骨 24. 腓骨 25. 耻骨 26. 坐骨 27. 闭孔 28. 髂骨 29. 腰椎 30. 胸椎 31. 肩胛骨 32. 颈椎 33. 枕骨 34. 顶间骨 35. 颞骨

3. 肋骨 通常为 12 对，与胸椎数目一致，前 7 对肋骨与胸骨相接，称为真肋，后 5 对肋骨不与胸骨相接，称假肋。第 8 肋的肋软骨附着于第 7 肋的肋软骨，第 9 肋的肋软骨附着于第 8 肋的肋软骨。最后 3 对的软骨端游离，称为浮肋。肋骨体长而弯曲。

4. 胸骨 由 6 块胸骨节组成。第 1 节为胸骨柄，第 2～5 节称为胸骨体，最后一节为剑突，后方接一宽而扁的剑状软骨。

5. 前肢骨 前肢骨包括肩胛骨、锁骨、臂骨、前臂骨和前脚骨。肩带由肩胛骨和锁骨组成，肩胛骨略呈扁平的三角形，斜位于胸侧壁的前部。乌喙骨退化成一突起。锁骨小而细长，位于

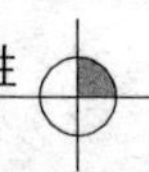

肩胛骨下端的内侧前方，埋于肩部肌肉中。臂骨又称肱骨，为典型的管状长骨，近端有球形的臂骨头，远端与桡骨构成关节。前臂骨由桡骨和尺骨构成，内侧为桡骨，较短，外侧为尺骨，较长，尺骨近端的突出部分称肘。前脚骨由腕骨、掌骨、指骨及籽骨组成。

6. 后肢骨 包括髋骨、股骨、膝盖骨、小腿骨和后脚骨。兔的后肢骨较长，并坚强有力，适于跳跃。髋骨由髂骨、耻骨和坐骨 3 块扁骨组成。三骨结合处共同形成髋臼，与股骨头形成髋关节。左右髋骨与荐骨及前 3 个尾椎构成骨盆。股骨为大腿骨，近端内侧有粗大的突起称大转子，股骨远端前面有滑车关节面，与膝盖骨组成关节，后面有两个股骨髁，与胫骨组成关节。膝盖骨又称髌骨，为一短楔状籽骨。小腿骨包括内侧粗大的胫骨和外侧细小的腓骨。后脚骨由跗骨、跖骨、趾骨和籽骨组成。

（二）关节

骨与骨之间常借纤维结缔组织或软骨组织形成骨连结。骨连结的方式有直接连结和间接连结。直接连结是骨和骨之间借纤维结缔组织或软骨直接相连，无间隙，不能活动或仅能稍微活动。间接连结又称滑膜连结，骨与骨之间并不是直接连结在一起的，中间有滑膜包围的关节腔，能进行灵活的运动，又称关节。

关节由关节面、关节软骨、关节囊、关节腔及血管神经等基本结构构成，有的关节尚有韧带、关节盘和关节唇等辅助结构。根据组成关节的骨骼数可将关节分为单关节和复关节，单关节由相邻的两块骨构成，如肩关节；复关节由两块以上的骨构成，或在两骨间夹有关节盘，如膝关节。根据关节运动轴的数目可分为单轴关节、双轴关节和多轴关节 3 种，单轴关节只能沿横轴进行屈伸，如肘关节。双轴关节可沿横轴作屈伸运动，还可沿纵轴左右摆动，如寰枕关节；多轴关节是由半球形的关节头和相应的关节窝构成的关节，能作屈、伸、内收、外展和旋转运动，如髋关节。

兔体的主要关节包括：头颈部的下颌关节、寰枕关节和寰枢关节。胸廓的肋椎关节和肋胸关节。前肢的肩关节、肘关节、腕关节和指关节。后肢的荐髂关节、髋关节、膝关节、跗关节和趾关节。

（三）肌肉

兔全身肌肉有 300 多块，在正常膘情条件下占体重的 35％左右。按部位可分为皮肌、头部肌、躯干肌、前肢肌和后肢肌五部分（图 2－3）。肉兔的后躯肌肉发达，因为肉兔的奔跑、跳跃要依靠后躯发达的肌肉活动来实现。

1. 皮肌 为皮肤深面的浅筋膜中的薄肌，附着于皮肤，其作用是牵动皮肤、驱逐蚊蝇、抖掉皮毛上的尘土、水等杂物。根据所在部位分为面皮肌、颈皮肌、肩臂皮肌和胸腹皮肌。

2. 头部肌 头部肌包括面部肌和咀嚼肌。面部肌位于头部、口腔和鼻孔周围，主要有口轮匝肌、颊肌、颧肌、鼻唇提肌、上唇提肌、下唇降肌和颏肌。咀嚼肌分为闭口肌和开口肌，闭口肌有咬肌、翼肌和颞肌，开口肌主要是二腹肌。

3. 躯干肌 包括脊柱肌、颈腹侧肌、胸壁肌和腹壁肌。

脊柱肌分为脊柱背侧肌和脊柱腹侧肌。脊柱背侧肌主要作用是伸脊柱，提举头、颈和尾；脊椎腹侧肌的主要作用是屈头、颈、腰和尾。腰部背侧肌特别发达，背最长肌是脊柱最大的肌肉，位于胸、腰椎棘突与横突及肋骨上端所构成的三角形空隙中，由髂骨部伸至颈椎。

颈腹侧肌位于颈腹侧皮下，包围颈部气管、食管、血管、神经的侧面和两面，主要有胸头肌、胸骨甲状舌骨肌等，有屈头颈、向后拉动舌骨和牵动喉头等作用。

胸壁肌位于胸廓壁，主要有肋间外肌、肋间内肌和膈肌。其作用是牵动肋骨扩大与缩小胸廓，引起呼吸，亦称呼吸肌。

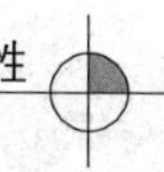

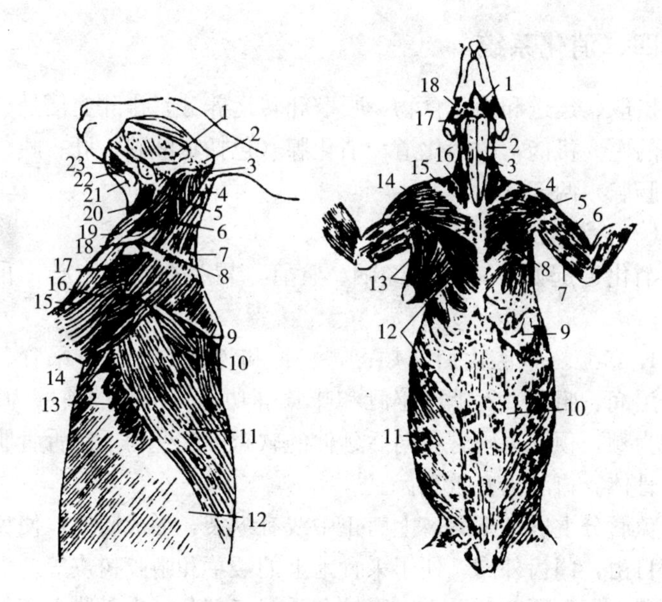

图 2-3　肉兔浅层肌分布

左：外侧表层肌分布

1. 咬肌　2. 耳下腺　3. 头菱状肌　4. 夹肌　5. 外颈静脉　6. 肩胛举肌　7. 前斜方肌　8. 小胸肌　9. 三角肌　10. 后斜方肌　11. 背括肌　12. 腹外斜肌　13. 腹锯肌　14. 大胸肌　15. 臂头肌　16. 肱三头肌　17. 三角肌　18. 锁乳头肌　19. 胸乳头肌　20. 胸舌骨肌　21. 颌下腺　22. 下颌肌　23. 二腹肌

右：腹侧、颈部和躯干部表层肌肉分布

1. 颌舌骨肌　2. 胸骨乳突肌　3. 胸骨舌骨肌　4. 锁骨　5. 前胸肌　6. 肱二头肌　7. 前臂筋膜张肌　8. 大胸肌　9. 肋间肌　10. 腹直肌　11. 腹外斜肌　12. 背锯肌　13. 肩胛下肌　14. 三角肌　15. 颈斜方肌　16. 锁乳头肌　17. 翼肌　18. 咬肌

腹壁肌构成腹腔的侧壁和底壁，由外向内依次为腹外斜肌、腹内斜肌、腹直肌和腹横肌等，具有保护、承重、协助分娩、排便、呼吸、呕吐等作用。

4. 前肢肌　包括间带肌、间部肌、臂部肌、前臂部肌和前脚部肌。

5. 后肢肌　包括臀部肌肉、小腿肌和后脚部肌肉。

四、消化系统

摄取、运送和消化食物，吸取和转运养分，排除粪便是消化系统的主要机能，由消化道和消化腺（包括唾液腺、肝、胰、胃腺和肠腺）两部分组成。

（一）消化道

消化道起始于口腔，经咽、食管、胃、小肠、大肠，止于肛门。

1. 口腔 口腔由唇、颊、腭、舌和齿组成。具有采食、吸吮、湿润、咀嚼、吞咽、泌涎和味觉等功能。口腔的前壁为唇，两侧为颊，顶壁为硬腭和向后延伸的软腭，底壁为下颌舌骨肌及下颌骨体。口腔内有舌和齿。

兔唇分上唇和下唇，上唇正中线有纵裂，形成唇裂，使兔唇活动自由，门齿外露，便于采食地上的矮草和啃咬树皮等。

兔舌短而厚。分舌尖、舌体和舌根三部分。舌黏膜上有丝状乳头、菌状乳头、轮廓状乳头和叶状乳头。后 3 种乳头的上皮内均有味蕾，为味觉感受器。

兔的牙齿分为切齿、前臼齿和臼齿。门齿发达呈凿形，无犬齿，臼齿咀嚼面宽、有横嵴。兔齿的特点是上颌具有前后 2 对门齿，形成特殊的双门齿形。成年兔的牙齿是 28 个，仔兔乳齿数是 16 个。

2. 咽 位于口腔和鼻腔之后，喉的前上方，是消化道和呼吸道的共同通道。兔咽相当宽大，后上方经食管口通食管。后下方经喉口通喉。咽壁由黏膜、肌层和外膜三部分构成。

3. 食管 连于咽和胃之间，起于咽，而后沿气管背侧入胸腔，穿过横膈膜与胃的贲门相连。

4. 胃 肉兔的胃较大，是单胃，呈囊袋状，一般容积为 300～1 100 厘米^3，约占消化道容积的 36%，横位于腹腔前部。胃的入口为贲门与食管相连，后端以幽门与十二指肠相通。贲门

和幽门都有括约肌，可控制食物的通过。贲门处有一个大的肌肉皱褶，可防止内容物的呕吐。因此，兔不能嗳气，也不能呕吐。胃的前缘呈凹入的弯曲称胃小弯，胃的后缘呈突出的弯曲称胃大弯。胃的外面有大网膜包围。胃黏膜能分泌含有盐酸和胃蛋白酶原的胃液，主要分解蛋白质和少量脂肪。

5. 小肠　小肠是食物消化和吸收的主要部位，食糜在小肠内受到肠液、胰液和胆汁 3 种消化液的消化，然后被吸收入绒毛，分别通过血管和淋巴管两路汇入到血液循环中。小肠包括十二指肠、空肠和回肠三部分（图 2-4）。

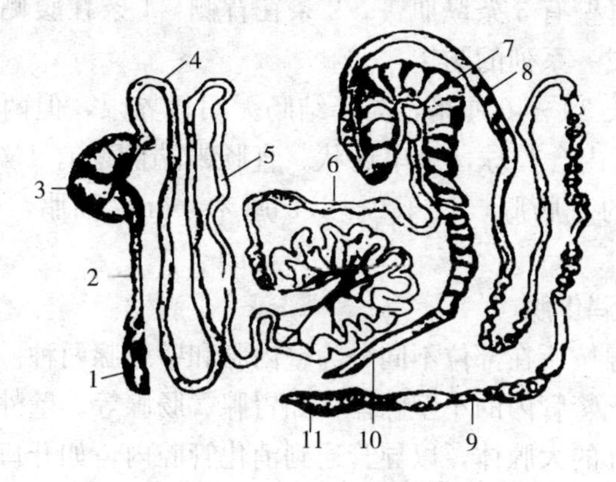

图 2-4　肉兔消化器官

1. 舌　2. 食管　3. 胃　4. 十二指肠　5. 空肠
6. 回肠　7. 盲肠　8. 结肠　9. 直肠　10. 蚓突　11. 肛门

十二指肠形状似 U 形，位于腹腔右侧，长约 50 厘米。在十二指肠间的肠系膜上有散在的胰腺，黏膜上有胆管和胰管的开口。

空肠是小肠最长的部分，长约 200 厘米，形成许多弯曲，肠壁较厚，富含血管，呈淡红色。

回肠是小肠的最后一部分，较短，长约 40 厘米，肠壁薄，管径细，以回盲系膜连于盲肠。

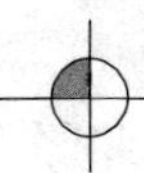

6. 大肠　大肠从回盲口至肛门，包括盲肠、结肠和直肠。大肠的主要功能是吸收水分、维生素、电解质，进行微生物消化和形成粪球。

盲肠是一个长而粗的盲囊，长50～60厘米，容积占消化道总容积的49%。盲肠游离端直径变细，管壁变薄，称蚓突，其色淡，壁厚，含有丰富的淋巴组织，具有重要的免疫功能。盲肠肠壁内有一系列特殊的螺旋状黏膜褶，称螺旋瓣。在盲肠口附近有一大一小两个椭圆形隆起，称盲肠扁桃体。

结肠长约100厘米，分为升结肠、横结肠和降结肠三部分。结肠前部管壁有3条纵肌带，2条在背侧，1条在腹侧，在纵肌带之间形成一系列的肠袋。

直肠长30～40厘米，与降结肠无明显界限，但两者之间有S状弯曲。内含粪球，呈串珠状。直肠末端侧壁有1对细长形、呈暗灰色的直肠腺，长1.0～1.5厘米，分泌油脂，带有特殊臭味。

（二）消化腺

消化腺按所在部位不同分为壁内腺和壁外腺两种。壁内腺是分布在消化管管内的小型腺体，如胃腺、肠腺等。壁外腺是位于消化管以外的大腺体，以导管通到消化管腔内，如开口位于口腔的唾液腺，开口位于十二指肠的肝和胰。

1. 唾液腺　兔有4对唾液腺，包括腮腺、颌下腺、舌下腺和眶下腺。唾液腺分泌的唾液能清洁口腔，湿润食物，还含有消化酶，可参与消化。

腮腺位于耳廓基部下方至咬肌后缘，呈不规则三角形，粉红色，是唾液腺中最大者。腺管横过咬肌表面，开口于上颌第2前臼齿所对的颊黏膜。

颌下腺呈椭圆形，灰粉红色，靠近咬肌后缘，腺管开口于舌系带附近。

舌下腺较小，呈长带状，有几条平行的导管开口于舌下部。

眶下腺是兔特有的腺体，呈粉红色。位于眼眶底部前下角，其导管穿过颊黏膜，在上颌第3前臼齿部开口于口腔前庭。

2. 肝　肝是兔体内最大的腺体，呈红褐色，重40～80克，位于腹腔的前部。兔肝分为6叶，即左外叶、左内叶、右内叶、右外叶、方叶和尾叶，其中以左外叶和右内叶最大，尾叶最小（图2-5）。肝是多功能的器官，除分泌胆汁外，还具有调节血糖、贮存肝糖、形成尿素、中和有毒物质和贮藏血液等机能。

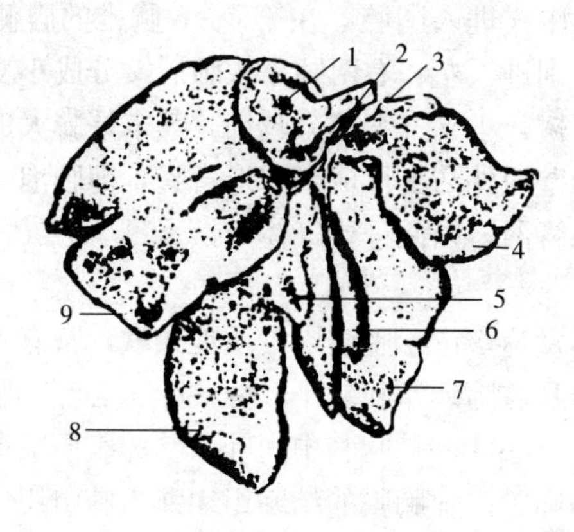

图2-5　肉兔肝脏

1. 尾叶　2. 门静脉　3. 胆总管　4. 左外叶　5. 方叶　6. 胆囊　7. 左内叶　8. 右内叶　9. 右外叶

3. 胰　位于十二指肠间的肠系膜上，呈淡粉红色，由分散的小叶组成，分左叶和右叶两部分。右叶位于十二指肠袢内的系膜中，左叶沿胃小弯伸达到脾。肉兔的胰脏只有一条胰管开口于十二指肠后半部，远离胆管开口。

五、呼吸系统

通过呼吸系统，机体不断从外界摄取氧气，排出二氧化碳，这一过程称作呼吸。兔的呼吸系统包括呼吸道和肺，呼吸道是气体出入肺的通道，肺是气体交换器官。

（一）呼吸道

呼吸道由鼻、咽、喉、气管和支气管组成。

鼻是感受嗅觉的部位，也是空气进入肺的起始部。咽是食物与空气共同通过的地方。喉既是气体出入肺的通道，也是发声的器官，以不同形状的软骨为支架构成。由于肉兔的声带不发达，所以兔的发声很单调。气管是由 48～50 个 C 形软骨连接而成，其背面依靠结缔组织和平滑肌相连，气管的前端与喉相连，向后沿颈部腹侧正中线进入胸腔，在第 4～5 胸椎的腹侧分为左、右支气管，再分别进入左、右两肺，入肺后又分成小支气管，形成复杂的支气管树，小支气管越分越细，其末端膨大成囊状，称肺泡管，肺泡管壁向外凸出形成半球形盲囊，即肺泡。肺泡囊膜外有丰富的毛细管网，以便进行气体交换。

（二）肺

兔的肺不发达，位于胸腔内，质地柔软，富有弹性，呈粉红色，分为左肺和右肺。左肺较小，分尖叶、心叶和膈叶。右肺较大，分为尖叶、心叶、膈叶和中间叶。肺的表面被覆一层光滑的浆膜，称为肺胸膜。肺胸膜的结缔组织深入肺组织内，形成肺的间质，将肺分成许多小叶，从肺表面看，肺小叶呈大小不等的多边形。气体交换主要在肺内进行，另外，肉兔的皮肤也有呼吸作用。肉兔的呼吸次数，成年兔为 20～40 次/分，幼兔为 40～60 次/分。

六、泌尿系统

肉兔的泌尿系统包括肾脏、输尿管、膀胱和尿道。兔体在新陈代谢过程中，不断形成大量的代谢产物，这些都要通过肾以尿液的形式排出体外。肾不仅有排泄代谢废物的功能，还对维持机体正常的新陈代谢起重要作用。

（一）肾脏

肉兔的肾脏属于表面平滑的单乳头肾，左右各一个，呈椭圆

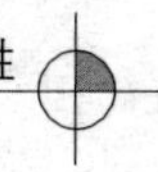

形，位于腰部腹膜下紧贴脊柱两侧，右肾在前，左肾在后。肾外表光滑，被有一层坚韧的纤维膜，称为被膜。其实质分外层的皮质和内层的髓质，髓质部形成一个乳头状肾乳头，肾乳头开口于周围的肾盂，肾盂呈漏斗状，是输尿管起始端的膨大部。肾的内侧中部凹陷，称为肾门，是输尿管、血管、淋巴管及神经出入肾脏的门户。

（二）输尿管

输尿管是一对白色、长的肌膜型管道。起始于肾盂，在腹腔后部经腰肌腹侧延伸至盆腔，于膀胱颈背侧开口于膀胱。

（三）膀胱

膀胱是一个梨形的肌质囊，无尿时位于盆腔内，当充盈尿液时可突出于腹腔。膀胱壁由黏膜、肌层和外膜组成，膀胱的伸展性和收缩性很大。

（四）尿道

尿道是从膀胱向外排出尿液的管道，公兔尿道细长，起始于膀胱颈后，开口于阴茎头端，既是尿液也是精液通过的管道。母兔尿道比较短，仅是排尿的通道，开口于阴道前庭。

七、生殖系统

生殖系统的主要功能是产生生殖细胞，繁殖后代，保证种族的延续。生殖系统分为雄性生殖系统和雌性生殖系统。

（一）雄性生殖系统

雄性生殖系统包括睾丸、附睾、输精管、尿生殖道、副性腺、阴茎和包皮、阴囊等。

1. 睾丸　是产生精子和分泌雄性激素的腺体。左右各一，呈卵圆形，长约2.5厘米，宽约1.2厘米。肉兔睾丸的位置因年龄而异，在性成熟前位于腹腔内，性成熟后可通过腹股沟管下降到阴囊内。由于肉兔的腹股沟管短而宽，睾丸可以自由地下降到阴囊或缩回腹腔，一般在生殖期下降到阴囊内，非生殖期又缩回腹腔。公兔每次排精1～2毫升，约2亿个精子。

2. 附睾 兔的附睾很发达，位于睾丸的背外侧面，分为附睾头、附睾体和附睾尾三部分。附睾头膨大，在睾丸前端，由大约15条睾丸输出管组成。睾丸输出管由附睾头伸出后汇集成一条长而弯曲的附睾管，沿睾丸侧面和后端形成附睾体和附睾尾。附睾是运输和暂时储存精子的地方，能分泌一种浓稠黏性物质，作为精子的营养。

3. 输精管 是运输精子的管道，呈弯曲的细管状，左右各一条，由附睾尾起始，经腹股沟管进入腹腔、骨盆腔内通入尿生殖道起始部。

4. 尿生殖道 公兔的尿道除了起始的一段外，大部分是尿液和精液排出的共同管道，所以称为尿生殖道。其前端接膀胱颈，沿骨盆底壁向后延伸，绕过坐骨弓，再沿阴茎的腹侧向前延伸，至阴茎头以尿道外口开口于外界。

5. 副性腺 包括精囊与精囊腺、前列腺、旁前列腺和尿道球腺，其分泌物和精子组成精液。副性腺的分泌物能稀释精子，营养精子，改善阴道环境，有利于精子的生存和运动。副性腺开口于尿生殖道。

6. 阴茎与包皮 阴茎是公兔的交配器官，呈圆柱状，固着在耻骨联合的后缘，前端游离且稍有弯曲，没有膨大的龟头，平时向后方伸至肛门附近。阴茎外面被覆有包皮。

7. 阴囊 阴囊有一对，分别位于腹部后方，肛门的两侧，阴茎的基部。

（二）雌性生殖系统

雌性生殖系统包括卵巢、输卵管、子宫、阴道、尿生殖前庭和阴门。

1. 卵巢 是产生卵子和雌性激素的腺体，位于腹腔内肾脏的后方，由卵巢系膜悬于第五腰椎横突腹侧，左右各一，呈长椭圆形、淡红色，长1.0～1.7厘米，宽0.3～0.7厘米。幼龄兔卵

巢表面光滑，成年兔卵巢表面有透明的小圆泡突起，即为成熟的卵泡，数量不等。妊娠母兔的卵巢表面有暗色小丘，称为黄体，为临时性腺体，可分泌孕酮。

2. 输卵管　位于卵巢和输卵管系膜上，左右各一条，是输送卵子及受精的管道。前端有输卵管伞，后端接子宫，全长9～15厘米。输卵管的管壁由黏膜、肌层和浆膜构成。

3. 子宫　子宫是胚胎生长发育的器官。兔有两个完全分离的子宫，左右子宫不闭合，无子宫角和子宫体之分，都开口于阴道的底部。子宫借子宫阔韧带附着于腹壁，大部分位于腹腔内，小部分位于骨盆腔，背侧为直肠，腹侧为膀胱。子宫壁较厚，由子宫黏膜、肌层和浆膜构成。

4. 阴道　阴道是母兔的交配器官和产道。位于骨盆腔内，紧接在子宫的后面，在直肠的腹侧，膀胱的背侧。阴道前部为固有阴道，后部为阴道前庭，在其腹壁上有尿道开口，故又称尿生殖前庭。兔的阴道较长，为7.5～8厘米。

5. 阴门　位于肛门腹侧，长约1厘米，阴门两侧隆起形成阴唇。阴唇前后相连，在联合处有一小的长约2厘米左右的突起称为阴蒂，与公兔的阴茎为同源器官。

八、循环系统

循环系统分为血液循环系统和淋巴循环系统两部分。其主要功能是运输。一方面是把吸收来的营养物质和吸进的氧气运送到全身的组织和细胞，供其生理活动的需要；另一方面是把组织和细胞产生的代谢产物（如二氧化碳和尿素），运送到肺、肾和皮肤排出体外。体内各种内分泌腺分泌的激素，也是通过血液运输到全身，对机体的发育和生理功能起调节作用。此外，循环系统还有保护机体和调节体温的作用。

（一）血液循环系统

血液循环系统由心脏、血管和血液组成。

1. 心脏　位于胸腔的纵隔内，略偏于左侧，与第二至第四肋间相对。心脏由冠状沟分为上方的心房和下方的心室。心房壁薄，由房中隔分为左心房和右心房；心室壁较厚，由室中隔分为左心室及右心室，左心室的肌肉比右心室的厚。心房与心室之间以房室口相通，左右房室口的纤维环上均有二尖瓣，防止血液逆流回心房。安静时成年兔心跳频率为 80～100 次/分，幼兔为 100～160 次/分，运动或受惊吓后会急剧增加。

2. 血管　血管可分为动脉、静脉和毛细血管 3 种。

动脉是由心室输送血液到全身各部的血管，壁厚而有弹性，动脉出心室后，不断分支，逐渐变细，最后形成毛细血管。

静脉是收集全身各部血液回流心房的血管，壁薄，弹性小，静脉起始于毛细血管，汇成小静脉，逐渐变粗。

毛细血管连接动脉和静脉，密布于组织间，壁很薄，仅由内皮细胞和膜组成。血液和组织间物质在此进行交换。因此，毛细血管是血液循环的基本功能单位。

3. 血液　血液是流动在心脏和血管内的不透明红色液体，主要成分为血浆、血细胞。属于结缔组织，即生命系统中的结构层次。血液中含有各种营养成分，如无机盐、氧以及细胞代谢产物、激素、酶和抗体等，有营养组织、调节器官活动和防御有害物质的作用。

（二）淋巴循环系统

淋巴循环系统由淋巴管、淋巴器官和淋巴液组成。

1. 淋巴管　包括毛细淋巴管、淋巴管和淋巴导管，是输送淋巴回心的管道系统。

2. 淋巴器官　包括胸腺、脾、扁桃体、盲肠蚓突、圆小囊和大小淋巴结。

肉兔的淋巴结较少，特别是肠系膜淋巴结很少，不超过 7 个。全身重要的淋巴结有：下颌淋巴结、腮腺淋巴结、肩前淋巴结、股前淋巴结、纵隔淋巴结和肠系膜淋巴结。

脾位于胃大弯的左侧，附着于大网膜上，长镰刀状，色深红，是兔体内最大的淋巴器官，有造血、贮血、过滤血液以及参与机体免疫活动等功能。

胸腺位于胸腔内，纵隔前部，呈粉红色。幼兔的胸腺较大，随年龄的增长而逐渐变小，成年兔的胸腺退化。胸腺是重要的免疫器官，是T-淋巴细胞分化成熟的场所，并且对其他淋巴器官的发育和免疫功能起着重要的作用。

扁桃体分布于消化管各重要关口，如腭扁桃体、盲肠扁桃体等。

3. 淋巴液　淋巴液或称淋巴。指在淋巴管内流动的透明无色液体。组织液进入淋巴毛细管即为淋巴液，淋巴毛细管以稍膨大的盲端起于组织间隙，彼此吻合成网。淋巴回流具有运输脂肪以及其他营养物质、调节血浆和组织液之间的液体平衡等作用，淋巴结对机体起防御屏障的作用。

九、内分泌系统

内分泌系统是由分布于全身的内分泌腺和内分泌组织组成。内分泌腺是没有输出管的腺体，又称无管腺，其分泌物称为激素，直接进入血液和淋巴液中，随血液循环流到全身，调节各器官的活动。兔的内分泌腺有两大类，一类为独立存在的腺体，如脑垂体、甲状腺、肾上腺、松果腺；另一类存在于其他腺体或组织内，如胰腺内的胰岛、睾丸内的间质细胞、卵巢内的卵泡和黄体等。

十、神经系统

兔的神经系统有中枢神经和外周神经组成。它借助感觉器官或感受器，接受体内外各种刺激，通过反射方式，调解各器官的活动，以适应外界环境。这种调节称为神经调节。

（一）中枢神经

兔的中枢神经不发达，全重约15.5克，占体重的0.6%左右。脑与脊髓重量比约为2∶1。

1. 脑 兔脑位于颅腔内，在枕骨大孔处与脊髓相连。兔脑可分为大脑、间脑、中脑、脑桥、延髓，都包在头骨中。在颅骨与脑之间还有3层脑膜保护脑。大脑不发达，体积小，大脑皮层薄，表面光滑，缺少沟回，分左右两半球，由前向后逐渐变窄，前方有两个膨大部，称嗅球，是嗅神经的发出部位。间脑在大脑半球的腹侧，由丘脑、下丘脑、灰质结及垂体组成，间脑顶部有一个很小的圆锥形腺体，称为松果体。丘脑是构成间脑的主体部分，是一对球状灰质团块。中脑由四叠体和大脑脚组成。脑桥在小脑腹侧的前方。延髓在脑桥后方，构成第四脑室底部。小脑在延髓和脑桥背侧，其腹部构成第四脑室顶部。

2. 脊髓 位于脊椎管内，前接延髓，后至荐椎及前几个尾椎。在脊髓的颈胸段和腰段稍有膨大，由此发出较粗大的脊神经，分别支配前肢和后肢。脊髓外围由神经纤维构成，称为白质，内部为神经元所在地，称为灰质。脊髓两侧各有两列神经根，称为背根和腹根。背根上有一膨大部，是感觉神经元所在处，成为脊神经节。

3. 脑脊膜 在颅腔及椎管内。脑和脊髓的表面有3层膜，最外层为硬膜，在脑外面的为脑硬膜，在脊髓表面的称脊硬膜。硬膜下为蛛网膜，薄而透明，内侧面由纤维、血管构成网状结构。最内层为软膜，软膜为覆盖于脑和脊髓表面的一层富有血管的薄膜。蛛网膜与软膜之间为蛛网膜下腔，腔内有脑脊液。脊硬膜与椎管之间有一较宽的腔隙，称硬膜外腔。

（二）外周神经

外周神经包括躯体神经和植物神经。

1. 躯体神经 躯体神经由脑和脊髓发出。由脑发出的称为脑神经，共12对，分别是嗅神经、视神经、动眼神经、滑车神经、三叉神经、外展神经、面神经、前庭耳蜗神经、舌咽神经、迷走神经、副神经、舌下神经。其中有些是运动神经，有的是感

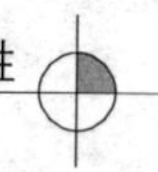

觉神经，有的是混合神经。主要支配头部感官和部分肌肉以及内脏的机能活动。脊神经发自脊髓的背根和腹根，在椎间孔汇合后走向躯体和四肢，是混合神经。兔脊神经共有 37 对，与椎骨数目大致相符。其中颈神经 8 对，胸神经 12 对，腰神经 7 对，荐神经 4 对，尾神经 6 对。第 5～8 对颈神经和第 1 对胸神经的腹支组成臂神经丛，发出支配前肢的神经纤维，控制前肢的感觉和运动。第 4～7 对腰神经和第 1～4 对荐神经的腹支组成腰荐神经丛，发出的神经纤维支配骨盆区及后肢的感觉和运动。

2. 植物神经 植物神经指分布于内脏、心肌、血管平滑肌及腺体的神经，又称自主神经或内脏神经，包括交感神经和副交感神经两部分。交感神经兴奋可表现心跳加快、皮肤内脏血管收缩、血压上升、胃肠平滑肌蠕动减弱等生理效应；副交感神经兴奋时的机能状态与交感神经的效果是相反的，但对动物机体来说，两者既相颉颃又有协同作用，以保证正常的生理活动。

十一、感觉器官

感觉器官包括眼、耳、鼻、舌和皮肤，是能感受外界环境刺激的特殊组织结构，有丰富的感觉神经末梢分布，能将所感受的刺激转变为神经冲动传导到神经中枢，使肉兔产生感觉。

（一）眼

肉兔的眼球较大，体积为 5～6 厘米^3，重 3～4 克，位于头部两侧。兔的视觉基本上是单视，单眼视野的角度可达 190°，可以轻易地环顾四周。兔的睫毛排列有特点，上眼睑睫毛集中靠近后眼角，下眼睑睫毛集中靠近前眼角，这样上下眼睑闭合时不会将眼球完全遮住。兔的第三眼睑体很发达。

（二）耳

兔的耳朵由内耳、中耳和外耳构成。内耳可感到声音的刺激，也是平衡装置；中耳是声道，起传音作用；外耳是集音装置。兔耳廓非常发达，可以灵活转动，以便收集来自不同方向的声音。

(三) 鼻

鼻是感受嗅觉的部位，也是空气入肺的起始部。鼻腔的黏膜富有血管，并有腺体及纤毛。当空气通过鼻腔时，可以使空气温暖、湿润和除尘，减少肺部的刺激。鼻腔的后面为咽部，是食物与空气共同经过的地方。

(四) 舌

舌是口腔中随意运动的器官，位于口腔底，以骨骼肌为基础，表面覆以黏膜而构成。具有搅拌食物、协助吞咽、感受味觉等功能。

(五) 皮肤

皮肤是最大的器官，主要承担着保护身体、排汗、感觉冷热和压力的功能。皮肤覆盖全身，它使体内各种组织和器官免受物理性、机械性、化学性和病原微生物性的侵袭。

第三节　肉兔的生活习性

肉兔在人类的驯化过程中，改变了野兔原有的许多习性，但也保留了它原有的许多生活习性。

一、胆小怕惊

肉兔硕大的耳朵是一对声波收集器，可以向声音发出的方向转动，以声音的强弱、远近来判断“敌情”。如有动物的狂叫、雷鸣、鞭炮等突然的噪声，会惊慌不已，猛蹬笼底，发出“嘭嘭”音响亮而低沉，导致“惊群”。“一次惊场，三天不长”，兔受到惊吓时，食欲下降，掉膘，偶有脊柱受伤而截瘫者，妊娠母兔容易流产，正在分娩的母兔会难产，咬死或吃掉初生仔兔；哺乳母兔拒绝仔兔吃奶，正在采食的兔子受惊吓往往停止采食。因此，兔场应选择安静的地方，兔舍不能有其他动物进入，平常在

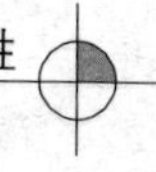

兔舍内操作动作要轻，保持兔室的环境安静，是养好肉兔必须注意的问题。

二、昼伏夜行

肉兔有白天善于休息、夜间喜欢活动的生活习性，这种习性是在野生兔时期形成的。野生兔体格较小，御敌能力差，在当时的生态条件下，被迫白天穴居于洞中，夜间外出觅食，久而久之，形成了这一特性。如今的肉兔，仍表现为白天多安静休息，除采食和饮水外，常常在笼内闭目睡眠或休息。夜间开始兴奋，活动增加。据测定，在自由采食的情况下，肉兔在晚上的采食量和饮水量占全日量的70%左右，根据生产经验，肉兔在夜间配种受胎率和产仔数也高于白天。尤其是在天气炎热的夏季和昼短夜长的冬季，这种现象更加突出。根据兔的这一习性，应当合理地安排饲养管理日程，白天让肉兔安静休息，晚上要供给足够的饲草和饲料，并保证饮水。

三、嗜眠性

肉兔在白天很容易进入睡眠状态，此状态下的肉兔，视觉消失，痛觉迟钝或消失。了解了肉兔的这一特性，就要在白天为其提供安静的睡眠环境，另外，利用这一特性进行肉兔人工催眠可以完成一些小型手术，如刺耳号、去势、投药、注射、创伤处理等，不必使用麻醉剂，既经济又安全。

四、喜干燥厌潮湿

肉兔喜欢干燥，厌恶潮湿。干燥的环境有利于肉兔健康，潮湿的环境利于各种细菌、真菌及寄生虫滋生繁衍，易使肉兔感染疾病，特别是疥癣病、皮肤真菌病、肠炎和幼兔的球虫病，给兔场造成极大的损失。根据肉兔的这一特性，在建造兔舍时应选择地势高燥的地方，禁止在低洼处建筑兔场。平时保持兔舍干燥，减少水分产生。尽量减少粪尿沟内粪尿的堆积，减少水分的蒸发面积，保持常年适宜的通风条件，以降低兔舍湿度。

五、喜干净厌污浊

卫生的环境有利于肉兔健康，污浊的环境使肉兔感到不爽，容易发生疾病。污浊的环境包括空气污浊、笼具污浊、饲料和饮水污染等。

空气污浊会加重呼吸系统负担，容易诱发肺炎。因此，发病率很高的传染性鼻炎的主要诱发因素是兔舍有害气体浓度超标。笼具污浊主要指踏板的污浊和产箱不卫生。踏板是肉兔的直接生活环境，当踏板表面沾满粪尿时，容易导致肉兔的脚皮炎和肠炎。产箱不卫生来自垫草被污染和产箱表面污浊。这对仔兔成活率产生很大的影响，也容易造成母兔乳房的炎症。饲料和饮水污染是造成肉兔消化道疾病的主要因素。欲养好兔，必保洁净，这是养兔的基本常识。

六、怕热耐寒

肉兔被毛浓密，汗腺退化，呼吸散热是其主要体温调节方式。但其胸腔比例较小，肺不发达，在炎热气候条件下，仅仅靠呼吸很难维持体温恒定。因此，肉兔较耐寒冷而惧怕炎热。肉兔最适宜的环境温度为15～25℃，临界温度为5℃和30℃。也就是说，在15～25℃的环境中，其自身生命活动所产生的热量即可满足维持正常体温的需要，不需另外消耗自身营养，此时肉兔感到最为舒适，生产性能最高。但仔兔和幼兔在寒冷季节应注意保暖。一般来讲，在兔舍结构上或日常管理中，防暑比防寒更重要。

七、啮齿行为

肉兔的第一对门齿是恒齿，出生时就有，永不脱换，而且不断生长，肉兔必须借助采食或啃咬硬物，不断磨损，才能保持其

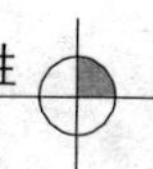

上下门齿的正常咬合。肉兔的这种习性常常造成笼具或其他设备的损坏。因此，要采取一些防范措施。例如，把饲料压制成具有一定硬度的颗粒饲料，若饲料过软，起不到磨牙的作用，使下颌增多发病的机会；常在笼中投入带叶的树枝或粗硬的干草等硬物任其啃咬、磨牙；修建兔笼时，尽量使用兔不爱啃咬的木材，如桦木等；在兔笼的设计上，应尽量做到笼内平整，不留棱角，使兔无法啃咬，或在笼门的边框、产仔箱的边缘等处采取必要的加固措施，以便延长兔笼的使用年限。

八、三敏一钝

肉兔嗅觉、味觉、听觉发达，视觉较差，故称“三敏一钝”。

肉兔鼻腔黏膜内分布很多味觉感受器，通过鼻子辨认异性和栖息领域，母兔通过嗅觉来识别亲生或异窝仔兔。可利用这种特性，在仔兔需要并窝或寄养时，采用特殊的方法，如在仔兔身上涂抹带养母兔的粪尿使其辨认不清，从而使并窝或寄养获得成功。肉兔的舌头很灵敏，对于饲料味道的辨别力很强，对于酸、甜、苦、辣、咸等不同的味道有不同的反映。实践证明，兔子爱吃具有甜味的草和苦味的植物性饲料，不爱吃带有腥味的动物性饲料和具有不良气味的东西。在平时如果添加了它们不喜爱的饲料，有可能造成拒食或扒食现象。肉兔的耳朵灵敏，对于野生条件下兔子的生存是有利的，但是过于灵敏对日常的饲养管理带来一定的困难，需要时刻注意防止噪音对兔子的干扰。肉兔的视觉很广，其单眼视区超过 180°。但肉兔对于不同的颜色分辨力较差，距离判断不明。母兔分辨仔兔是否为自己的孩子，不是通过眼看而是依赖鼻闻。同样，对于饲槽内的饲料好坏的判断也不是通过眼睛而是通过鼻子和舌头。

九、穴居性

肉兔具有打洞穴居，并且在洞内产仔育仔的本能行为。尽管肉兔经过长期的人工选育和培育，并在人工笼具内饲养，远离地面，但只要不进行人为限制，兔子一旦接触地面，打洞的习性立即恢复，尤以妊娠后期的母兔为甚，并在洞内理巢产仔。在建造兔舍和选择饲养方式时，在笼养条件下，需要给母兔准备产仔箱，令其在箱内产仔。如在泥土地面平养时，要严加控制兔打洞，不让其有打洞的机会。否则，就会给饲养者造成损失。

十、群居性

肉兔与其他家畜相比较群居性较差，在群养时，公、母之间或同性别的成年兔之间常常发生互相争斗现象。特别是公兔群养或者是新组成的兔群，相互咬斗现象更为严重。因此，管理上应特别注意，成年兔要单笼饲养。

第四节　肉兔的食性和消化特点

一、肉兔的食性

（一）食草性

肉兔属于单胃食草性动物，以植物性饲料为主，主要采食植物的根、茎、叶和种子。肉兔的食草食特性是其消化系统的特殊结构和机能的统一。肉兔舌头表面有发达的味蕾，对植物性饲料产生兴趣；肉兔的两片上嘴唇和发达的门齿的配合有利于采食低矮的牧草，宽大的臼齿可使植物性饲料在口腔磨碎；盲肠内生存着复杂的微生物体系，能分解粗纤维，将其转化成可被肉兔吸收利用的营养或被微生物吸收利用。

（二）肉兔对食物的选择

肉兔对食物的选择是比较挑剔的，喜欢吃植物性饲料，如豆科、十字花科、菊科等多叶性植物和苜蓿、三叶草、黑麦草等；不喜欢吃禾本科、直叶脉的植物，如稻草之类；喜欢吃植物的幼嫩部分；不喜欢鱼粉等动物性饲料，日粮中动物饲料不宜超过

5%，否则将影响兔的食欲。

肉兔喜欢吃粒料，而不喜欢吃粉料。经实验证明，饲喂颗粒饲料，生长速度快，消化道疾病的发病率降低，饲料的浪费也大大减少。颗粒饲料由于受到高温、高压的综合作用，使淀粉糊化变形，蛋白质组织化，酶活性增强，有利于兔胃肠的吸收，可使肉兔的增长速度提高 18%～20%，因此，在生产上应该积极推广应用颗粒饲料。

肉兔喜欢吃有甜味的饲料，国外在兔的日粮中常加 2%～3%糖蜜饲料。国内可以利用糖厂的下脚料，以提高日粮的适口性。

肉兔还喜欢采食含有植物油的饲料，植物油具有芳香气味，可以刺激兔的采食，同时植物油中含有兔体内不能合成的必需脂肪酸外，还有助于脂溶性维生素的补充和吸收。国外在日粮中常添加 2%～5%的玉米油，以改善日粮的适口性，提高采食和增重速度。

二、肉兔的消化特点

饲料进入口腔，经咀嚼和唾液湿润之后，便进入胃部，呈分层状态分布，胃壁中腺体分泌盐酸和胃蛋白酶，使胃内呈强酸性，饲料在胃中与消化液充分混合之后即进入消化过程。由于胃的收缩，饲料继续下行，进入肠部。食糜在小肠经消化液作用分解成简单的营养物质，营养物质进入血液被机体吸收。小肠剩余的残渣到盲肠经微生物的作用分解成含氮物质和维生素，随后进入大肠进行最后的消化，分解纤维素，生产软粪和硬粪。

（一）消化器官发达

肉兔的胃容积较大，占消化道容积的 34%；肠的长度约是体长的 10 倍，盲肠占消化道容积的 49%，对粗纤维的消化起重要的作用，起到复胃动物中瘤胃的作用。肉兔消化器官各部位微生物与细菌总数有一定的差别，例如每克内容物中微生物数量盲

肠部位是 10^9 个，结肠、直肠部位是 10^8 个，空肠部位是 10^4～10^5 个。幼兔消化道在发生炎症时具有可通透性，消化道内的有害物质容易被吸收，因而幼兔患肠炎时症状比成年兔更严重，常常有中毒现象，死亡率较高，在饲养管理中要特别注意防止幼兔肠炎的发生。

（二）食粪性

肉兔有吃自己部分粪便的本能行为，与其他动物食粪癖不同，兔的这种行为是正常的生理现象，对兔本身有益。通常兔排出两种粪便，一种是粒状的硬粪，量大、较干、表面粗糙；另一种是团状的软粪，量少、质地软、表面油腻。成年肉兔每天排出的软粪约 50 克，占总粪量的 10%。在正常情况下，兔排出软粪时，会自然弓腰用嘴从肛门处将软粪吃掉，稍加咀嚼便吞咽。软粪几乎全部被兔自身吃掉，所以在一般情况下，很少发现软粪的存在，只有当兔生病时才停止食粪。兔通过吞食软粪可以得到附加的大量微生物，1 克软粪中含有 95.6 亿个微生物，微生物可以合成 B 族维生素和维生素 K，随软粪进入兔体内在小肠被吸收。此外，软粪的蛋白质在生物学上是全价的。兔食粪延长了饲料通过消化道的时间，提高了饲料的消化率，有助于营养物质吸收。

（三）对蛋白质的利用能力较强

肉兔不但能有效地利用饲草中的蛋白质，而且对低质量、高纤维的粗饲料，特别是其中蛋白质的利用能力也要高于其他家畜。肉兔盲肠蛋白酶的活性远远高于牛的瘤胃蛋白酶，兔盲肠和其中的微生物都产生蛋白酶。因此，科学家指出，兔具有把低质饲料转化为优质肉品的巨大潜力。

（四）可在一定程度上利用粗脂肪

肉兔对各种饲料中的粗脂肪的消化率比马属动物高得多。据报道，若饲料中脂肪含量在 10%以内时，其采食量随着脂肪含量的增加而提高，但是，当饲料中粗脂肪含量超过 10%时，兔

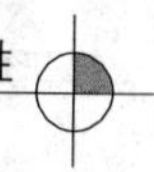

的采食量则随着脂肪含量的增加而下降。这说明兔不适宜饲喂含脂肪过高的饲料。

（五）对能量的利用能力有限

肉兔对能量的利用能力低于马，并与饲料中的纤维含量有关。饲料中的纤维含量越高，兔对能量的利用能力就越低。

（六）肉兔对粗纤维的利用能力低

通常认为兔是草食动物，对粗纤维应具有较高的消化能力。但研究证明并非如此，兔对粗纤维的消化率为14%，而牛是44%，马是41%，猪是22%。兔对粗纤维的消化主要在盲肠中进行，而盲肠内的纤维分解酶的活性比牛瘤胃纤维分解酶活性低得多，这就是肉兔对粗纤维消化率低的主要原因。尽管如此，粗纤维仍然对兔的消化过程起重要的作用，粗纤维可保持消化物的稠度，有助于形成粪便，并在正常消化运转过程中起着一种物理作用。也就是说，在兔的饲粮中不能缺少粗纤维，如果粗纤维低于正常限度，就会引起消化生理紊乱。据报道，配合饲料中粗纤维低于6%～8%，就会引起腹泻。如果粗纤维含量升高时，会降低日粮中其他营养成分的消化率，日粮中的粗纤维的适宜比例应为12%～14%。

第五节　肉兔的生长发育特点

一、早期生长速度快

仔兔出生时全身无毛，两眼紧闭，耳朵闭塞无孔，各系统发育很差，前后肢的趾间相互连接在一起，生后3天体表被毛明显可见，6～8天耳朵出现小孔，9天开始在巢内跳窜，10～12天时开始睁眼，21天左右开始吃饲料，30天时全身被毛基本形成。

仔兔出生后体重增长很快，一般品种初生时只有50～60克，1周龄时体重增加1倍，4周龄时的体重约为成年体重的12%，8周龄时的体重约为成年兔的40%。中型肉用兔8周龄时的体重

可达2千克左右，达到屠宰体重。

肉兔生长速度受品种、营养、性别、个体和母兔产仔数与泌乳能力大小的影响。一般来说，大型品种的绝对生长速度较中、小型品种快，而相对生长速度则相反；在优厚的营养条件下生长速度加快，而长期处于低营养条件下，抑制其快速生长；一般公兔在性成熟前生长速度较母兔快，而性成熟之后，母兔的生长速度快于公兔；不同个体之间差异较大，与个体的基因组成有关；当母兔的产仔数较多时，每只仔兔平均获得的乳汁量较少，因而，影响其早期生长速度。母兔的泌乳力差异较大，仔兔断乳前的生长速度依赖于母兔的泌乳量，即母兔的泌乳量越高，仔兔的早期生长速度就越快。

二、体组织的生长规律

肉兔的骨骼、皮肤、肌肉、脂肪的生长发育有一定规律。骨骼从出生后3月龄是强烈生长时期，肌纤维也同时开始增长。随着年龄的增长，到5月龄后，体组织的生长势是骨骼＜皮＜肌肉＜脂肪。随着肉兔的生长，当达到5月龄以后脂肪开始大量沉积。由于肉兔的品种、营养与饲养管理水平不同，组织生长强度可能有些差异，但基本符合上述规律。肉兔生产中利用这个规律，在生长前期给予高营养水平以促进骨骼和肌肉的发育，后期适当限饲以减少脂肪的沉积，就可提高胴体品质，改善肉质。随着肉兔的体组织和体重的增长，机体的化学成分也呈现一定规律性的变化。即随着年龄和体重的增长，机体的水分、蛋白质和灰分相对含量降低，而脂肪相对含量则迅速增多。因此，在肉兔肥育期中，前期主要以水分、蛋白质和矿物质的增加较多，中期逐渐减少，以后更少；而脂肪却是前期增加很少，中、后期逐渐增多。因此，肉兔生长发育的内在规律是制定兔不同生长阶段适宜营养水平和科学的饲养管理措施的依据。充分利用这个规律，对肉兔不同生长阶段的营养水平进行调控，可以在提高生产性能的

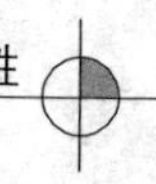

同时改善肉的品质。结合肉兔体组织的生长规律适时屠宰，对于提高养殖效益是至关重要的。一般来说，国外引入品种在11～13周龄、地方品种在13～15周龄屠宰为宜。

三、补偿生长效应

补偿生长效应指动物由于早期营养不良或营养受限而导致的生长抑制，在后期补偿营养后其生长恢复正常的现象。合理利用补偿生长效应，可以提高饲料利用效率、节约饲料、降低动物排泄物导致的环境污染，同时改善动物的生长性能。当家兔的早期由于营养不良而使生长发育受阻时，断乳后应加强营养供应，使之生长尽快得到补偿。在传统肉兔育肥中，采取“先吊架子后填膘”的育肥方案，前期以大量的青粗饲料使之骨骼得到发育，出栏前2～3周投喂大量的能量饲料，加快育肥速度。

第六节　肉兔的繁殖特性

肉兔的繁殖过程与其他家畜基本相似，只有了解这些生殖特性，才能很好地掌握肉兔的繁殖规律。

一、肉兔的繁殖力强

肉兔的繁殖力远远超过其他家畜。肉兔性成熟早，妊娠期短，世代间隔短，一年四季均可繁殖，窝产仔数多。以中型兔为例，仔兔生后5～6个月龄就可配种，妊娠期1个月（30天），1年内可繁殖两代。在集约化生产条件下，每只繁殖母兔可年产8～9窝，每窝可成活6～7只，1年可育成50～60只仔兔。若培育种兔，每年可繁殖4～5胎，获得25～30只种兔。

二、肉兔是刺激性排卵动物

肉兔与其他哺乳动物的排卵类型不同，母兔卵巢内发育成熟的卵泡，必须经过交配刺激的诱导之后，才能排出。一般排卵的时间多在交配后 10～12 小时，若在发情期内未进行交配，母兔就不排卵，其成熟的卵泡就会老化衰退，经 10～16 小时逐渐被吸收。此外，母兔发情时不进行交配，而给其注射入绒毛膜促性腺激素（HCG）也可以引起排卵。

三、肉兔的发情周期无规律性

这一特点与其刺激性排卵有关，没有排卵的诱导刺激，卵巢内成熟的卵子不能排出，也就不能形成黄体，对新卵泡的发育不会产生抑制作用。因此，母兔就不会有规律性发情周期。在正常情况下，母兔的卵巢内经常有许多处于不同发育阶段的卵泡，尤其前后两批卵泡交替发育中，体内的雌激素水平有高有低，母兔的发情症状就有明显和不明显之分，此时虽然母兔没有发情症状，但若进行强制性配种，母兔仍有受孕的可能。人们可根据这一特点安排生产，这对于现代肉兔业的发展是非常可贵的。

四、肉兔假妊娠的比例高

母兔经诱导刺激排卵后并没有受精，但形成的黄体开始分泌孕酮，刺激生殖系统的其他部分，使乳腺激活，子宫增大，类似妊娠但没有胎儿，此种现象称为假妊娠。假妊娠的母兔拒绝配种，到假妊娠末期母兔表现出临产行为，衔草做窝，拉毛营巢，乳腺发育并分泌少量乳汁。假妊娠的持续期为 16～18 天，假妊娠过后立即配种极易受精。管理不好的兔群假妊娠的比例可高达 30%。一般不育公兔的性刺激、母兔群养和仔兔断奶晚是引起假妊娠的主要原因。生产中常用复配的方法防止假妊娠。

五、肉兔是双子宫动物

母兔有两个完全分离的子宫，两个子宫有各自的子宫颈，都开口于一个阴道，无子宫角和子宫体之分。两子宫颈间有间膜固

定，受精卵不能由一个子宫向另一个子宫移行。所以偶有母兔妊娠后，又接受交配再妊娠，前后妊娠的胎儿分别在两侧子宫内着床，胎儿发育正常，分娩时分期产仔。

六、胚胎在附植前后损失多

肉兔胚胎在附植前后的损失率约为 29.7%，影响胚胎附植最大的因素是肥胖，母体过于肥胖时，体内沉积大量脂肪，压迫生殖器官，使卵巢、输卵管容积变小，卵子或受精卵不能很好发育，以致降低了受胎率并使胎儿早期死亡。另外，高温、惊群应激、过度消瘦、疾病等，也会影响胚胎的存活。

七、肉兔的卵子大

肉兔的卵子是目前已知的哺乳动物中最大的卵子，直径为 160 微米。同时，它也是发育最快、在卵裂阶段最容易在体外培养的哺乳动物的卵子。因此，作为一种很好的实验材料被广泛应用。

第三章 肉兔品种

第一节 国外引进品种

一、新西兰兔

新西兰兔原产于美国，是近代最著名的优良肉兔品种之一，世界各地均有饲养。

（一）外貌特征

新西兰兔有白色、黑色和红棕色。目前饲养量较多的是新西兰白兔，被毛纯白，眼呈粉红色，头宽圆而粗短，耳宽、厚而直立，臀部丰满，腰肋部肌肉发达，四肢粗壮有力，具有肉用品种的典型特征。

（二）生产性能

新西兰兔体型中等，最大的特点是早期生长发育较快。在良好的饲养条件下，8 周龄体重可达 1.8 千克，10 周龄体重可达 2.3 千克。成年体重：公兔 4～5 千克，母兔 4.5～5.5 千克。繁殖力强，平均每胎产仔 7～8 只。

（三）主要优缺点

新西兰兔的主要优点是产肉力高，肉质良好，适应性和抗病力较强。主要缺点是毛皮品质较差，利用价值低。但用新西兰白兔与中国白兔、日本大耳兔、加利福尼亚兔杂交，则能获得较好的杂种优势。

二、比利时兔

该兔原产于比利时，系由比利时贝韦伦野生穴兔改良而成的

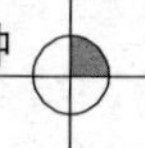

大型肉兔品种。

（一）外貌特征

比利时兔被毛呈黄褐色或栗壳色，单根毛纤维的两端色深，中间色浅；腹部毛色浅，偏向灰白色。两眼周围有不规则的白圈，耳尖部有黑色光亮的毛边，尾内侧为黑色。眼睛为黑色，耳大而直立，稍倾向于两侧，面颊部突出，脑门宽圆，鼻骨隆起，类似马头，俗称“马兔”。体躯和四肢较长，后躯较高，善跳跃，酷似野兔。

（二）生产性能

该兔体型较大，仔兔初生重60～70克，最大可达100克以上，6周龄体重1.2～1.3千克，3月龄体重可达2.3～2.8千克。成年体重：公兔5.5～6.0千克，母兔6.0～6.5千克，最高可达7～9千克。繁殖力强，平均每胎产仔7～8只，最高可达16只。

（三）主要优缺点

比利时兔的主要优点是生长发育快，体质健壮，适应性强，耐粗饲，泌乳力高。比利时兔与中国白兔、日本大耳兔杂交，可获得理想的杂种优势。主要缺点是不适宜于笼养，饲料利用率较低，易患脚癣和脚皮炎等。

三、加利福尼亚兔

加利福尼亚兔原产于美国加利福尼亚州，是一个专门化的中型肉兔品种。我国多次从美国和其他国家引进，表现良好。

（一）外貌特征

体躯被毛白色，耳、鼻端、四肢下部和尾部为黑褐色，俗称“八点黑”。眼睛红色，颈粗短，耳小直立，体型中等，前躯及后躯发育良好，肌肉丰满。绒毛丰厚，皮肤紧凑，秀丽美观。“八点黑”是该品种的典型特征，其颜色的浓淡程度有以下规律：出生后为白色，1月龄色浅，3月龄特征明显，老龄兔逐渐变淡；冬季色深，夏季色浅，春、秋换毛季节出现沙环或沙斑；营养良好色深，营养不良色浅；室内饲养色深，长期室外饲养，日光经常照射变浅；在寒冷的北部地区色深，气温较高的南部地区变浅；有些个体色深，有的个体则浅，而且均可遗传给后代。

（二）生产性能

体型中等，仔兔初生重 60～70 克，2 月龄重 1.8～2 千克，成年母兔体重 3.5～4.5 千克，公兔 3.5～4 千克。屠宰率52%～54%，肉质鲜嫩。适应性广，抗病力强，性情温顺。繁殖力强，泌乳力高，母性好，产仔均匀，发育良好。一般胎均产仔 7～8 只，年可产仔 6 胎。

（三）主要优缺点

该品种兔的主要优点是早熟易肥、肌肉丰满、肉质肥嫩、屠宰率高。母兔性情温驯，泌乳力高。主要缺点是生长速度略低于新西兰兔，断奶前后饲养管理条件要求较高。

四、公羊兔

公羊兔又名垂耳兔。两耳特长而下垂，头型似公羊，故称公羊兔。是一种大型的肉用兔。

（一）外貌特征

公羊兔被毛颜色多为黄褐色，也有白色和黑色，耳朵大而下垂，头型粗大、短而宽，额、鼻结合处稍微突起，形似公羊，臀部丰满，四肢结实。公兔显得十分敦实，颈部粗壮。母兔则显得秀气温顺，它颈部下面有肉髯，乳头 5 对以上，排列整齐、均匀。

（二）生产性能

该品种兔早期生长发育快，仔兔初生重 80～100 克，40 天断奶重可达 1.5 千克，90 天体重可达 2.5～2.8 千克，成年公兔体重 5～8 千克，成年母兔体重 5～7 千克，每窝产仔 5～8 头。

（三）主要优缺点

该品种兔的主要优点是适应性强，耐粗饲，抗病力强，性情

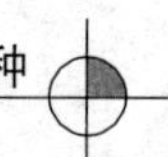

温顺，易于饲养。主要缺点为皮大骨松，出肉率低，肉质差。

五、德国花巨兔

德国花巨兔原产于德国，是著名的大型皮肉兼用兔。

（一）外貌特征

德国花巨兔被毛为白底黑花，黑背线、黑耳朵、黑眼圈、黑嘴环、黑臀花，花色对称，美观，故有“熊猫兔”的誉称。体躯长，呈弓形，腹部离地较高，骨骼粗大，体格健壮，好动，行动敏捷。

（二）生产性能

德国花巨兔早期生长发育较快，抗病力强、繁殖力高。仔兔初生重70克，90日龄可达500克，成年兔重5～6千克。母兔繁殖率高，每窝产仔11只左右。

（三）主要优缺点

该兔种的主要优点是体型较大，早期生长发育较快，繁殖力较强，毛色美观。主要缺点是遗传性能不够稳定，饲养管理条件要求较高；母兔泌乳性能较差，育仔能力弱，仔兔成活率低。

六、青紫蓝兔

原产法国，是一个优良的皮肉兼用兔，有标准型、中型、巨型3个类型。

（一）外貌特征

被毛都为蓝灰色，耳尖及尾面为黑色，眼圈、尾底、腹下和颈后的三角区呈灰白色。单根纤维从基部至毛梢的颜色依次为深灰色、乳白色、珠灰色、雪白色和黑色，被毛中夹杂有全白或全黑的针毛。眼睛为茶褐色或蓝色。

（二）生产性能

青紫蓝兔分为标准型、美国型与巨型3种类型。标准型：体型较小，成年母兔体重2.7～3.6千克，公兔2.5～3.4千克。中型：体型中等，成年母兔体重4.5～5.4千克，公兔4.1～5千克。巨型：偏于肉用型，成年母兔体重5.3～7.3千克，公兔5.4～6.8千克。繁殖力强，每胎产仔7～8只，仔兔初生重50～60克，3月龄体重2～2.5千克。

（三）主要优缺点

该兔种的主要优点是毛皮品质较好，适应性较强，繁殖力较高，因而在我国分布很广，尤以标准型和美国型饲养量较大。主要缺点是生长速度较慢，如果以肉用为目的，不如饲养其他肉用品种有利。

七、丹麦白兔

该兔原产于丹麦，又称兰特力斯兔，是近代著名的中型皮肉兼用型兔。

（一）外貌特征

丹麦兔被毛纯白、柔软紧密，眼红色，头较大，耳较小、宽厚而直立，口鼻端钝圆，额宽而隆起，颈粗短，背腰宽平，臀部丰满，体型匀称，肌肉发达，四肢较细，母兔颌下有肉髯。

（二）生产性能

该兔体型中等，仔兔初生重45～50克，6周龄体重达1.0～1.2千克，3月龄体重2.0～2.3千克，成年母兔体重4.0～4.5千克，公兔3.5～4.4千克。繁殖力高，平均每胎产仔7～8只，最高达14只。

（三）主要优缺点

丹麦白兔的主要优点是毛皮优质，产肉性能好，耐粗饲，抗病力强，性情温顺，容易饲养。主要缺点是体型较其他品种偏小而体长稍短，四肢较细。

八、弗朗德巨兔

起源于比利时弗朗德地区，长期误称为比利时兔，直到20

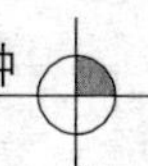

世纪初，才正式定名为弗朗德巨兔，是世界最早和最著名的肉用兔品种。

(一) 外貌特征

以毛色不同分为 7 个品系，即钢灰色、黑灰色、黑色、蓝色、白色、浅黄色和浅灰色。被毛浓密，富有光泽，眼睛稍突出，眼睛颜色与被毛颜色一致，两耳大而直立，额高头大，骨骼粗壮，背部宽平，臀部丰满，体型结构匀称。

(二) 生产性能

体格大，背扁平，体长平均 95 厘米，最长可达 101.6 厘米。美国弗朗德巨兔成年母兔重 6.8 千克，公兔 5.9 千克。法国弗朗德巨兔成年母兔重 6.8 千克，公兔 7.7 千克。

(三) 主要优缺点

主要优点是产肉率高，肉质良好。主要缺点是繁殖率低，成熟较晚。

九、日本大耳白兔

原产于日本，属中型皮肉兼用品种。

(一) 外貌特征

被毛纯白，两耳大而薄，直立，耳根细，耳端尖，形似柳叶。眼睛红，颈部粗壮，母兔颈下有肉髯，后躯发育良好，体型较大。

(二) 生产性能

成熟早，生长发育快，初生体重 60 克，2 月龄 1.4 千克，3 月龄 2.1 千克，成年兔 4.0～6.0 千克，体长 45 厘米。母兔繁殖率强，年产 5～6 窝，每窝产仔 8～10 只。

(三) 主要优缺点

主要优点是母性好，泌乳量大，哺育率高。主要缺点是屠宰率和净肉率低。

十、齐卡兔

由德国 ZIKA 肉兔育种中心和慕尼黑大学联合育成，是当前世界上著名的肉兔配套品系之一。我国在 1986 年由四川省畜牧兽医研究所首次引进、推广并试验研究。该配套系由 3 个品系组成：G 系称为德国巨型白兔，N 系为齐卡新西兰白兔，Z 系为专门化品系。生产商品肉兔是用 G 系公兔与 N 系母兔交配生产的 GN 公兔为父本，以 Z 系公兔与 N 系母兔交配得到的 ZN 母兔为母本。

（一）外貌特征

该兔被毛白色，配套系中 G 系属大型品种，两耳大而直立，头粗重，体躯大而丰满。N 系属中型品种，头形粗壮，耳短小直立，体躯丰满，肉用特征明显。Z 系属小型品种。

（二）生产性能

配套系原种，G 系成年体重 6～7 千克，仔兔初生重 70～80 克，35 日龄断奶体重 1～1.2 千克，3 月龄体重 3.2～3.5 千克，日增重 35～40 克，料重比 3.2∶1。N 系成年体重 4.5～5 千克，仔兔初生重 60～70 克，3 月龄体重 2.8～3 千克，日增重 30～35 克，料重比 3.2∶1。Z 系成年体重 3.6～3.8 千克，仔兔初生重 60～70 克，3 月龄体重 2～2.5 千克。商品代肉兔 28 日龄断奶体重 600～650 克，2 月龄体重 1.8～2 千克，3 月龄体重 3～3.5 千克，日增重 35～40 克，料重比 2.8∶1，屠宰率51%～52%。

（三）主要优缺点

该兔种是在良好的环境和营养条件下培育而成的专门化肉兔杂交配套系原种，具有体型较大，生长发育较快，适应性、抗病力较强，肥育性能优良等优点，适宜于集约化、规模化生产。但配套系的保持和提高需较高的技术和足够的数量及血统，不适宜在小型养兔场或专业养兔户中推广饲养。

十一、艾哥肉兔

艾哥肉兔配套系在我国又称布列塔尼亚兔，是由法国艾哥（ELCO）公司培育的肉兔配套系。艾哥肉兔配套系由A、B、C、D4个系组成。

（一）外貌特征

祖代公、母兔或父母代公、母兔，被毛均为纯白色，眼为红色。头较粗重，两耳大而直立，躯体丰满结实，腰肋部肌肉发达，四肢粗壮，具有肉用品种的典型特征。

（二）生产性能

配套系祖代之一（A），成年兔体重5.8千克以上，性成熟期26～28周龄，70日龄体重2.5～2.7千克，料重比2.8∶1；祖代之二（B），成年兔体重5千克以上，性成熟期17～18周龄，70日龄体重2.5～2.7千克，料重比3∶1，年产6胎，可育成仔兔50只；祖代之三（C），成年兔体重3.8～4.2千克，性成熟期22～24周龄；祖代之四（D），成年兔体重4.2～4.4千克，性成熟期17～18周龄，年产6胎，可育成仔兔50～60只。父母代（AB，父系），成年兔体重5.5千克以上，性成熟期26～28周龄；父母代（CD，母系），成年兔体重4～4.2千克，性成熟期17～18周龄，年产6～7胎，每胎产仔10～11只。商品代（ABCD），35日龄断奶体重900～980克，70日龄体重2.5～2.6千克，料重比2.7∶1，屠宰率59%，胴体净肉率85%以上。

（三）主要优缺点

该兔种是在良好的环境和营养条件下培育而成的，具有较强的适应性、抗病力和较高的繁殖性能，适宜于集约化、规模化生产。但配套系的保持和提高需要完整的体系、较高的技术和足够的数量和血统，不适宜在小型养兔场或专业养兔户中推广饲养。

第二节　国内培育品种

一、中国白兔

中国白兔也称中国本地兔，是我国长期培育而成的一个皮肉兼用的优良地方品种，其分布遍及全国各地。

（一）外貌特征

中国白兔体型较小，全身结构紧凑而匀称；被毛洁白，短而紧密，皮板较厚；头型清秀，耳短小直立，眼珠为红色，嘴尖颈短。该兔种还有灰色、黑色、青紫蓝色、花色等其他毛色，杂色兔的眼睛为黑褐色。

（二）生产性能

中国白兔为早熟小型品种，仔兔初生重35～50克；30日龄断奶体重300～450克，3月龄体重1.2～1.3千克；成年母兔体重2.2～2.5千克，成年公兔1.8～2.3千克。繁殖力较强，主要反映在“血配”的受胎率高（80%～90%），每只母兔年产6～8胎，每胎平均产仔5～6只。中国白兔肉质鲜美，成年兔的屠宰率达到50%。母兔性情温和，哺乳力强。仔兔成活率较高，适应性好，抗病力强，是理想的育种材料。

（三）主要优缺点

该兔的主要优点是早熟、繁殖力强、适应性好、抗病力强、耐粗饲，是优良的育种材料；肉质鲜嫩味美，适宜制作缠丝兔等美味食品。主要缺点是体型较小、生长缓慢、产肉率低、皮张面积小，有待于选育提高。

二、中华黑兔

中华黑兔是中国农业科学院特种动物研究所畜牧专家经过5年多时间培育而成的一个最新优良品种，已进行了品种鉴定。

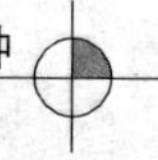

（一）外貌特征

中华黑兔特征为黑眼、黑耳、黑爪、黑皮、黑毛、黑尾巴，全身乌黑发亮，遗传性能稳定。体型中等，适应性强，耐粗饲，前期生长快，抗病力强。经检测，其肉品蛋白质、氨基酸、黑色素的含量很高，是一般肉兔的2.5倍。该品种兔是我国肉兔家族之珍品，属21世纪黑色保健食品。

（二）生产性能

中华黑兔母性强，繁殖率高，年产5～8胎，平均胎产仔数8.5只，最多达15只。仔兔断奶成活率在90%以上。初生仔兔重50～60克/只，3月龄体重2.2～2.7千克，成年公兔体重3～4千克，成年母兔体重2.5～4.5千克。

（三）主要优缺点

该品种兔抗病力极强，尤其对球虫病、脚皮炎、兔瘟等有很强的抵抗力。饲料转化率高，料肉比为2.7∶1，屠宰率为65.5%。其肉质口感极好，味道特别鲜美。中华黑兔的培育成功，填补了国内空白。据国内外市场调查，近几年内该品种兔尚属种源扩繁阶段，有着广阔的市场前景。

三、哈白兔

哈白兔是中国农业科学院哈尔滨兽医研究所利用比利时兔、德国花巨兔、日本大耳白兔和当地白兔通过复杂杂交培育而成，属于大型皮肉兼用兔。哈白兔具有适应性强、耐粗饲、繁殖率高和屠宰率高的特点，可在全国大部分地区饲养，适宜规模兔场、专业户、农户饲养。

（一）外貌特征

哈白兔体形匀称紧凑，骨骼粗壮，肌肉发达丰满。公、母兔全身毛色均呈白色，有光泽，中短毛。体躯大，眼呈红色，尾短上翘，四肢端正。公兔胸宽较深，背部平直稍凹，母兔胸肩较宽，背部平直，有8对乳头。

（二）生产性能

哈白兔早期生长发育速度快。仔兔初生重平均55.2克，30日龄断奶体重可达650～1 000克，90日龄达2.5千克，成年公兔体重5.5～6.0千克，母兔6.0～6.5千克。哈白兔产肉率高，半净膛率57.6％，全净膛率53.5％。哈白兔3个半月性成熟，发情周期9～11天，孕期30天，窝产仔平均8～10只，成活率80％。自然交配公、母比按1：5较为适宜。

（三）主要优缺点

哈白兔的主要优点是遗传性稳定，耐寒、耐粗饲，适应性强，饲料转化率高（料重比为3.35：1），生长发育快，产肉率高，皮毛质量好。主要缺点是群体较小。

四、太行山兔（虎皮黄兔）

太行山兔又名虎皮黄兔，原产于河北省井陉等县，是在中国经过7年选育而成的，是一个优良的地方品种。

（一）外貌特征

分标准型和中型两种。标准型：全身被毛栗黄色，腹部浅白色，头清秀，耳较短、厚、直立，体型紧凑，背腰宽平，四肢健壮，体质结实。成年体重：公兔平均3.87千克，母兔3.54千克。中型：全身毛色深黄色，后躯两侧和后背稍带黑毛尖，头粗壮，脑门宽圆，耳长、直立，背腰宽长，后躯发达。成年体重公兔平均4.31千克，母兔平均4.37千克。

（二）生产性能

该品种适应性和抗病力强，耐粗饲，适于农家饲养。其遗传性稳定，繁殖力高，母性好，泌乳力强。年产仔5～7胎。胎均产仔数：标准型8.2只，中型8.1只。幼兔的生长速度快。据测定，喂以全价配合饲料，日增重与比利时兔相当，而屠宰率高于比利时兔。由于太行山兔为我国自己培育的优良品种，适于我国的自然条件，且又具良好的生产性能，被毛黄色，利用价值高，

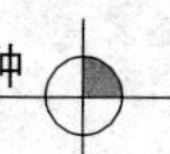

深受养殖者的喜爱。

（三）主要优缺点

虎皮黄兔为我国自己培育成功的优良皮肉兼用品种，具有较强的适应性和抗病力，遗传性稳定，繁殖力强，母性好，耐粗饲。被毛黄色，利用价值较高。主要缺点是早期生长发育缓慢，有待进一步选育提高。

五、塞北兔

该兔种系由法系公羊兔与弗朗德兔杂交选育而成的肉皮兼用兔，主要分布于河北、内蒙古、东北及西北等地。

（一）外貌特征

塞北兔的毛色以黄褐色为主，其次是纯白色和少量黄色；一耳直立，一耳下垂，或两耳均直立或均下垂；头略粗而方，鼻梁上有黑色山峰线，颈粗短；体躯匀称，肌肉丰满，发育良好。

（二）生产性能

该兔种体型较大，仔兔初生重 60～70 克，30 日龄断奶体重可达 650～1 000 克，在一般饲养管理条件下，2～4 月龄月均增重达 0.75～1.15 千克，成年兔体重平均 5.0～6.5 千克，高者可达 7.5～8.0 千克。繁殖力强，每胎产仔 7～8 只，高者可达15～16 只。

（三）主要优缺点

塞北兔的主要优点是体型较大，生长较快，繁殖力较高，抗病力强，发病率低，耐粗饲，适应性强，性情温顺，容易管理。主要缺点是毛色、体型尚欠一致，有待于进一步选育提高。

第四章 肉兔的繁殖

第一节 肉兔的选种

选种就是根据肉兔的育种目的，把高产优质、适应性强、饲料报酬高、遗传性稳定、外貌特征符合育种要求的公母兔选择作为繁殖后代的种兔，同时把品质不好或较差的个体加以淘汰。选种是提高兔群生产力和改良品种的一项有效措施。

一、选种依据

肉兔选种主要根据体质类型、体重与体尺、外貌特征、性别和年龄等确定。

（一）体质类型

肉兔的体质基本上可分为 4 种类型，即结实型、细致型、粗糙型和疏松型。肉用兔主要提供兔肉，所以要求头型较小，体躯紧凑，背腰平直宽广，后躯发育良好。粗糙结实型和细致结实型体质最理想。

（二）体重与体尺

肉用兔要求体重愈大愈好。体重较大，表明生长发育良好，产肉性能高。如果达不到最低体重标准，表明生长发育不良，不能留作种用。肉兔体尺也应符合品种要求。

（三）外貌鉴定

根据肉兔的外貌特征可以初步判定肉兔的品种纯度、健康状况、生长发育和生产性能。通常鉴定的部位和要求如下。

1. 头部　肉兔要求眼大明亮，眼珠颜色应符合品种要求，如新西兰白兔眼睛为粉红色，青紫蓝兔为茶褐色，中国白兔为红色。耳朵大小和形状是肉兔的品种待征之一，如中国白兔耳短厚而直立，日本大耳兔耳长似柳叶。一般要求两耳应竖立高举，一耳或两耳下垂是不健康的表现，或是遗传上的缺陷。

2. 体躯　要求肌肉丰满，发育良好，胸部宽深，背腰平直，臀部宽圆。达到种用体况的鉴别标准是：

一类膘，用手抚摸腰部脊椎骨，无算盘珠状的颗粒凸出，双背脊为八九成膘。过肥则暂不宜作为种用。

二类膘，用手抚摸腰部脊椎骨，无明显颗粒状凸出，用于抓起颈背部皮肤，兔子使劲挣扎，说明体质健壮，一般为七八成膘，是最适宜的种用体况。

三类膘，用手抚摸脊椎骨，有算盘珠状的颗粒凸出，手抓颈背部，皮肤松弛，挣扎无力，一般为五六成膘，需加强饲养管理后方能作为种用。

四类膘，全身皮包骨头，手摸脊椎骨有明显算盘珠状的颗粒凸出，手抓颈背部无力挣扎，一般为三四成膘。这种兔不能作为种用，应酌情淘汰。

3. 四肢　四肢应强壮有力，肌肉发达。行走时观察前肢有无划水现象，后肢有无瘫痪症状。趾爪弯曲度和色泽变化可以作为判断肉兔年龄的依据。

4. 被毛　所有肉兔均应被毛浓密、柔软，富有弹性和光泽，毛色应符合品种特征。测定兔毛密度的方法，一般是在兔的背部或体侧，用嘴朝逆毛方向吹开毛被，形成漩涡中心，根据露出皮肤面积的大小进行评定。最好的密度为漩涡中心看不到皮肤，或不超过 4 毫米^2，不超过 8 毫米^2 为良好，不超过 12 毫米^2 为合格。

5. 其他　公兔要求睾丸大而匀称，性欲旺盛；隐睾、单睾都不能留作种用，外生殖器无炎症，肛门附近无粪尿污染，耳、鼻无疥癣，无脚皮炎。母兔要求母性好，产仔率高，乳头 4～5 对，外阴部洁净、无粪尿污染或溃烂斑。无肠炎和腹泻痕迹，无疥癣、脚皮炎和乳房炎。有产前不拉毛营巢，产后不肯哺乳，甚至有吃食仔兔恶癖的母兔都应淘汰。

（四）公、母鉴别

鉴别公、母兔，一般可通过观察阴部生殖孔形状和与肛门之间的距离，以及生殖突起是否明显来识别（图 4-1）。

初生仔兔主要根据阴部孔洞形状和与肛门之间的距离进行识别。孔洞呈扁形而略大于肛门、两者距离较近者为母兔；孔洞呈圆形而略小于肛门、两者距离较远者为公兔。初生仔兔的公、母鉴别，在实际生产中意义很大，有利于去公留母，以公或母兔高比例（如 1∶3 或 1∶4）搭配出售种兔。如果不会识别公、母，只简单地留大去小，将会造成很大的失误和经济损失。

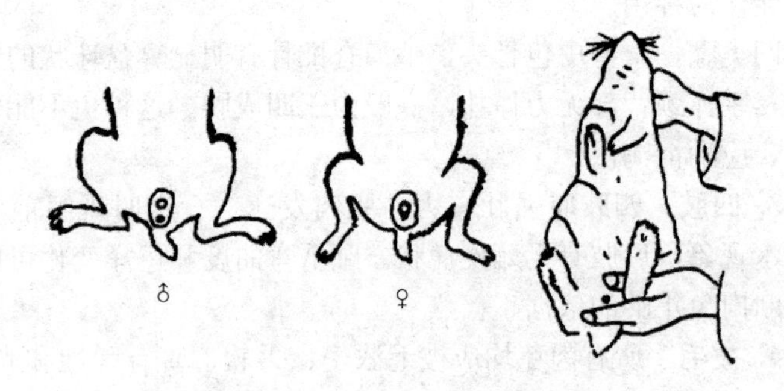

图 4-1　肉兔公、母鉴别法

开眼后的仔兔，可直接检查外生殖器。方法可用左手抓住仔兔耳颈部，右手食指与中指夹住仔兔尾部，用大拇指轻轻向上推开生殖孔，公兔局部呈 O 形，并可翻出圆筒状突起；母兔则呈 V 状尖叶形，下端裂缝延至肛门，无明显突起。

3 月龄以上的青年兔，公、母鉴别比较容易，一般轻压阴部皮肤就可翻开生殖孔，中间有圆柱状突起者为公兔，有尖叶形裂

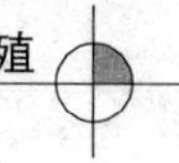

缝延至肛门者为母兔。

（五）年龄鉴定

种兔的使用年限一般只有3～4年，所以在种兔选购过程中必须重视年龄鉴别。在缺少记录的情况下，肉兔的年龄主要根据趾爪的长短、颜色、弯曲度，牙齿的色泽和排列，皮板的厚薄等进行鉴别（图4-2）。

图4-2　肉兔的年龄鉴定（依趾爪形状）

1. 青年兔　趾爪短韧而平直，有光泽，隐藏于脚毛之中，白色兔趾爪基部呈粉红色，尖端呈白色，且红多于白。门齿短小、洁白、排列整齐，皮肤紧密结实。

2. 壮年兔　趾爪粗细适中、平直，随年龄增长逐渐露出于脚毛之外，白色兔趾爪颜色红白相等。门齿色白、粗壮、整齐，皮肤紧密厚实。

3. 老年兔　趾爪粗长，爪尖钩曲，有一半趾爪露出于脚毛之外，表面粗糙无光泽，白色兔趾爪颜色白多于红。门齿厚长呈黄褐色，时有破损，排列不整齐。皮肤粗糙而松弛。

二、选种指标

近年来，各国对肉兔的选种制订了各种指标和要求，特别是母兔的繁殖参数和肉兔的肥育指标更为严格。

（一）繁殖参数

母兔的繁殖参数见表4-1。

表 4-1 母兔的主要繁殖参数

生产指标	最低水平	最佳水平
每只母兔年提供断奶仔兔数（只）	40.0	50.0
每个母兔笼位年提供断奶仔兔数（只）	45.0	55.0
母兔配种率（%）	70.0	85.0
配种母兔分娩率（%）	55.0	85.0
平均每胎产仔数（只）	8.0	9.0
每胎产活仔兔数（只）	7.5	8.5
每个母兔笼位年产仔胎数（胎）	6.0	7.5
两次产仔的间隔时间（天）	60.0	50.0
仔兔出生至断奶的死亡率（%）	25.0	18.0
每胎平均断奶仔兔数（只）	6.0	7.0
每只哺乳母兔哺育断奶仔兔数（只）	6.5	7.5
30 日龄断奶仔兔的体重（克）	500.0	600.0
断奶幼兔每增重 1 千克的饲料消耗量（千克）	4.5	4.0
每月母兔淘汰率（%）	8.0	5.0

（二）肥育指标

肉兔肥育指标见表 4-2。

表 4-2 肉兔肥育指标

生产指标	最低水平	最佳水平
生长速度（克/天）	33.0	38.0
料肉比	3.5∶1	3.0∶1
屠宰日龄（天）	80.0	75.0
屠宰率（%）	58.0	62.0
死亡率（%）	7.0	4.0
100 只母兔每周提供的屠宰兔数量（只）	70.0	100.0

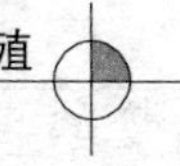

三、选种方法

（一）个体选择

主要根据肉兔本身的质量性状或数量性状在一个兔群内个体表型值的差异，选择优秀个体，淘汰低劣个体。这种方法适用于一些遗传力高的性状选择，因为遗传力高的性状，在兔群中个体间表现型的差异明显。因此，选出表现型好的个体，就能比较准确地选出遗传上优秀的个体。例如，70日龄前的生长速度和饲料报酬，这两个性状的遗传力都在0.4以上，采用个体选择法就能获得较好的选择效果。肉用兔主要评定生长速度、体型大小、肥育性能、屠宰率、肉的品质和饲料报酬。

常用的有剔除法、最优法和总分法等3种。

1. 剔除法　即对选择的每个性状都限定1个最低标准，只要有1个性状低于该标准即予以淘汰。

2. 最优法　对兔群中的任何个体，只要有1个性状的表型值优于其他个体，则该个体即予留种。

3. 总分法　对每个性状根据优劣进行评分，将几个性状累计，总分最高的个体即予留种。例如，某养兔场对兔群进行选择，希望选出产仔率（L）高、早熟（M）、肉质（Q）优良、毛皮品质（P）好的个体留作种用。每个性状根据优劣分成10级，分别计分为1～10分。现有6只肉兔，评分结果见表4-3。

表4-3　6只肉兔主要性状评分结果

兔号	L	M	Q	P	总分
1	9	9	8	10	36
2	5	10	9	10	34
3	10	5	10	7	32
4	6	10	7	7	30
5	7	7	7	7	28
6	5	3	9	8	25

若要从中选择3只留作种用，可采用剔除法，规定每个性状的最低标准为6分，只要有1个性状不满6分者即予淘汰，则应选留1、4、5号兔；若采用最优法，则产仔率高者应选留1、3、5号兔，早熟者应选留1、2、4号兔，肉质优良者应选留2、3、6号兔，毛皮品质好者应选留1、2、6号兔；若采用总分法，将选中1、2、3号兔。比较3种选种法，总分法的最大优点是能取得性状间的平衡，从而选出平均情况下最好的种兔。

（二）家系选择

主要根据系谱选择，同胞、半同胞测验或后裔鉴定来选择种兔。这种方法适用于一些遗传力低的性状选择，如繁殖力、泌乳力和成活率等。因为遗传力低的性状，其表现型的好坏，受环境因素的影响较大，如果只根据个体选择，准确性较差，而用家系选择法则能比较正确地反映家系的基因型，所以选择效果比较好。

1. 系谱选择　系谱是记载肉兔祖先情况的一种资料表格。系谱选择就是根据系谱记载资料如生产性能、生长发育等进行分析评定的一种选择方法。根据遗传规律，对子代品质影响最大的首先是亲代（父母），其次是祖代、曾祖代。祖先愈远，影响愈小。因此，应用系谱选择时，只要推算到2～3代就够了。但在2～3代以内必须有正确而完善的生产记录，能保证选择的正确性。

2. 同胞、半同胞测验　采用同胞、半同胞测验进行家系选择所需的时间短、效果好。因为肉兔的利用年限短，采用同胞、半同胞测验的选择方法，在较短时间内就可得出结果，优秀的种兔就可留种繁殖，所以能够缩短世代间隔，加速育种进程。进行同胞、半同胞测验时，遗传力愈低的性状，同胞、半同胞数愈多，则测定效果愈好。

3. 后裔鉴定　这是通过对大量后代性能的评定而判断种兔遗传性能的一种选择方法。一般多用于公兔，因为公兔的后代数

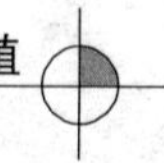

量、育种影响都大于母兔。具体做法是：选择一批外形、生产性能、繁殖性能、系谱结构基本一致的母兔，饲养在相同的饲养管理条件下，每只公兔至少选配 10～20 只母兔，然后根据后代生长发育、饲料报酬、皮毛品质等性能进行综合评定。

（三）综合选择

综合运用个体选择和家系选择，根据各个时期的生产表现作出可靠的评价，把兔群分为育种群和生产群的一种选择方法。

第一次选择：在仔兔断奶时进行。由于仔兔外形尚未固定，除体重外，没有其他可供选择的依据，所以主要以系谱和断奶体重为依据。系谱选择的重点是注意系谱中优良祖先的数量。优良祖先数目越多，后代获得优良基因的机会就越大，配合同窝其他仔兔生长发育的均匀度，将符合育种要求的列入育种群，不符合的列入生产群。

第二次选择：一般在 3 月龄时进行。从断奶至 3 月龄，肉兔的绝对生长或相对生长速度都很高。此阶段选择的重点应是 3 月龄体重、断奶至 3 月龄的日增重，这两项指标构成选择指数，可取得较好的选择效果。3 月龄以后，肉兔还要根据体尺大小来评定生长发育情况。

第三次选择：肉兔在 6 月龄后开始繁殖，此期选择的重点是生长速度、饲料利用情况和繁殖性能等指标。公兔还要进行性欲和精液品质的检查。体型小、性欲差的公兔不能留作种用。

第四次选择：一般在 1 岁左右时进行。主要鉴定母兔的繁殖性能，对多次配种不孕的母兔予以淘汰。母兔初次产仔情况不作为选择依据，到第二胎仔兔断奶后，根据产仔数、泌乳力等进行综合评定。对于母性差、泌乳力小、产仔数少或有恶癖的母兔进行淘汰，同时淘汰性欲差和精液品质不理想的公兔。

第五次选择：种兔的后代已有生产性能记录时，可根据后代品质对种兔再作一次遗传性能的鉴定，以便进一步调整兔群。

根据实践经验，选择后备种兔时，一定要从良种母兔所产的

3～5胎幼兔中选留，开始选留的数量应比实际需要量多1～2倍，而后备公兔最好应达到10∶1或5∶1的选择强度。

（四）多性状选择

在实际育种工作中，为了使种兔的几个主要性状如肉用兔的产肉力、繁殖力、生活力都能符合理想型要求，通常采用多性状选择法。大体上可分为3种。

1. 顺序选择法 就是先把所要选择的性状，按先后排列成一定的次序，然后一个一个地依次进行选择，在第一个性状达到理想要求后，再选择另一个性状。这种方法适用于选择呈正相关的性状，如果所选性状呈负相关时，往往会出现此升彼降现象。

2. 独立淘汰法 当同时选择几个性状时，先对所选每一个性状规定出最低标准，当各个性状都达到最低标准时就留种。其中某一性状达不到标准时就淘汰。这种方法能比较全面地照顾各种性状，但容易淘汰掉某些性状优秀的肉兔个体。

3. 指数选择法 选择时根据各个性状在经济上的重要程度，分别规定评定分数，然后选总分最高的个体作为种兔。

四、生产性能评定

（一）产肉性能评定

肉兔的产肉性能评定包括生长速度、胴体重、屠宰率、料肉比及胴体品质等项目。

胴体重：兔的胴体重测定一般有3种表示方法：其一为屠宰后除去头、脚、血、毛皮、内脏后的屠体重量，即全净膛；其二为屠宰后除去头、脚、血、毛皮、内脏的屠体，加上心、肝、肾等可食部分内脏的重量；其三为屠宰后除去头、脚、血、毛皮、内脏的屠体，加上肾脏的重量，即半净膛。不论采用何种方式，胴体重的称量应在屠体尚未完全冷却之前进行。

屠宰率：胴体重占屠宰前空腹体重的百分数。

料肉比：每增重1千克体重所消耗的饲料量。

胴体长：从第一胸椎到髋关节之间的直线距离。

瘦肉率：瘦肉重占胴体重的比例。

肉骨比：瘦肉重与骨重的比例。

脂肪率：脂肪重占胴体重的百分率。

生长速度的评定有 3 种方法，即评定一定时间内肉兔体重或体尺的变化，单位时间内肉兔的日增重，到达屠宰体重的日龄。

1. 评定一定时间内肉兔体重或体尺变化　其计算公式为：

$$G=\frac{W_1-W_0}{t_1-t_0}$$

式中：G——单位时间内兔体重或体尺的变化；

W_0——评定初始体重或体尺；

W_1——评定期末体重或体尺；

t_0——评定初始日龄；

t_1——评定期末日龄。

2. 评定单位时间内肉兔的日增重　其计算公式为：

$$G=\frac{W_t-W_0}{t}$$

式中：G——平均日增重；

W_t——评定期末体重；

W_0——评定初始体重；

t——评定期持续的天数。

3. 到达屠宰体重时的日龄　国外对烤兔要求在体重 2 500 克时屠宰，故以达此体重的日龄大小来评定其生长速度。

（二）繁殖性能评定

1. 年总产仔数　一年内所产仔兔数（包括死仔）的总和。

2. 年产活仔数　一年内所产活仔数的总和。

3. 断奶仔兔数　断奶时存活的仔兔数，包括代为哺乳的仔兔数。

4. 断奶成活率　断奶仔兔数占产活仔数的百分率。

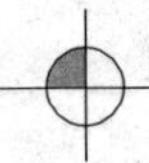

5. 初生窝重 仔兔全窝出生后吃奶前的重量。

6. 泌乳力 指母兔产后20天的泌乳能力，以仔兔20天窝增重表示。

7. 配种受胎率 一定时期内公兔所配母兔怀胎数占所配母兔总数的百分率。

8. 断奶窝重 仔兔断奶时全窝总重，包括寄养仔兔在内。

9. 其他 如母性，包括产前拉毛营巢能力，是否在箱内产仔；有无拒绝哺育仔兔情况，有无食仔恶癖等；有效乳头数；公兔性欲，交配能力、睾丸大小及均匀程度等。

第二节 肉兔的选配

选配是选种的继续。选配的实质就是有意识、有计划地决定公、母兔配对繁殖，组合后代的遗传基础。目的在于获得变异和巩固遗传特性，以便逐代提高兔群品质。选配方法可以分为同质选配、异质选配、年龄选配和亲缘选配等。

一、同质选配

选择性状相同或生产性能表现一致的优秀公、母兔进行交配称作同质选配。目的是为了把优良性状在后代中得以保持和巩固，使优秀个体数量增加，群体品质得到提高。由于肉兔的许多经济性状是由多个基因控制的，表型相同的个体基因型不一定相同，所以同质选配是常用的选配方法。但是，值得注意的是，实行同质选配既然能使优良品质在后代中得以稳定，也会使不良品质或缺陷在后代中得到巩固，所以不能选择具有同样缺点（包括体质、外形和生产性能）的公、母兔进行交配。

二、异质选配

性状不同、生产性能不一致的种兔的选配称作异质选配。异

质选配有两种情况，一种是选择具有不同优良性状的公、母兔配种，以期将两个优良性状结合在一起，从而获得兼有双亲不同优点的后代。例如，将繁殖性能高与早期生长快的公、母兔交配，以期获得繁殖和产肉性能双高产的肉兔后代的选配方法，就是异质选配。

异质选配的另一种方法是，选择同一性状优劣程度不同的公、母兔配种，使后代在此性状上获得较大的改进和提高。如体重大的配体重小的，生长速度快的配生长慢的，繁殖力高的配繁殖力低的等。

应当注意的是，在异质选配中，有时由于基因的连锁和性状间的负相关等原因，不一定能把双亲的优良性状很好地结合在一起。因此，坚持严格的选种制度，考虑性状的遗传规律与遗传系数是非常重要的。选配的目的是使性状得到进一步的提高，如果公、母一方某一性状表现很差，用同一性状优秀的个体交配，虽然能使该性状得到不同程度的改良，但这不是育种工作的目的，是不提倡的。

三、年龄选配

就是根据交配双方的年龄进行选配的一种方法。因为年龄与肉兔的遗传稳定性有关，同一只肉兔，随着年龄的不同，所生后代品质也往往不同。因此，肉兔的交配，应以年龄的不同而进行选配。

实践证明，壮年公、母兔交配所生后代，生活力和生产力较高，遗传性能比较稳定。因此，年龄选配的原则是：壮年公兔×壮年母兔，壮年公兔×青年母兔，壮年公兔×老年母兔，青年公兔×壮年母兔，老年公兔×壮年母兔。

在生产实践中，为了提高后代的生产性能和生活力，年龄选配中应严禁采用以下选配方式：青年公兔×老年母兔，老年公兔×青年母兔，青年公兔×青年母兔，老年公兔×老年母兔。

四、亲缘选配

就是考虑肉兔交配双方有无亲缘关系。如交配双方有亲缘关系，称为亲缘选配。如交配双方无亲缘关系，则为非亲缘选配。一般认为 7 代以内有亲缘关系的选配，为亲缘选配。而 7 代以外的亲缘关系，因祖先对后代的影响极为微弱，可以称为非亲缘选配。

（一）亲缘程度的计算

肉兔的亲缘程度主要由与配公、母兔之间的亲缘关系决定的。例如，父—女、母—子或同胞兄妹间的交配，因为亲缘关系近，所以亲交程度高；而曾祖代—曾孙代或远堂兄妹间的交配，因为亲缘关系远，所以亲交程度低。亲缘程度的高低，通常可用近交系数（F_x）来估测。

嫡亲交配：

$$F_x = 0.250 \sim 0.125$$

近亲交配：

$$F_x = 0.125 \sim 0.031$$

中亲交配：

$$F_x = 0.031 \sim 0.008$$

远亲交配：

$$F_x = 0.008 \sim 0.002$$

（二）近交的衰退现象

近交衰退是对近交后产生各种不良现象的总称，包括生长发育缓慢、繁殖力和生产性能下降、抗病力和存活率降低、畸形兔出现、死亡率增加等。据报道，在肉兔繁育中，近交系数增加 10%，就会使每窝断奶仔兔数减少 0.37 只。尤以不恰当的近交对肉兔繁殖性能的危害最为突出（表 4-4）。

近交引起的畸形缺陷，目前在肉兔中常见的主要有隐睾、牛眼、八字腿和下颌颌突畸形。

表 4-4　不同亲缘程度对肉兔繁殖性能的影响

近交系数	母兔受胎率（%）	产仔数（只）	死胎率（%）	初生重（克）
0.375	90.0	7.8	5.7	66.4
0.250	93.3	8.8	3.2	68.3
远交	100	9.0	2.2	69.0

（三）防止近交衰退

近交有害，所以一般应避免采用。在亲缘选配中为防止近交衰退现象，通常可采取以下措施。

第一，加强育种计划。在育种过程中，除为迅速巩固某些优良性能，允许采用亲缘选配外，必须严格控制使用。在种兔群内，最好以公兔为中心，建立一些亲缘关系较远的“系”，以后可以有计划地利用这些“系”间交配，以避免不恰当的亲交。

第二，建立严格的淘汰制度。近交很容易使遗传上的缺陷暴露出来，在表型上表现为品质低劣，甚至出现畸形。所以应严格淘汰品质不良的隐性纯合子，一定要选择体格健壮、性能优良的公、母兔留作种用。

第三，加强饲养管理。近交后代遗传性比较稳定，种用价值也可能较高，但生活力较差，表现为对饲养管理条件要求较高。如能满足要求，就可暂时不表现或少表现近交衰退影响，所以对近交后代必须加强饲养管理。

第四，保持一定数量的基础群。为了避免不必要的亲缘选配，在种兔场内必须保持有一定数量的基础群，尤其是公兔数量。一般种兔场至少应有 10 只左右的种公兔，而且应保持有较远的亲缘关系。必要时还可输入同品种、同类型而无亲缘关系的公、母兔进行血液更新，来丰富种兔场的遗传结构。

第三节　肉兔的繁殖技术

繁殖是肉兔生产中的重要环节，目的是不断增加数量和逐步提高质量，以满足生产发展的需要。

一、繁殖现象

肉兔的繁殖生理特点是性成熟早，繁殖力强，发情征候不明显。

（一）性成熟和初配年龄

1. 性成熟 初生仔兔生长发育到一定年龄，公兔睾丸能产生具有受精能力的精子，母兔卵巢能产生成熟的卵子，如果公、母兔交配即能受精妊娠和完成胚胎发育过程，则表明肉兔已达到性成熟。肉兔的性成熟年龄随品种、性别、饲养管理水平以及遗传因子等因素的差异而有区别。

（1）品种 一般小型品种性成熟年龄为3～4月龄，中型品种为4～5月龄，大型品种为5～6月龄。

（2）性别 一般母兔的性成熟早于公兔，通常同品种的母兔性成熟比公兔早1个月左右。

（3）营养 相同品种或品系，饲养条件优良、营养状况好的性成熟比营养差的要早半个月左右。

（4）季节 一般早春出生的仔兔随着气温逐渐升高，日照变长，饲料丰富，性成熟比晚秋和冬季出生的仔兔要早1～2个月。

2. 初配年龄 公、母兔达到性成熟后，虽然已能配种繁殖，但因身体各器官仍处于发育阶段，过早配种繁殖不仅会影响公、母兔本身的生长发育，而且配种后受胎率低，产仔数少，仔兔初生体重小，成活率低。但是过晚配种亦会影响公、母兔的生殖机能和终身繁殖能力。

确定肉兔的初配年龄，主要根据体重和月龄来决定。在正常饲养管理条件下，公、母兔体重达到该品种标准体重70%时，即已达到体成熟，就可开始配种繁殖。一般认为，小型品种初配年龄为4～5月龄，体重2.5～3千克；中型品种5～6月龄，体重3.5～4千克；大型品种7～8月龄，体重4.5～6千克。因公

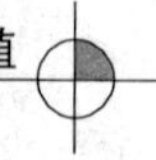

兔性成熟年龄比母兔迟，所以公兔的初配年龄应比母兔迟 1 个月左右。

3. 种用年限　种公、母兔的使用年限，一般为 3～4 年，如果体质健壮，使用合理，配种利用年限可适当延长。但过于衰老的种兔因性活动机能减退，所产仔兔品质下降。据试验，老年亲本所产的母兔与老年公兔配种，其胚胎死亡率高达 30%左右；老年公兔与中、青年母兔配种的受胎率低于 2 岁公兔的配种受胎率。

（二）发情周期与发情表现

1. 发情周期　性成熟以后的母兔，每隔一定时间卵巢内就会成熟一批卵泡（8～20 个）。卵泡发育的结果，产生雌激素（动情素），这种激素通过血液循环作用于大脑活动中枢，引起母兔生殖器官的变化并产生性欲，这就是发情。

母兔为刺激性排卵动物，只有在公兔交配刺激后 10～12 小时才排出卵子，如果未经交配刺激便不能排卵。这些成熟卵子在雌激素与孕激素的协同作用下经 10～16 天后逐渐萎缩、退化，而新的卵泡又开始发育。母兔生殖器官出现的这种周期性变化，即为性周期，或称发情周期。

母兔的发情周期一般为 10～16 天。发情持续期为 3～5 天，应该注意的是母兔虽一年四季都能发情配种，但以气温适宜的春、秋季发情较为明显，夏季和冬季不仅性欲差，而且发情征候不明显，配种受胎率低。

2. 发情表现　母兔发情时，主要表现为举动不安，食欲减退，常以前肢扒箱或以后肢“顿足”，有时还有衔草做窝现象。当公兔追逐爬跨时，常作接受交配姿势。外阴部红肿、湿润，阴道黏膜颜色呈周期性变化，即苍白→粉红→大红→紫黑→苍白。这种变化从发情开始（黏膜呈粉红色）至结束（发情后期黏膜转为紫黑色，进入休情后，阴道黏膜又变为苍白色），一般为 3～4 天，称为发情持续期。

3. 配种适期　肉兔为刺激性排卵动物。根据实践经验，人工授精时一般在刺激排卵后 2～8 小时以内输精受胎率最高；自然交配时，则在发情旺期，阴道黏膜呈红色时配种受胎率最高（表 4－5）。

表 4－5　母兔阴道黏膜色泽与受胎率的关系

阴道黏膜色泽	发情时期	配种母兔数（只）	妊娠母兔数（只）	受胎率（%）
苍白色	初期	23	11	47.8
粉红色	中期	62	45	72.6
大红色	盛期	88	67	76.1
紫黑色	后期	26	16	61.5

同时要注意外阴部变化。外阴部苍白、干燥、萎缩，此时配种时间尚早（图 4－3）。外阴部大红、肿胀且湿润为发情期，此时配种受胎率最高，产仔数较多（图 4－4）。外阴部黑紫，此时配种时间已晚，只好等待下一发情周期（图 4－5）。俗话说："粉红早，黑紫迟，大红正当时"就是这个道理。

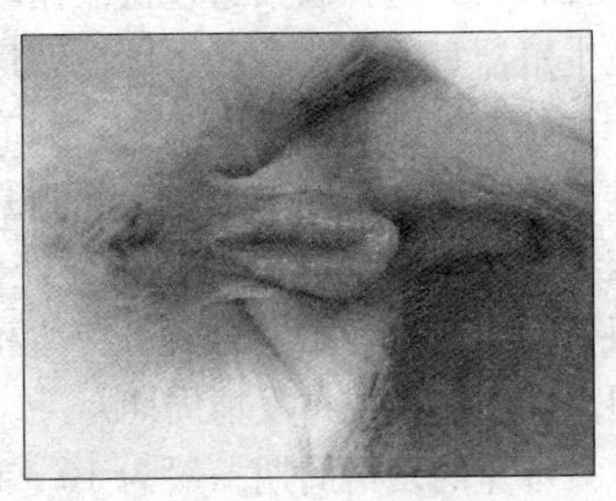

图 4－3　外阴部苍白

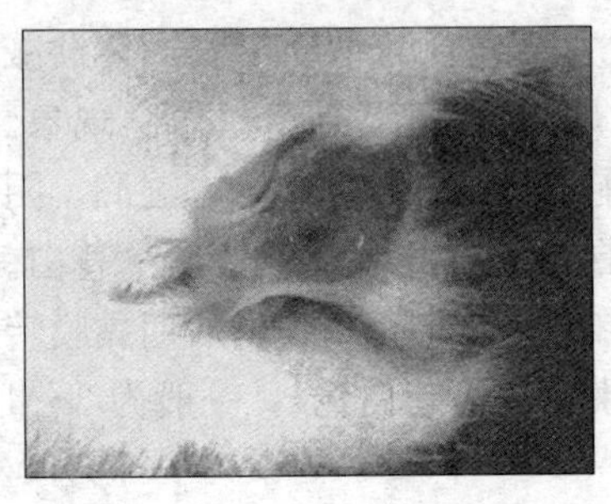

图 4－4　外阴大红、湿润

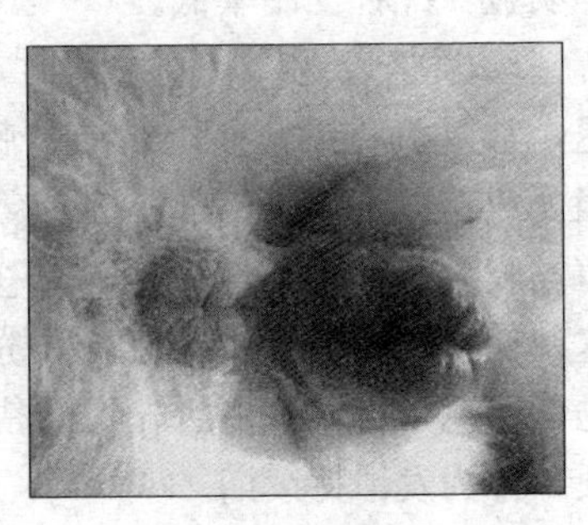

图 4－5　外阴部黑紫

（三）妊娠与妊娠期

1. 胚胎发育　公、母兔交配后，精子与卵子在输卵管上 1/3 处的膨大部结合而受精。肉兔的受精时间一般是在排卵后 1～2 小时，在配种后 20～24 小时完成第一个卵裂过程，受精后 72～75 小时胚胎开始向子宫运行，受精后 7 天左右在子宫中着床，形成胎盘。此后胚胎的生长发育完全依靠胎盘吸收母体供给的养料和氧气，代谢产物亦经胎盘传递到母体而排出体外。受精卵在母兔生殖器官中发生的一系列生理变化及发育过程，称之为妊娠。

据报道，在正常排卵情况下，胚胎死亡率约占着床总数的 7%，其中 66%在配种后 8～17 天、27%在 17～23 天死亡。胚胎死亡率与母兔的营养水平有关。据配种后第 9 天观察，高营养水平（超过正常营养水平）组的胚胎死亡率为 44%，低营养水平（适宜的营养水平）组的死亡率只有 18%。高营养水平组的初生活仔数平均 3.8 只，而低营养水平组为 6 只。

2. 妊娠检查　母兔配种后是否妊娠，通常可用复配、称重法、摸胎法进行检查。

（1）复配法　一般在第一次配种后 5～7 天，将母兔送入公兔笼中，若母兔已经妊娠，就会发出警惕性的“咕、咕”叫声，或卧地掩盖臀部，拒绝配种。

（2）称重法　一般母兔在配种前称重 1 次，配种后 15 天左右复称 1 次，如果复称体重明显增加，表明母兔已经受孕。两次称重均应在早晨喂料前、空腹时进行。

（3）摸胎法　母兔配种 10～12 天后，胎儿约花生米粒大小，位于腹部两侧，隔着腹壁即可摸到。摸胎时，术者左手抓住母兔双耳和颈部皮肤，右手作八字形，自前向后沿腹壁轻轻探摸，如果感觉柔软如棉，表明没有妊娠；如能摸到花生米粒大小且能滑动的球状物，证明已经妊娠。摸胎时要注意胎儿与粪球的区别，粪球多为扁圆形，没有弹性，表面较粗糙，在腹腔分布面积较大，无一定的位置。胎儿位置则比较固定，用手轻压表面，光滑而富有弹性。

3. 妊娠期 从受精卵发育开始至分娩的整个时期称为妊娠期。肉兔的妊娠期平均为30～31天，变动范围为29～34天。不到29天者为早产，超过35天者为异常妊娠，在这种情况下多数不能产下正常仔兔，一般很难存活。

母兔妊娠期的长短与肉兔品种、年龄、个体营养水平、胎儿数量及发育情况有关。大型母兔的妊娠期比小型母兔长，老年母兔的妊娠期比青年兔长，营养和健康状况好的母兔妊娠期比差的长，胎儿数目少的妊娠期比胎儿数多的长。

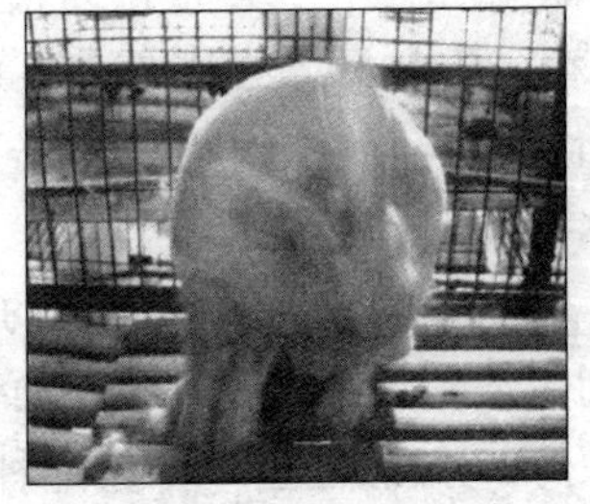
图4-6 临产前拉毛

(四) 分娩与护理

胎儿在母体内生长发育成熟之后，由母体排出体外的生理过程，称为分娩。

1. 分娩征兆 母兔的分娩征候比较明显，大多数母兔在临产前3～5天乳房开始肿胀，可挤出少量乳汁，腹部凹陷，外阴部红肿，食欲减退。临产前1～2天，开始衔草拉毛筑窝。临产前10～12小时衔草拉毛次数增加，频繁出入于产箱。据生产实践表明，母兔产前拉毛是一种正常的生理现象，且与母兔的泌乳性能有着直接关系，拉毛早则泌乳早，拉毛多则泌乳多。产前不会拉毛的母兔，多为初产或泌乳性能差的母兔。因此，对不会拉毛的初产母兔，临产前最好施行人工辅助拉毛，以刺激乳腺发育，促进泌乳（图4-6、图4-7）。

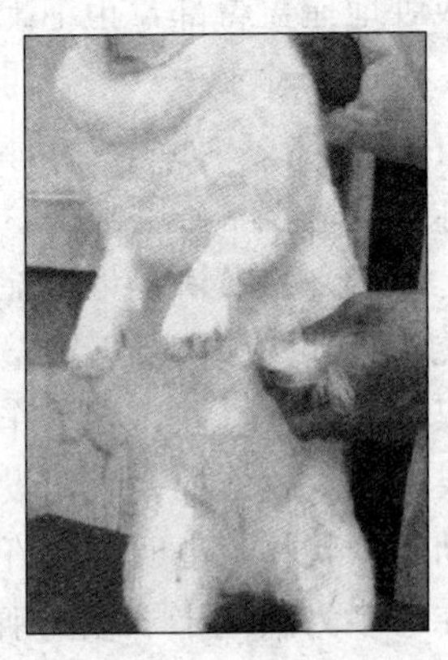
图4-7 人工拉毛

2. 分娩过程 母兔临产时，在激素的作用下表现出子宫的收缩和阵痛，精神不安，顿足刨地，拱背努责，排出胎水等。母兔分娩时多呈犬卧姿势，一边产仔一边咬断脐带，舔干仔兔身上的血液和黏液，分娩即告结束。

3. 分娩前后护理 分娩前2～3天应将消毒好的产箱放入笼内，垫料以刨花最好（图4-8）。母兔虽系多胎动物，但产仔时间很短，一般产完一窝仔兔只需20～30分钟。母兔产仔后即跳出产仔箱寻找饮水，如果找不到饮水就会跑回窝内残食仔兔。因此，护理分娩母兔时，最重要的就是要准备好充足的饮水或麸皮汤。产仔结束后，应及时清理产仔箱，清点仔兔数量，哺乳前测定窝重或个体重，做好记录，作为测定母兔繁殖性能和选种选配时参考。产仔数超过8只者可找保姆兔代哺，否则淘汰体重过小或体弱的仔兔，或对初生胎儿进行性别鉴定，并将多余弱小的公兔淘汰（图4-9、图4-10）。

图4-8 产箱内放刨花

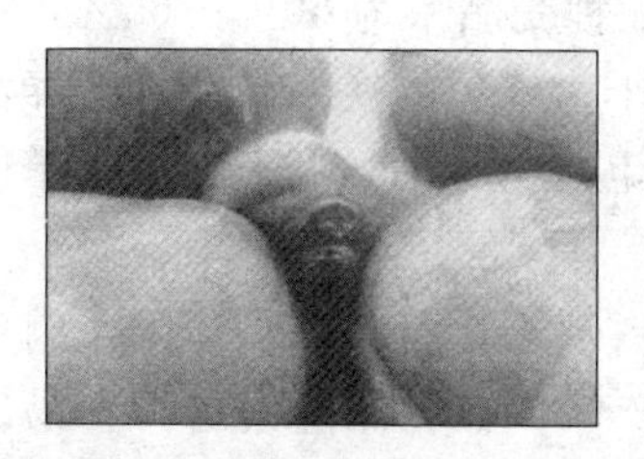

图4-9 仔兔性别鉴定（母）

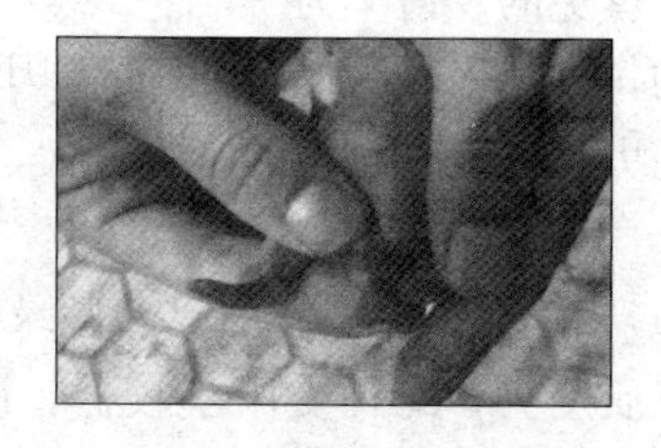

图4-10 仔兔性别鉴定（公）

二、繁殖季节与配种计划

（一）繁殖季节

肉兔繁殖虽无明显的季节性，一年四季都可配种繁殖，但因不同季节的温度、光照、营养状况不同，对母兔的发情率、受胎率和仔兔成活率等均有一定的影响。

1. 春季 气候温和，饲料丰富，母兔发情旺盛，配种受胎率高，产仔数多，是肉兔配种繁殖的最好季节。据实际观察，3～5月份母兔的发情率高达80%～85%，受胎率为85%～90%，平均每胎产仔数达7～8只。所以一般兔场应力争春季能配上2胎。但南方各地，因春季多梅雨，湿度比较大，兔病多，死亡率高，尤其是仔兔，所以一定要做好防湿、防病工作。

2. 夏季 气候炎热，尤其是南方各地，高温多湿，肉兔食欲减退，体质瘦弱，性功能不强，配种受胎率低，产仔数少。据实际观察，6～8月份母兔发情率为20%～40%，受胎率为30%～40%，平均每胎产仔数只有3～5只。即使产仔，由于哺乳母兔天热减食，泌乳量少，仔兔瘦弱多病，成活率也很低。但如母兔体质健壮，又有遮阳防暑条件，仍可适当安排夏季繁殖。

3. 秋季 气候温和，饲料丰富，所以母兔发情旺盛，受胎率高，产仔数多，是肉兔繁殖的又一好时期。据观察，9～11月份母兔的发情率为75%～80%，配种受胎率为60%～65%，平均每胎产仔数为6～7只。但因秋季为肉兔的换毛季节，营养消耗大，对配种繁殖的影响较大，所以必须合理安排，一般以繁殖1～2胎为宜。

4. 冬季 气温较低，青绿饲料缺乏，营养水平下降，肉兔体质瘦弱，配种受胎率较低，所产仔兔如无保温设备，容易冻死，成活率低。据观察，12月至翌年2月份母兔的发情率为60%～70%，配种受胎率为50%～60%，平均每胎产仔数为6～7只。但是，冬季如有较多青绿饲料供应，又有良好的保温设备，仍可获得较好的繁殖效果。因此，为了促进养兔业的迅速发展，应该大力推广冬季繁殖。

（二）配种计划

一个兔场母兔每年繁殖几胎比较适宜，这要根据当地的饲料条件和管理水平而定。条件好的可多繁殖，条件差的宜少繁殖。一般毛用兔以年产3～4胎，兼用兔和肉用兔以年产4～5胎为宜（表4-6）。

表4-6　肉兔年产5胎繁殖计划

胎次	交配日期	分娩日期	断奶日期
1	1月1日（妊娠30天）	1月31日（哺乳28天）	3月1日（休息5天）
2	3月6日（妊娠30天）	4月5日（哺乳30天）	5月5日（休息10天）
3	5月15日（妊娠30天）	6月14日（哺乳30天）	7月14日（休息35天）
4	8月20日（妊娠30天）	9月19日（哺乳30天）	10月19日（休息10天）
5	10月25日（妊娠30天）	11月24日（哺乳30天）	12月24日（休息6天）

三、配种技术

（一）自然交配

自然交配就是把公、母兔混养在一起，任其自由交配。这是一种原始的配种方法，虽然配种及时，方法简便，节省劳力，但是容易发生早配、早孕，影响幼兔的生长发育；无法进行选种选配，容易发生近亲交配和引起品种退化；公兔多次追配母兔，体力消耗过大，容易引起早衰，缩短利用年限；公、母兔混群饲养，容易引起同性殴斗和传播疾病。因此，在实际生产中已经很少应用。

（二）人工辅助交配

人工辅助交配就是在公、母兔分群或分笼饲养情况下，配种时将母兔放入公兔笼内，在人员看守和帮助下完成配种过程。与自然交配相比，这种方法能有计划地进行选种选配，避免近亲繁殖；能合理安排公兔的配种次数，延长种兔的使用年限；能有效防止疾病传播，提高肉兔的健康水平。因此，目前养兔业中，尤其是家庭养兔者普遍采用这种配种方法。

1. 严格检查公、母兔的健康状况　经健康检查，凡体质瘦弱、性欲不强、患有疾病的兔子一律不能参加配种，患有恶癖或生产性能过低的公、母兔应严格淘汰。

2. 清洗和消毒兔笼　尤其是公兔笼内粪便、污物必须清除干净。配种前数日应剪除公、母兔外生殖器周围的长毛，毛用兔最好在配种前剪毛一次，既方便配种，又可提高受胎率。

3. 在公兔笼内配种　配种时必须把母兔放入公兔笼内，不能把公兔放入母兔笼内，以防环境变化，分散公兔精力，延误交配时间。当公、母兔辨明性别后，公兔便会追逐母兔，如果母兔接受交配，就会后肢站立举尾迎合，公兔阴茎插入阴道后立即射精，并发出“咕咕”叫声，表示交配已顺利完成。

4. 注意公、母兔间的选择性　配种时要注意公、母兔之间的选择性，如果发情母兔放进公兔笼内后，长时间奔跑，逃避公兔，或伏在笼内，尾部紧压阴部，公兔几经调情仍拒绝交配，可采用人工强制配种。配种员以左手抓住母兔颈部皮肤，右手伸入腹下置于两后腿之间并用食指和中指固定尾巴，举起母兔臀部，即可迎合公兔交配。

5. 配种后检查母兔　配种结束后，应立即将母兔从公兔笼内取出，检查外阴部，有无假配。如无假配现象即将母兔臀部提起，并在后臀部轻轻拍击一下，以防精液倒流，然后将母兔送回原笼。并及时做好配种登记工作。

6. 配种频率　在一般情况下，一只体质健壮、性欲旺盛的公兔，每天可配种 1～2 次，连续配种 3 天后可休息 1 天。若遇母兔集中发情，则可适当增加配种次数，但切忌滥交，以免影响公兔健康和精液品质。

7. 编制配种计划　无论何种肉兔品种，均要根据选种、选配原则编制配种计划。防止近交，做好配种记录。

8. 配种时间　春、秋两季最好选在上午 8～11 时，夏季利

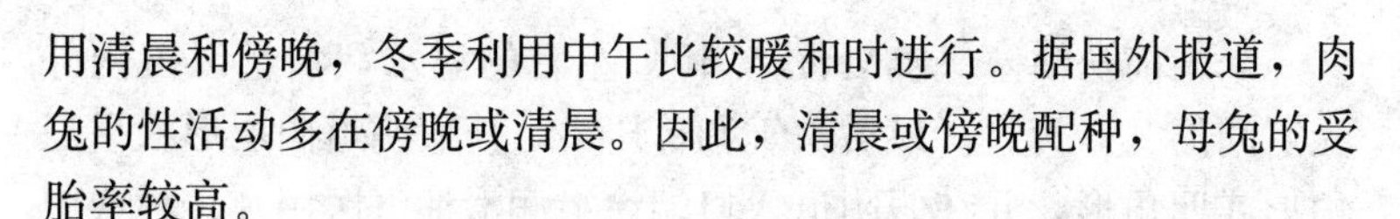

用清晨和傍晚，冬季利用中午比较暖和时进行。据国外报道，肉兔的性活动多在傍晚或清晨。因此，清晨或傍晚配种，母兔的受胎率较高。

9. 公、母兔的饲养比例 据实际观察，采用人工辅助交配，种兔的公、母比例以1∶8～10为宜。

10. 检查分析配种受胎情况 定期检查，分析公、母兔的配种受胎情况。有条件的地方应定期检查公兔的精液品质，及时发现配种受胎能力差的母兔，随时淘汰。

（三）人工授精

人工授精是目前养兔业中最经济、最科学的配种方法。采用人工授精，能充分利用优良公兔，迅速推广良种，可减少公兔饲养数量，降低饲养费用；能提高受胎率，减少疾病传播。例如在本交的情况下，1只种公兔可以承担8只母兔的配种任务，而在人工授精的情况下，每采1次精液稀释后可以给70～80只母兔输精。

1. 采精 采精是肉兔人工授精的关键环节，是一项比较复杂的技术。

（1）*安装假阴道* 目前无专门生产定型的兔用采精假阴道。一般用硬质橡皮管、塑料管或竹管代替，管长8～10厘米，直径3～4厘米（图4-11）。内胎可用手术用的乳胶指套或避孕套代替。集精管可用小玻璃瓶代替。假阴道在使用前要仔细检查，用75%酒精彻底消毒，然后用灭菌生理盐水冲洗数次。

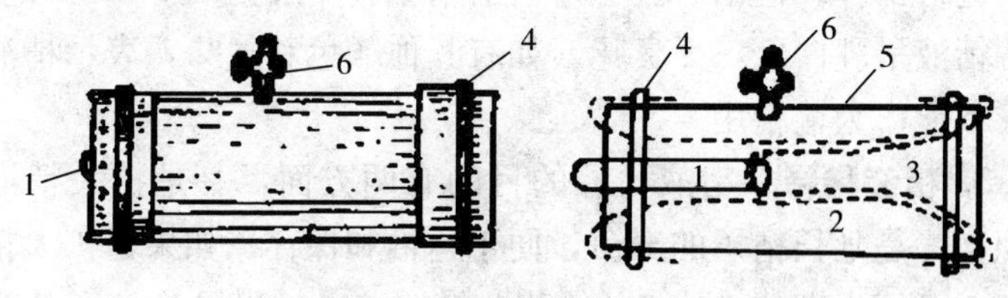

图4-11 假阴道构造

1. 集精管 2. 内胎 3. 内胎连接集精管 4. 固定内胎橡皮圈 5. 外壳 6. 活塞

采精前从活塞气嘴处灌入45℃左右的温水，水量以占内外壳空间的2/3为宜。最后吹气调节压力，使假阴道内层形状呈三角形或四角形，并在假阴道入口端涂上润滑油（医用凡士林或中性石蜡油），采精所需的最佳假阴道内温度为30～40℃。

（2）*采精方法*　一般采用假台兔采精法，模仿母兔后躯外形与生殖道位置，制作假台兔（图4-12）。外面覆盖兔皮，将准备好的假阴道装于台兔腹内。采精时，将台兔放入公兔笼内让其爬跨交配。此法简便，相当于自然交配的姿势。另外，也可预先准备一张兔皮，采精时，采精人员一手握住假阴道，用另一手将兔皮盖在握假阴道的手背上，当假阴道伸向公兔笼内，经训练后的公兔，就会爬上蒙有兔皮的手背，此时将假阴道开口处对准公兔阴茎伸出方向，就可采精。

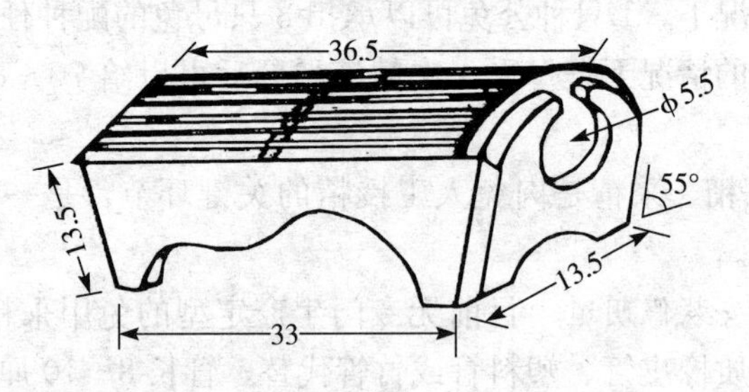

图4-12　假台兔构造（单位：厘米）

2. 精液检查　结束采精工作后，马上取下采精管，将其送到18～25℃的室内进行精液品质检查。经过检查符合要求的，立即进行稀释、输精。公兔每次射精量，一般为0.5～2.5毫升。正常精液呈乳白色，无臭味，如有其他颜色和气味，表示精液异常，不能作为输精用。

3. 精液稀释　精液稀释的目的有两方面，一是扩大精液的容积；二是延长精子的寿命，便于运输和保存。如果是扩大精液容积，可用生理盐水或5%的葡萄糖溶液；如果是为精子补充营养，可用葡萄糖、蔗糖、牛奶或卵黄等；保护剂常用青霉素和链

霉素。如采精后马上稀释精液的，多数用生理盐水或5%的葡萄糖溶液或5%的葡萄糖生理盐水进行稀释，稀释倍数为1∶3～5，保持每毫升稀释精液中有1 000万个活力旺盛的精子。

4. 输精　人工输精的缺点是缺乏自然交配的性刺激，所以在输精前应进行刺激排卵处理，才能使母兔达到受精怀孕的目的。其方法是：①肌内注射促排3号2～5微克。②静脉注射黄体生成素10单位。③静脉注射1%～1.5%醋酸铜溶液1毫升。④采用结扎输精管的公兔进行交配刺激。

通常在排卵处理后2～5小时内，用特制的兔用输精器（图4-13）或用1毫升容量的小吸管安装橡皮乳头代替输精器进行输精。输精前先将母兔外阴部周围用生理盐水擦洗干净，输精器经煮沸消毒。输精时，输精人员可坐在凳子上，把母兔臀部和后肢朝上，背部向内夹于输精人员的大腿之间，手持吸取稀释精液0.2～0.5毫升的输精器，插入母兔阴道内5～6厘米，即可缓慢地注入精液。输精完毕，最好轻拍一下母兔臀部或将母兔后躯抬高片刻，以防精液倒流。

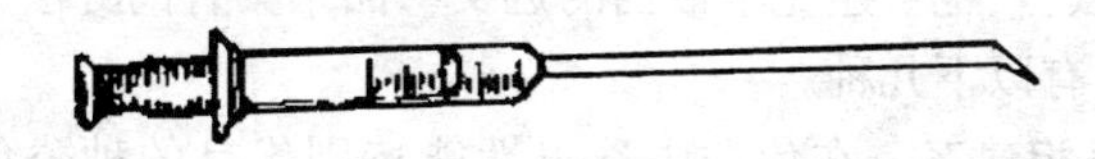

图4-13　兔用输精器

5. 注意事项　人工授精成败的关键是要有品质良好的精液。要想获取品质良好的精液，除了公兔的选择和良好的饲养管理外，还必须注意下列事项。

第一，健康公兔每日采精1～2次，连续采精5～7天应休息1天。

第二，整个操作过程应严格执行消毒制度。

第三，稀释液应现用现配，抗生素在临用前添加。

第四，输精管做到1兔使用1根，以防疾病传播。

四、繁育技术

（一）纯种繁育

纯种繁育简称为纯繁，又称本品种选育。一般就是指同一品种内进行的繁殖和选育，其目的是为了保持该品种所固有的优点，并且增加品种内优秀肉兔的数量。

我国已经从国外引进了不少优良兔种。如日本大耳白兔等，为了保持这些外来品种的优良性能和扩大兔群的数量，必须采用纯种繁育。但是，长期的纯种繁育可能因出现近交而导致后代生活力和繁殖性能的下降，即群众所说的娇气、退化。因此，采用纯种繁育除采取选种、选配和培育措施外，最好采用品系繁育方法。

所谓品系，就是指品种内来自相同祖先的后裔群，这群后裔不但一般性状良好，而且在某一个或几个性状上表现特别突出，它们之间既保持一定的亲缘关系，同时彼此间也较相似。通过品系间的杂交就可把几个优良性能汇集在一起，并且因品系间的亲缘关系较远，也可避免不恰当的近交。品系繁育的方法，目前采用的主要有以下几种。

1. 系祖建系 在兔群中选出性能特别优良的种公兔，要求不仅有独特的遗传稳定性，而且没有隐性不良基因，然后选择没有亲缘关系、具有共同特点的优良母兔5～10只与之交配，在后代中继续通过选种选配，使之得到具有系祖优点的大量后代。我国现有的许多地方良种都可以通过这种方法进行选育提高。

2. 近交建系 就是选择遗传基础比较丰富、品质优良的种兔通过高度近交，如父女、母子或全同胞、半同胞交配，使加性效应基因累积和非加性效应基因纯合。然后在此基础上通过选种选配，培育成近交系。近交建系的优点是时间短，效果显著；缺点是可能使有害隐性基因纯合，引起生活力下降。

3. 表型建系 就是根据生产性能和体型外貌，选出基础群，

然后闭锁繁殖，经过几代选育就可培育出一个新品系或新品种。这种方法简单易行，各地农村都可采用。如果是养兔专业户，一家就能承担建系育种任务，而且环境条件一致，选育效果更好。

4. 相互反复选育　这是国外肉兔品系繁育广泛采用的一种繁育方法。主要是根据两个品系或品种正反交杂种后代的生产性能、繁殖性能和生活力等进行选育。例如，要选择肉兔的多胎性，先将品系A的公兔与B系的母兔交配，根据后代AB的产仔数选择A系最好的公兔与B系的母兔繁殖，这样循环往复，就能得到一个特性已经加强而且与B系的配合力已经过考验的A系。同样，把B系的公兔用A系的母兔进行检验，使B系也能得到进一步的改进。

品系繁育是纯种繁育中的重要一环，是促进品种不断提高和发展的一项重要措施，是比较高级阶段的育种工作。

（二）杂交繁育

杂交就是指不同品种（或品系）的公、母兔之间交配，获得兼有不同品种（或品系）特征的后代。在多数情况下，采用这种繁育方法可以产生杂交优势，即后代的生产性能和繁殖能力等方面都不同程度地高于其父母的总平均值。杂交一方面可以育成新品种，另一方面可以获得较高价经济效益。目前在养兔业中常用的杂交方式主要有以下几种。

1. 经济杂交　经济杂交又称简单杂交，采用两个品种（或品系）的公、母兔交配，目的是利用杂种优势，提高生产兔群的经济效益。经济杂交可以用两品种间的杂交，即二元杂交；也可以用三品种间的杂交，即三元杂交（图4-14）。杂种后代不论公、母一般

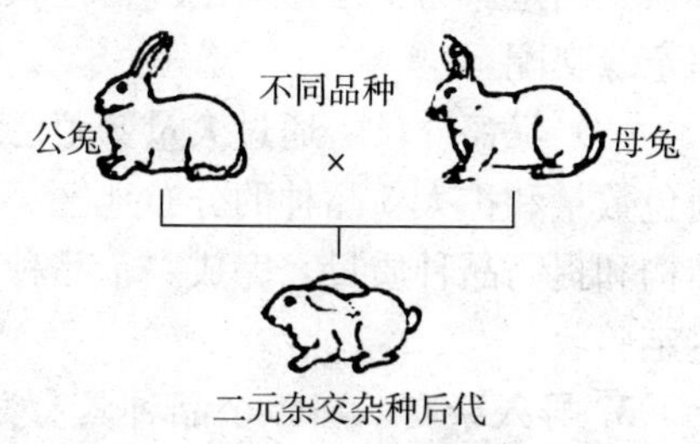

图4-14　经济杂交示意图

都不作为种用，只作为经济利用。这种方法能获得体型大、增重快、抗病力强、饲料报酬高、各方面都超过双亲的商品兔。例如，新西兰白兔与加利福尼亚兔杂交后，其后代的生产性能和繁殖能力都高于双亲的平均值（表4-7）。

表4-7　新西兰白兔×加利福尼亚兔的杂交效果

项　目	新西兰白兔	加利福尼亚兔	加×新（母兔）
每年平均每只母兔产仔数（只）	37.23	37.20	41.34
平均每胎产仔数（只）	8.1	7.9	8.6
平均每胎断奶仔兔数（只）	7.3	7.6	7.8
8周龄平均体重（千克）	1.93	1.68	2.03
饲料消耗比	3.41∶1	3.01∶1	3.05∶1

2. 育成杂交　主要用于培育新品种，世界上许多著名的肉兔品种几乎都是用这种方法育成的。例如，青紫蓝兔就是1913年法国育种家用灰色嘎伦野兔、蓝色贝韦伦兔和喜马拉雅兔杂交育成的。育成杂交的步骤一般可分为杂交、固定、提高3个阶段。

（1）杂交阶段　通过两个或两个以上品种的公兔杂交，使各个品种的优点尽量在杂种后代中结合，改变原有肉兔类型，创造新的理想类型。

（2）固定阶段　当杂交后代达到理想型后即可停止杂交，进行横交固定。为了迅速固定优良性状，在横交固定阶段可大胆采用亲缘交配。

（3）提高阶段　通过大量繁殖已经固定的理想型，迅速增加肉兔数量和扩大新品种的分布地区。同时要不断完善品种的整体结构和提高品种质量，完成一个品种应该具备的各种条件，准备鉴定验收。

3. 导入杂交　当一个品种具有某些不足之处时，就可采用能弥补这些缺陷的另一品种进行导入杂交。一般只杂交1次，然后从第一代杂种中选出优良的公、母兔与原品种的公、母兔回交，再从第二代或第三代中（含外血1/4或1/8）选出理想型进行横交固定（图4-15）。

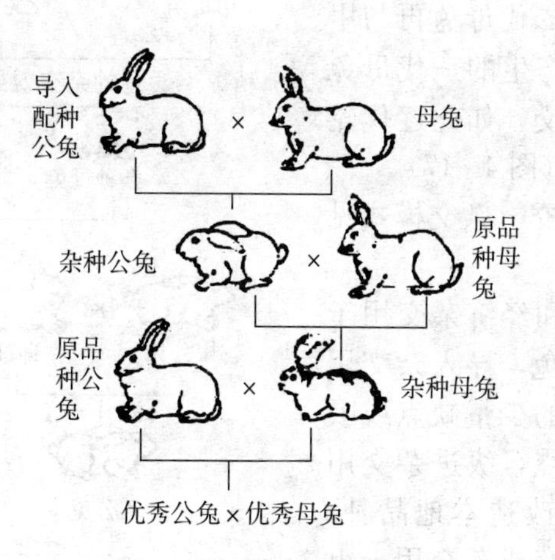

图4-15 导入杂交示意图

4. 级进杂交 级进杂交又称改造杂交。一般用当地母兔与引进的优良公兔交配，获得的杂种后代再与引进的良种公兔重复杂交，使当地品种的血统成分越来越少，改良品种的血缘成分越来越多，达到理想型要求后，停止杂交进行自群繁育（图4-16）。

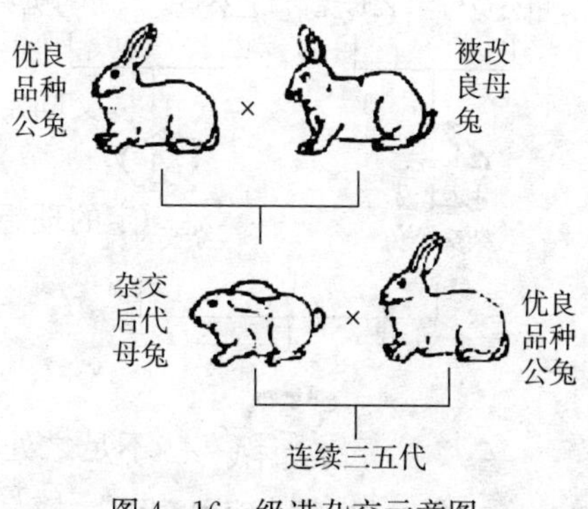

图4-16 级进杂交示意图

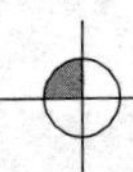

5. 轮回杂交 用甲母兔与乙公兔杂交，产生的杂交一代母兔再与丙公兔杂交，产生的杂交二代母兔再与甲公兔杂交，产生的三代母兔又与乙兔杂交，如此逐代轮流杂交下去（图 4-17）。

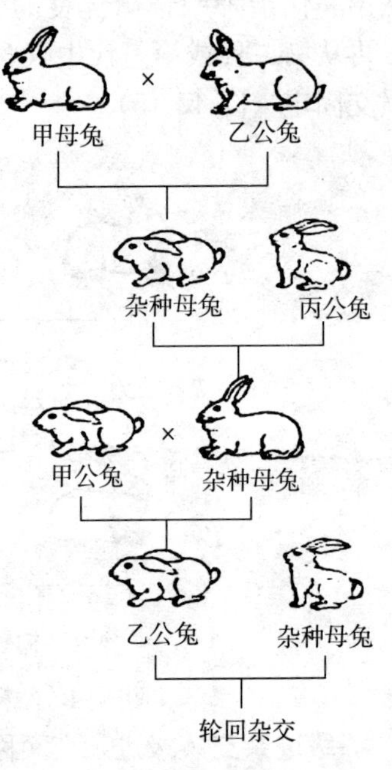

图 4-17 轮回杂交示意图

6. 双杂交 杂交模式见图 4-18。

双杂交和经济杂交用于生产商品肉兔，导入杂交用于改良品种的少量缺点或吸收其中的优点，级进杂交用于较大幅度改造本地品种，轮回杂交和育成杂交用于组合多个品种优点、形成新的品种。

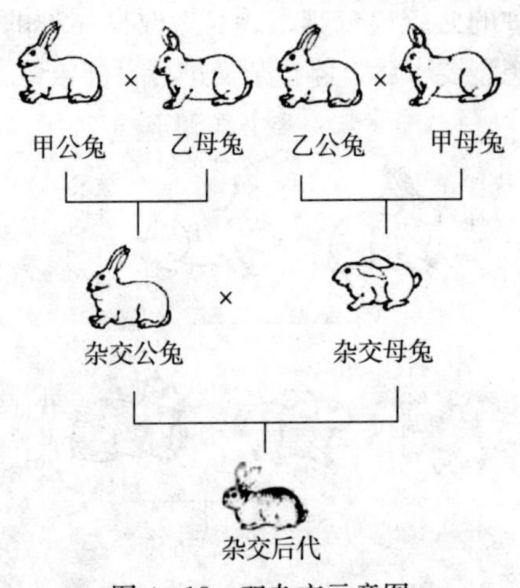

图 4-18 双杂交示意图

（三）一般育种技术

1. 编刺耳号　编刺耳号对养殖种兔来说是一件非常重要的日常管理工作。兔刺上永久性耳号后，便于种兔的选种与选配，为性能测定和建立种兔档案打下基础，因而需要对每个种兔按照一定的规律编号。大多数国家，肉兔的编号在耳朵上，即耳号，也有的国家或养兔场实行腿环。编刺耳号在仔兔断奶时或断奶前进行，以免将血统搞乱。常用的方法有耳号钳、耳号戳、针刺和耳标法。

（1）*耳号钳法*　方法是按耳号顺序依次将号码排在耳号钳内固定好。将仔兔保定，在耳朵内壳无大血管处用碘酒消毒，再用酒精脱碘。然后将耳壳置于耳号钳的中间，轻轻用力按压，使耳号钳内号码刺入真皮，取下耳号钳，在针刺处涂上醋墨（以醋研磨的，如果没有固体墨，可在黑墨汁中加入一定的陈醋。醋与墨的比例为2∶8，混合均匀后再用），这样即可成为永久的记号（图4-19）。

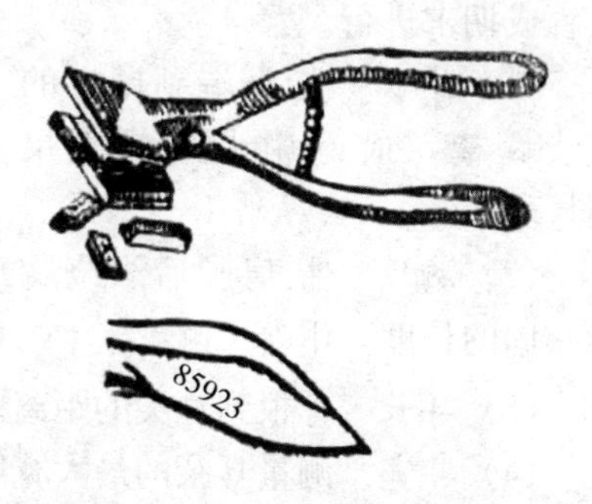

图4-19　兔用耳号钳和编号法

（2）*耳号戳法*　耳号戳是以石膏或塑料等与钢针铸成单一的号码，给兔刺耳号时，一个一个号码分别刺，其他操作与耳号钳相似。

（3）*刺号法*　钢针刺号是简单而效率较低的刺号法，通常是用注射针头或将蘸水笔尖磨尖，一边蘸醋墨水一边在耳壳内一个点一个点地刺，每隔1毫米刺1个孔，刺成的字码尽可能一致，若干个点组成所要编的号码。刺时稍用力深刺，以保持醋墨充满全孔，日后字迹清晰。这项操作技术性较强，要求用力适中，点的分布均匀，快而准确。适于农村小规模家庭兔场。

(4) 耳标法　将金属耳标或塑料耳标买回后，镶压在兔耳上即可。缺点易被勾挂而丢失。

2. 体尺测量　肉兔的体尺通常只测定体长和胸围（图4-20），必要时再测耳长和耳宽，单位以厘米计。肉兔的体尺测量时间可在育成期末进行。

图4-20　肉兔的体尺测量
上图：测量体长　下图：测量胸围

(1) 体长　指鼻端到尾根的直线距离，最好用卡尺或直尺测量。

(2) 胸围　指肩胛后缘绕胸廓一周的长度，用卷尺测量。

(3) 耳长　耳根到耳尖的距离。

(4) 耳宽　测量耳朵的最大宽度。

3. 育种记录　为了正确进行育种工作，每个兔场都必须进行详细的记录和统计工作。这是改进工作、总结经验、发现问题和开展系统育种工作的基础。

(1) 个体记录牌　成年公、母兔都应有个体记录牌，一般挂在兔笼前壁上。工作人员应及时把每只公、母兔的情况分别填写在记录牌上（表4-8、表4-9）。

表4-8　母兔个体记录牌

耳号______品种______体重______出生年月______

交配		预产期	分娩					断奶			备注
			日期	产仔数	死胎数	活仔数	仔兔窝重	日期	仔兔数	仔兔体重	

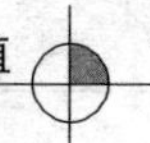

表 4-9　公兔个体记录牌

耳号________品种________体重________出生年月________

交配日期	配种方式	母兔号	备注

（2）种兔卡片　凡成年公、母兔均应有记载详细的种兔卡片，主要记录兔号、系谱、生长发育、繁殖性能、生产性能和各种鉴定成绩等资料（表 4-10）。

表 4-10　种 兔 卡

品种		毛色特征		初配年龄	
耳号		乳头数		初配体重	
性别		出生日期		来源	

系　谱

项目	父　系				母　系			
耳号								
品种								
体重								
等级								

生长发育及鉴定记录

年　别	月　龄	体　重	体　长	胸　围	产毛量	鉴定等级

母兔产仔哺育记录

年别	胎次	配种公兔		分娩时间	产仔情况				断奶		留种仔兔	
		耳号	品种		总数	死胎	活仔	窝重	只数	窝重	公	母

（续）

公兔配种繁殖记录

年别	配种母兔（只数）	不孕母兔（只数）	产仔兔（只数）	留种仔兔		备注
				公	母	

（3）母兔配种繁殖记录　主要记录胎次、配种日期、分娩日期、产仔数、初生重、断奶重等（表 4-11）。

表 4-11　母兔配种繁殖记录

胎次	配种			分娩				留种		1月龄		断奶			
	日期	配前体重	与配公兔	日期	产仔数	活仔数	窝重	只数	总重	只数	总重	日期	只数	总重	均重

（4）种公兔配种记录　主要记录种公兔的初配年龄、体重，与配母兔及配种日期、配种效果等（表 4-12）。

表 4-12　种公兔配种记录

品种	耳号	初配年龄	初配体重	与配母兔		配种日期				受胎日期	备注
				品种	耳号	1次	2次	3次	4次		

（5）青年兔生长发育记录　主要记录出生日期、断奶体重、3月龄体重、6月龄体重和体尺、成年体重等（表 4-13）。

表 4-13　青年兔生长发育记录

品种	耳号	性别	父		母		出生日期	断奶重	3月龄重	6月龄			成年体重
			品种	耳号	品种	耳号				体重	体长	胸围	

五、提高繁殖力的技术措施

（一）加强选种

做到母优父强。公兔选择性欲强、生殖器官发育良好、睾丸大而匀称、精子活力高、密度大和七八成膘的优秀青壮年兔做种用，及时淘汰单睾丸、隐睾、生殖器官发育不全及病兔和老弱的个体，母兔必须从优良母兔的3～5胎中选育，要求选留的母兔乳头在4对以上，外阴端正。

（二）合理进行营养供应

公、母兔日粮粗蛋白质以15%～17%为宜，其他营养素如维生素A、维生素E、锌、锰、铁、铜、硒等也要添补。冬、春季节青饲料不足，种兔要添喂胡萝卜或大麦芽，以利配种受胎。妊娠期间不宜过度饲养，这样可减少胚胎死亡率，提高母兔产仔数。

（三）重复配种

一般情况下，只要母兔发情正常，公兔精液品质良好，交配1次就可受孕。但是，为了确保妊娠和防止假孕，可以采用重复配种。即在第一次交配后5～6小时，再用同一只公兔交配1次。

母兔空怀的原因，往往是配种后精子在到达输卵管受精部位前就已死亡或活力降低而失去受精能力。尤其是久不配种的种公兔，精液中的衰老和死精子数量较多，只配1次可能会引起不孕和假孕。所以最好采用重复配种，第一次交配的目的是刺激母兔排卵，第二次交配的目的是正式受孕，提高母兔受胎率和产仔数。

（四）双重配种

一只母兔连续与两只不同血缘关系的公兔交配，中间相隔时间不超过20～30分钟。据试验，卵子在受精过程中具有一定的选择性，采用双重配种之后，由于不同精子的相互竞争，可增加卵子的选择性，提高母兔的受胎率。同时因受精卵获得了他种精子作为养料，所以仔兔生活力强，成活率高。但是，双重配种只适用于商品兔生产，不宜用作种兔生产，以防混淆血统。

采用双重配种时，应在第一只公兔交配后及时将母兔送回原笼，待公兔气味消失后再与第二只公兔配种。否则，因母兔身上有其他公兔的气味而引起争斗，不但不能顺利配种，还可能咬伤母兔。

（五）频密繁殖

频密繁殖又称血配。一般养兔场多数仔兔在40～45日龄断奶，然后母兔进行再次配种，所以一年只能繁殖3～4胎，繁殖速度很慢。近年来，各地都先后从国外引进一些优良种兔，为了加快这些良种兔的繁殖速度，有条件的地方可以采用这种频密繁殖法。即母兔在哺乳期内配种受孕，泌乳与妊娠同时进行，所以每年可繁殖8～10胎，获得活仔兔数50只以上。在法国、德国、荷兰等国大型养兔场都已采用这种繁殖方法，繁殖速度很快。

应当指出的是，母兔血配之后，由于哺乳和妊娠同时进行，因而对营养物质的需要量很大，在饲料的数量和质量上一定要满足母兔本身及泌乳和胎儿生长发育的需要。另外，对母兔必须进行定期称重，发现体重明显减轻时，就要停止进行下一次血配。由于采用频密繁殖之后，种兔的利用年限缩短，一般不超过1.5～2年，自然淘汰率较高，所以一定要及时更新繁殖母兔群，对留种的幼兔必须加强饲养管理。

（六）人工催情

有些母兔因长期不发情、拒绝交配而影响繁殖。为使母兔发情配种，除改善饲养管理外，可采用人工催情的方法。

1. 激素催情　促使母兔发情排卵的激素，主要有脑垂体前叶分泌的促卵泡生成素（FSH）、促黄体生成素（LH）及胎盘分泌的绒毛膜促性腺激素（HCG）、孕马血清促性腺激素（PMSG）等。据试验，肌内注射促卵泡生成素（每日2次，每次0.6毫克/只）、静脉注射促黄体生成素（每次10单位/只）、

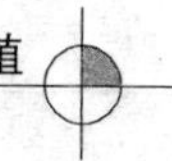

肌内注射绒毛膜促性腺激素（每次 50～100 单位/只）或孕马血清促性腺激素（每次肌注 40 单位/只），一般都可使母兔的发情率达到 70%～90%，受胎率达到 65%～70%，平均每胎产仔数为 4～6 只。

2. 性诱催情　对长期不发情或拒绝交配的母兔，可以采用性诱催情法。将母兔放入公兔笼内，通过追逐、爬跨等刺激后，仍将母兔送回原笼，经过 2～3 次后就能诱发母兔分泌性激素，促使发情、排卵。一般采用早上催情，傍晚配种。

（七）及时进行妊娠检查，减少空怀

及早、准确地检查是否妊娠，对于提高肉兔繁殖速度是非常重要的，也是养兔生产者必须掌握的一项技术。最常用的、较准确的妊娠检查方法是摸胎法。

1. 检查时间　一般在母兔交配后 10～12 天进行，最好在早晨饲喂前空腹进行。

2. 检查方法　将母兔放在桌面或在地面上，兔头朝向摸胎者，左手抓住两耳及颈皮，右手指分开呈八字形，手心向上，自前向后沿腹部两旁摸索。如果腹部柔软如棉，则是没有妊娠，如摸到花生米大、可滑动的肉状物，则为妊娠。

3. 注意事项

第一，10～12 天的胚泡与粪球区别。粪球呈扁椭圆形，表面粗糙，指压无弹性，分散面较大，并与直肠宿粪相接。而胚胎呈圆形，多数均匀排列于腹部后侧两旁，指压有弹性。

第二，妊娠时间不同，胚泡的大小、形态和位置也不一样。妊娠 10～12 天，胚泡呈圆形，似花生米大小，弹性较强，在腹后中上部，位置较集中。14～15 天，胚泡仍为圆形，似小枣大小，弹性强，位于腹后小部。

第三，一般初产母兔的胚泡稍小，位置靠后上。经产兔胚泡稍大，位置靠下。

第四，注意胚胎与子宫瘤、子宫脓疱和肾脏的区别。子宫瘤

有弹性，但增长速度慢，一般为 1 个。当肿瘤脓疱有多个时，一般大小相差很大，胚胎则大小相差不大。此外，脓疱手感有波动感。

第五，当母兔膘情较差时，肾脏周围脂肪少，肾脏下垂，有时容易误将肾脏与 18～20 天的胚胎混淆。

第六，摸胎时，动作要轻，切忌用力挤压，以免造成死胎，流产。技术熟练者可提前至交配 9 天后检查，但 12 天时需再确认 1 次。

（八）增加光照

肉兔对光照虽不苛求，但光照不足会影响繁殖性能。据浙江省上虞市土产公司试验，在室温 20～24℃和全暗的环境条件下，用电灯照明，若每平方米 1 瓦每天光照 2 小时，每兔光照度为 2 勒克斯，母兔虽有一定生育能力，但受胎率较低，一次配种的受胎率只有 30%左右。如果光照增加至每平方米 15 瓦，每兔光照度为 17 勒克斯，每兔光照 12 小时，则母兔一次配种的受胎率为 50%左右；在相同光照度下，如果每天照射 16 小时，母兔的受胎率可达 65%左右，仔兔成活率也由原来的 61.9%提高到 78.5%。因此，增加光照强度和时间能提高母兔的受胎率和仔兔的成活率。

（九）严格淘汰，定期更新

种兔要定期进行繁殖成绩及健康检查，对老龄、屡配不孕、有食仔恶癖、患有严重乳房炎、子宫蓄脓的母兔要及时淘汰。同时将优秀青年种兔及时补进群内。

第五章 肉兔的营养与饲料

饲料是肉兔生长、生产的物质基础，是肉兔营养物质的来源。只有根据肉兔不同品种、不同生理阶段的营养需要调制出合适的饲料，才能最大限度地发挥肉兔的生长、生产潜力，获得最大的经济效益。

一、肉兔的营养需要

肉兔的营养需要是制定肉兔的饲料标准、合理配合日粮的依据，也是确保肉兔生长、繁殖和健康的基础，对促进肉兔生产有着实际的科学意义。

（一）能量需要

肉兔的一切生命活动均需要能量，能量的功能主要是用于维持生命需要和生产需要，如维持体温、肌肉运动及生命活动、形成体组织器官成分、形成脂肪等。据试验，生长兔每增重 1 克需要可消化能 39.75 千焦，每增长 1 克蛋白质需要可消化能 47.41 千焦，每增长 1 克体脂需要可消化能 81.19 千焦。体重 3 千克的成年兔每天约需可消化能 836.8 千焦，日增重达 40 克的 5～8 周龄新西兰白兔每天约需采食可消化能 1 632.15 千焦。

肉兔所需能量来源于饲料中的碳水化合物、脂肪和蛋白质。其中，碳水化合物中的淀粉和纤维素是最主要的能量来源。实践证明，日粮中能量水平不足，可导致生长缓慢、体组织受损、繁殖受阻、产品数量及质量下降，缺乏严重会危及生命。但是日粮中能量水平偏高时，一方面会出现大量易消化的碳水化合物在胃肠道内发酵，从而引起消化紊乱，严重的可以导致消化道疾病；另一方面会出现脂肪沉积过多而肥胖，对繁殖母兔来说，体脂过高对雌性激素有吸收作用，从而影响繁殖；公兔过肥会造成配种困难等不良后果。

（二）蛋白质需要

蛋白质是生命的基础。肉兔的一切组织器官如肌肉、血液、神经、被毛甚至骨骼，都以蛋白质为主要组成成分。蛋白质还是某些激素和全部酶类的主要成分。蛋白质对肉兔的生长、繁殖和生产有着极其重要的作用。如果蛋白质长期缺乏，可以造成肉兔生长受阻、体重下降、机体抵抗力下降以及造成繁殖母兔发情异常、不易受胎。即使受胎也会影响胎儿发育，还会经常出现死胎、怪胎等现象，或初生仔兔生命力差；而对于公兔可以造成精液品质不良、精子数量减少、活力低等病症，因而严重地影响肉兔的生产性能。但当蛋白质饲喂过多时，不仅浪费饲料，还会产生不良影响：其一，肉兔摄入蛋白质过多，蛋白质在小肠消化不充分，而大量进入盲肠和结肠，使正常微生物区系发生改变，非营养性微生物特别是魏氏梭菌等病原微生物大量增殖，产生大量毒素，引起腹泻。其二，过多的饲料蛋白质消化产物（氨基酸）在兔体内脱去氨基，并在肝脏合成尿素，通过肾脏排出体外，从而加重了脏器的负担，不利于健康。因此，肉兔日粮中蛋白质水平应适量（表 5-1）。

表 5-1　肉兔对蛋白质的需要量

生产性能	生长	维持	妊娠	公兔配种和母兔哺乳
粗蛋白质（%）	16	12	15	17～18

蛋白质的基本组成单位是氨基酸，蛋白质的品质高低取决于氨基酸的种类和数量。肉兔需要的 20 多种氨基酸中，必需氨基酸有精氨酸、组氨酸、异亮氨酸、蛋氨酸、苯丙氨酸、苏氨酸、色氨酸、缬氨酸、亮氨酸、赖氨酸、甘氨酸（快速生长所需）11

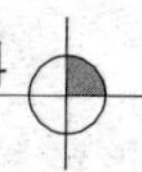

种。由于各种饲料原料中合成蛋白质的氨基酸种类、含量各不相同，在肉兔日粮蛋白质的供给上应以必需氨基酸为主，特别是蛋氨酸、赖氨酸等限制性氨基酸的供给量，还应注意必需氨基酸的吸收作用。如日粮赖氨酸含量过高，可导致精氨酸缺乏。可见，日粮中必需氨基酸的含量应力求保持平衡。

（三）碳水化合物需要

碳水化合物是肉兔体内能量的主要来源。碳水化合物能提供肉兔所需能量的60%～70%，每克碳水化合物在体内氧化平均产生16.74千焦的能量。碳水化合物由碳、氢、氧所组成，包括无氮浸出物和粗纤维两类物质。糖类消化后的葡萄糖是供给肉兔代谢活动快速应变需能的最有效的营养素，是脑神经系统、肌肉、脂肪组织、胎儿生长发育、乳腺等代谢的主要能源。多余的葡萄糖则转化成糖原储备起来，或作为合成机体脂肪和非必需氨基酸的原料。同时糖类也是泌乳母兔合成乳糖和乳脂的重要原料。

肉兔需要用粗纤维来填充胃的容积，虽然肉兔对粗纤维的消化能力较差，但粗纤维对其消化过程具有重要意义。一方面提供能量，饲料粗纤维在大肠内经微生物发酵产生挥发性脂肪酸，在大肠被吸收，在体内氧化产能或用作合成兔体物质的原料。另一方面是维持正常消化机能，未被消化的饲料纤维起着促进大肠黏膜上皮更新、加快肠蠕动、预防肠道疾病的作用。此外，日粮粗纤维是保持食糜正常稠度，控制其通过消化道的时间和形成硬粪所必需。但粗纤维含量过高，不仅会加重消化道负担，而且会削弱日粮中其他营养物质的含量，影响肠道对蛋白质、脂肪、粗纤维及其他营养物质的消化、吸收、利用。据试验，肉兔日粮中适宜粗纤维含量为12%～14%。幼兔可适当低些，但不能低于8%，成年兔可适当高些，但不能高于20%。6～12周龄的生长兔饲喂含粗纤维8%～9%的日粮，可获得最佳生产性能。

(四) 脂肪需要

脂肪作为热能来源和沉积体脂肪的营养物质之一，也是脂溶性维生素的溶剂。脂肪酸中的α-亚麻酸（18∶$3w_3$）、亚油酸（18∶$2w_6$）和花生四烯酸（20∶$4w_6$）对肉兔具有重要的作用。因其在兔的体内不能合成，必须由日粮供给，对机体正常机能和健康具有保护作用，这些脂肪酸叫必需脂肪酸。必需脂肪酸缺乏时，会发生生长发育不良、脱毛和公兔性机能下降等现象。此外，日粮中缺乏脂肪还可造成脂溶性维生素（维生素A、维生素D、维生素E、维生素K）在体内缺乏；但脂肪添加超过10%则会引起腹泻、日增重降低和饲料成本升高等。一般认为日粮中适宜的脂肪含量为2%～5%，这有助于提高饲料的适口性，减少粉尘，并在制作颗粒饲料中起润滑作用，还有利于脂溶性维生素的吸收，增加皮毛的光泽。生长兔、怀孕兔维持量为3%，哺乳母兔为5%，仔兔对脂肪的需要量特别高，兔乳中脂肪达12.2%。日粮中添加脂肪一般使用植物油。有研究认为，肉兔日粮中加入5%以上的牛油，不仅使增重减少，而且还导致肉兔精神委靡，兔体脂肪含量增加和蛋白质含量减少等现象。

(五) 矿物质需要

矿物质是饲料和肉兔体组织成分的主要组成部分。肉兔体内的必需矿物元素按动物体内含量或需要不同分成常量矿物元素和微量矿物元素。常量矿物元素一般指在动物体内含量高于0.01%的元素，主要包括钙、磷、钠、钾、氯、镁、硫7种。微量矿物质元素一般指在动物体内含量低于0.01%的元素，主要包括铁、锌、铜、锰、碘、硒、钴、钼、氟、铬、硼、锶12种。

1. 钙和磷 钙和磷是骨骼和牙齿的主要成分。钙对维持神经和肌肉兴奋性和凝血酶的形成具有重要作用。磷以磷酸根的形式参与体内代谢，在高能磷酸键中参与脱氧核糖核酸、核糖核酸

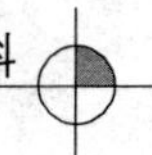

以及许多酶和辅酶的合成，在脂类代谢中起重要作用。钙、磷主要在小肠中吸收，吸收量与肠道内浓度成正比，维生素D、肠道酸性环境有利于钙、磷吸收，而植物饲料中的草酸、植酸因与钙、磷结合成不溶性化合物而不利于吸收。

钙、磷不足，主要表现为骨骼病变，幼兔和成兔的典型症状是佝偻病、关节肿大、腿弯曲、拱背、和念珠状肋骨；成年兔可发生溶骨作用，产生骨质疏松症；怀孕母兔发生产后瘫痪。另外，肉兔缺钙还会导致痉挛，泌乳期跛行。缺磷主要为厌食，生长不良。据研究，泌乳母兔和生长兔钙的需要量为1%～1.5%（占风干饲料重），磷的需要量为0.5%～0.8%；4～6月龄兔钙的需要量为0.3%～0.4%（占风干饲料重），磷约为0.2%；种兔日粮中钙的水平不超过0.8%～1%；肥育兔不超过1.0%～1.5%。钙、磷比应为1～2∶1。肉兔对植物性饲料中磷的利用率为50%左右，较其他家畜高，其原因是盲肠和结肠中微生物分泌的植酸酶能分解植酸盐而提高对磷的利用。

豆科牧草（三叶草、苜蓿）、动物性饲料（鱼粉、骨粉）都是良好的钙源。籽实类饲料、糠麸类饲料、骨粉、鱼粉、青草、干草也是磷的来源。在日粮中磷、钙不足时，可添加钙、磷补充饲料（如骨粉、次磷酸钙、碳酸钙等）。

2. 镁　肉兔体内20%的镁存在于骨骼中，是骨骼和牙齿的重要成分之一，是机体某些酶的辅助因子，广泛参与机体代谢。高钙引起镁的需要量增加，当镁不足时，肉兔会引起肌肉痉挛，心肌坏死，生产性能下降。幼兔生长停滞，过度兴奋。成年肉兔耳朵苍白，毛皮粗劣。饲喂不含镁的日粮时，肉兔会出现食毛现象，当添加镁和减少食盐用量时则会停止食毛。日粮中镁的含量在0.03%～0.04%即可满足需要，植物性饲料中含有较高的镁，肉兔很少发生缺镁症。

3. 钠和氯　钠和氯是食盐的组成成分，在肉兔体内主要参与维持体液酸碱平衡，对于食物的消化和增强食欲起重要作用，此外，氯还参与胃液的形成。由于大多数植物性饲料中钠和氯的含量不足，不能满足肉兔的需要，必须加喂食盐。如果长时间缺乏，会导致幼兔消化机能减退，成年兔食欲不振，被毛粗乱。季度性缺乏时，会导致肌肉颤抖、四肢运动失调等症状，最终衰竭而死亡。但是食盐用量不可过多，否则会发生食盐中毒，一般用量为占风干饲料的0.3%～0.5%。

4. 铁 铁为血红蛋白和肌红蛋白所必需，是细胞色素类和多种氧化酶的成分。兔缺铁时则发生低血红蛋白性贫血。在乳汁中含铁量很低，所以，许多动物仅食入乳汁可能引起贫血。兔出生时机体就储有铁，一般断乳前是不会缺铁的。肉兔饲料和矿物质补充料中含有丰富的铁，肝脏中又有很大的储铁能力，生产实践中一般不会发生缺铁。

5. 铜 铜和铁的代谢密切相关，铜也是合成血红蛋白和红细胞成熟所必需，是某些酶的辅助因子。铜在造血和促进血红素的合成过程中所必需。此外，铜与骨骼的正常发育、繁殖有密切关系，还参与被毛蛋白质的形成。缺铜也可引起贫血，生长发育受阻，影响被毛中色素的合成和生长；可损害中枢神经系统，引起运动失调和神经症状；幼龄动物或胎儿缺铜可表现出成骨细胞形成减慢或停止；妊娠肉兔胚胎死亡和吸收。一般每千克配合饲料中5毫克铜和100毫克铁可满足肉兔的需要。但高铜（每千克饲料125～200毫克硫酸铜）有促进生长和降低腹泻的作用。铜对生长有抑制作用的毒性剂量为每千克饲料500～1 000毫克硫酸铜。

6. 锌 锌是核糖核酸酶系统的重要组成成分，广泛存在于一切细胞中，为细胞生长所必需，在皮肤和被毛最多，在睾丸和前列腺中也有大量的锌。它具有影响性腺的活动和提高性激素的活性，对兔的繁殖起重要作用。缺锌时肉兔食欲下降、采食量降低、而生长停滞；可发生被毛粗乱，脱毛，皮炎；繁殖机能障碍，公兔睾丸发育不良和精子的形成异常，母兔拒配，

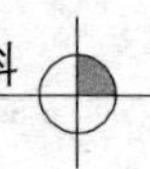

不排卵，胚胎发育受损，自发性流产增高，出现严重的生殖异常现象。每千克饲粮含锌 30～70 毫克时，可保证正常生长和繁殖。在糠麸、青草等中锌含量丰富，同时也可用硫酸锌、氯化锌进行补充。

7. 锰　锰对兔的生长、骨骼的形成、造血和繁殖起重要作用。缺锰时，这些酶活性降低，导致骨骼发育失常；缺锰的仔兔骨骼受损、骨质松脆、关节肿大、腿弯曲；影响母兔发情，不易受胎，妊娠初期易流产，生产弱小仔兔。在青饲料、糠麸含锰较多，也可添加硫酸锰、氧化锰等予以补充。成年兔正常需要量为每千克饲料 2.5 毫克，生长兔为每千克饲料 8 毫克。

8. 硒　硒是谷胱甘肽过氧化物酶的成分，和维生素 E 具有相似的抗氧化作用，能防止细胞线粒体的脂类氧化，保护细胞膜不受脂类代谢副产物的破坏。对生长也有刺激作用。

肉兔对硒的代谢与其他动物有不同之处，对硒不敏感。在保护过氧化物损害方面，更多依赖于维生素 E。我国有很多缺硒地区，所以在肉兔饲养中，一定要在每千克饲料和饮水中添加 1 毫克硒，可防止缺硒症的发生，并可提高兔体的抗病力。

9. 碘　碘是甲状腺素的成分，是调节基础代谢和能量代谢、生长和繁殖不可缺少的物质。缺碘会引起甲状腺肿大，基础代谢率下降，皮肤、被毛、性腺发育不良，胚胎早期死亡，流产，仔兔弱小。兔对碘的需要量尚无确切的数据，一般每千克饲料中最少含碘 0.2 克。在饲料中钙、镁含量过高时，常发生缺碘症。过量的碘（250～1 000 克/千克）可使新生仔兔死亡率增高。鱼肝油、鱼粉以及碘化钾、碘化钠等都是碘的良好来源，经常在饲料中加入碘盐即可满足需要。

10. 钴　钴是维生素 B_{12} 的组成成分，具有造血功能，参与蛋白质和糖代谢，对兔毛的生长起重要作用。缺钴时，肉兔食欲减退、精神不振、生长停滞、消瘦、贫血、怀孕母兔流产、仔兔生命力弱。肉兔也和反刍动物一样，需要钴在盲肠中由微生物合成维生素 B_{12}。肉兔对钴的利用率较高，对维生素 B_{12} 的吸收也较好。在实践中不易发生缺钴症。当日粮钴的水平低于 0.03 毫克/千克时，会出现缺乏症。豆科牧草含钴较多，动物性饲料含钴丰富。肉兔也可以从粪中获得维生素 B_{12}，也可以添加硫酸钴、氯化钴作为补充。

（六）维生素需要

维生素对肉兔的健康、生长和繁殖有重要作用，是其他营养物质所不能代替的。肉兔对维生素的需要量虽然很少，但若缺乏将导致代谢障碍，出现相应的缺乏症。根据其溶解性，将维生素分为脂溶性维生素和水溶性维生素两大类。

肉兔的肠道（盲肠中微生物）能合成维生素 K 和 B 族维生素。肉兔通过食粪，能全部或部分满足对这些维生素的需要。此外，肉兔的皮肤在光照条件下能合成维生素 D，满足部分需求。还可利用单糖合成维生素 C。所需的维生素 A、维生素 E 和部分维生素 D 则完全依赖于饲粮供给。

1. 脂溶性维生素 脂溶性维生素是一类只溶于脂肪的维生素。包括维生素 A、维生素 D、维生素 E、维生素 K。

（1）维生素 A 又称抗干眼病维生素。仅存在于动物体内，植物性饲料中不含维生素 A，只含有维生素 A 源——胡萝卜素。胡萝卜素进入肉兔的小肠壁、肝脏和乳腺时，经胡萝卜素酶的作用转变为具有活性的维生素 A。

维生素 A 的作用非常广泛。它是构成视觉细胞内感光物质的原料，可以保护视力。维生素 A 与黏多糖的形成有关，具有维护上皮组织健康，保护皮肤、消化道、呼吸道、生殖道上皮细胞的完整性，增强抗病力的作用。维生素 A 对促进肉兔生长、维护骨骼正常发育具有重要作用。

肉兔长期缺乏维生素 A 时，抗病力下降，幼兔生长缓慢，发育不良；视力减退，导致夜盲症；上皮细胞过度角化，引起干

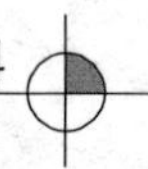

眼病、肝炎、肠炎、流产、胎儿畸形；骨骼发育异常而压迫神经，造成运动失调，肉兔出现神经性跛行、痉挛、麻痹和瘫痪等；对繁殖器官影响较为明显，表现为繁殖机能下降，公兔睾丸发生退化，精子生成受阻，精液品质下降，屡配不孕；母兔性机能紊乱，受胎率低，易流产，胎儿弱小、畸形、脑积水、缺奶、仔兔成活率低等。

优良的青草能保持较多的胡萝卜素，但在晒制过程中胡萝卜素由于太阳光的辐射作用以及在植物中酶类影响下所发生的氧化作用，造成胡萝卜素损失较大。因此，国外目前已广泛采用人工快速干燥法将豆科牧草制成干草粉，作为维生素补充饲料。

生长兔每日每千克体重需要供给维生素A 8微克，繁殖母兔每千克体重需要量为20微克。当饲料中缺乏时，可在日粮中添加鱼肝油，每只仔兔每日0.5～1.0克，成年兔为1～1.5克，妊娠期2～2.5克，泌乳期3～3.5克。但高剂量维生素A也会引起中毒。

（2）维生素D　又称抗佝偻病维生素。植物性饲料和酵母中含有麦角固醇，肉兔皮肤中含有7-脱氢胆固醇，经阳光或紫外线照射，分别转化为维生素D_2和维生素D_3。维生素D进入体内在肝脏中羟化成25-羟维生素D，运转至肾脏进一步羟化成具有活性的1，25-二羟维生素D而发挥其生理作用。

维生素D的主要功能是调节钙、磷的代谢，促进钙、磷的吸收与沉积，有助于骨骼的生长。维生素D不足，机体钙、磷平衡受到破坏，从而导致与钙、磷缺乏类似的骨骼病变。维生素D过量，也会引起肉兔的不良反应。据报道，每千克日粮含有2 300国际单位的维生素D时，血液中钙、磷水平均提高，且几周内发生软组织有钙的沉积。而当每千克日粮中含有1 250国际单位时，肉兔偶尔发生肾脏、血管石灰性病变，10周后才发生钙的沉积。

(3) 维生素E　又称生育酚，维持肉兔正常的繁殖所需要，与微量元素硒协同作用，保护细胞膜的完整性，维持肌肉、睾丸及胎儿组织的正常机能，具有对黄曲霉毒素、亚硝基化合物的抗毒作用。

肉兔对维生素E非常敏感。当其不足时，导致肌肉营养性障碍即骨骼肌和心肌变性，运动失调，瘫痪，还会造成脂肪肝及肝坏死。繁殖机能受损，母兔不孕，死胎和流产，初生仔兔死亡率高，公兔睾丸损伤，精子产生减少，精液品质下降。

维生素E在谷类、糠麸类及青饲料中含量较多，又可大量贮存，所以一般不易发生维生素E缺乏症，但铁、铜、亚油酸过多和维生素A过量时，会降低维生素E吸收。建议每千克饲料中含维生素E 40毫克。

(4) 维生素K　维生素K与凝血有关，具有促进和调节肝脏合成凝血酶原的作用，保持血液正常凝固。

肉兔肠道能合成维生素K，且合成的数量能满足生长兔的需要，种兔在繁殖时需要增加；饲料中添加抗生素、磺胺类药，可抑制肠道微生物合成维生素K，需要量大大增加；某些饲料如草木樨及某些杂草含有双香豆素，阻碍维生素K的吸收利用，也需要在兔的日粮中加大添加量。日粮中维生素K缺乏时，妊娠母兔的胎盘出血、流产。日粮中2毫克/千克的维生素K，可防止上述缺乏症。

2. 水溶性维生素　水溶性维生素是一类能溶于水的维生素，包括B族维生素和维生素C。

B族维生素包括维生素B_1（硫胺素）、维生素B_2（核黄素）、泛酸（维生素B_3）、烟酸（维生素pp、尼克酸）、吡多素、胆碱等。这些维生素理化性质和生理功能不同，分布相似，常相伴存在。他们以酶的辅酶或辅基的形式参与体内蛋白质和碳水化合物的代谢，对神经系统、消化系统、心脏血管的正常机能起重要作用。肉兔盲肠微生物可合成大多数B族维生素，软粪中含有的B

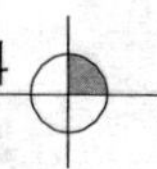

族维生素比日粮中高 221 倍。一般肉兔日粮中不缺乏这类维生素。

肉兔对 B 族维生素需要量为：每千克饲料中应含有维生素 B_1 2.5～3.0 毫克，维生素 B_2 5 毫克，维生素 B_3 20～25 毫克，烟酸 50 毫克，维生素 B_6 5 毫克，维生素 B_{12} 10 微克，胆碱 1 200 毫克。如果使用抗生素、磺胺药或患球虫病、肠道病时，则必须加大 B 族维生素的用量。一般在酵母、谷类、麸皮、青饲料中含有大量的 B 族维生素。

维生素 C 又叫抗坏血酸。凡青绿植物茎叶、块根、鲜果中均含有。试验证实，兔可在体内合成维生素 C，不需要从日粮中供给。但往日粮中加入维生素 C，可以抑制由梭状芽孢杆菌引起的肠炎。在高温、噪声等应激条件下，维生素 C 有预防肠炎的作用。需要注意的是，如果滥用维生素 C 则会引发肾结石。

（七）水的需要

兔体内水分来源于代谢水、饲料水和饮水。代谢水是体内有机物质氧化、营养物质合成过程形成的水，这种水的形成是有限的，不能满足兔体维持生理机能的需要。各种饲料中的水分兔体也可以利用，在缺水时，可利用饲料水解渴和维持生命。兔对水分的需要主要来源是饮水，一般每日每千克体重平均需水量约 120 毫升，为饲料干物质进食量的 2～3 倍，哺乳母兔与幼兔是采食干草量的 3～5 倍。吃颗粒饲料的泌乳兔每日约饮水 1 升。

一般肉兔采食块根及青草时，饮水相对减少，饮温水比饮冷水多，天热时比天冷时饮水多。如果冬季使用干混合料，水料比一般以 1～3∶1 为宜。在饲喂颗粒料时，中、小型肉兔每天需饮水 300～400 毫升，大型兔需 400～500 毫升。冬季最好饮温水，以免引起胃肠炎。兔对水的需要量随着气温、水温、湿度、饲料种类及生理期不同而有差别（表 5-2 至表 5-4）。

表 5-2　不同日龄生长兔的需水量

周龄	平均体重（千克）	每日需水量（升）	每千克饲料干物质需水量（升）
9	1.7	0.21	2.0
11	2.0	0.23	2.1
13～14	2.5	0.27	2.1
17～18	3.0	0.31	2.2
23～24	3.8	0.31	2.2
25～26	3.9	0.34	2.2

表 5-3　各种兔每日的适宜饮水量

类　型	日需水量（升）
未孕及怀孕初期的母兔	0.25
成年公兔	0.28
怀孕后期的母兔	0.57
哺乳母兔	0.60
母兔带 7 只仔兔（6 周龄）	2.30
母兔带 7 只仔兔（8 周龄）	4.50

表 5-4　兔对水的需要量

气温（℃）	相对湿度（%）	采食量（克/天）	饮水量（克/天）
5	80	185	335
18	70	160	270
30	60	85	450

二、肉兔的常用饲料

肉兔是单胃食草动物，可利用饲料的范围很广。但任何一类饲料都存在营养上的特殊性和局限性，要饲养好肉兔必须进行多种饲料的科学搭配，根据各类饲料的营养特性和利用特性来进行

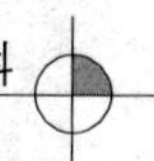

合理利用。

（一）青绿饲料

青绿饲料因富含叶绿素而得名。天然青绿饲料中水分含量一般等于或高于60%。一般鲜嫩的青绿饲料，除有毒植物外，都可用做肉兔的饲料。我国兔业多为农民小规模经营，以天然青绿饲料作为基础料，这是我国肉兔生产的特点和优势。

1. 营养特性　青绿饲料的营养特性是含水量高，陆生植物的水分含量一般在75%～90%，水生植物的水分含量可达95%左右，因此干物质少，能值含量低；蛋白质含量丰富，一般禾本科牧草和蔬菜类青绿饲料粗蛋白质含量为1.5%～3%，豆科青绿饲料的粗蛋白质含量为3.2%～4.4%，干燥后蛋白质可高达20%以上，蛋白质品质较高，其中赖氨酸、蛋氨酸、色氨酸等必需氨基酸含量丰富，蛋白质生物学价值高达80%以上；含粗纤维较少，木质素低，无氮浸出物较高，干物质中粗纤维含量不超过30%，叶菜类不超过15%，无氮浸出物40%～50%；钙、磷含量高，尤以豆科牧草表现突出，还含有丰富的铁、铜、锰、锌、硒等矿物元素；维生素含量丰富，特别是胡萝卜素含量较高，每千克饲料中含50～80毫克，B族维生素及维生素C、维生素E、维生素K等含量也较丰富，维生素B_6（吡哆醇）极少，维生素D缺乏。青绿饲料柔软多汁、鲜嫩可口，还具有轻泻、保健作用。

2. 饲料种类

（1）天然牧草　天然牧草指自然生长的野生杂草、野菜类，除少数有毒外，在生长期刈割是肉兔良好的饲料来源，特别是农村家庭养兔，春、夏、秋三季主要饲料为天然牧草。这类饲料特点是水分含量高，纤维素含量高，能量低、粗蛋白质高，维生素丰富，适口性好。天然草地生长的牧草主要有豆科、禾本科、菊科和莎草科四大类。合理利用天然牧草是降低饲料成本，获得高效益的有效方法。

（2）栽培牧草（人工牧草） 人工牧草是人工栽培的牧草，这些牧草的营养特点和天然牧草相似，是肉兔的主要青绿饲料来源。主要包括紫花苜蓿、草木樨、三叶草、沙打旺、多花黑麦草、苏丹草、无芒雀麦、籽粒苋和蕹菜等等。由于营养丰富，用豆科牧草和禾本科牧草以鲜草混合喂兔，可以减少精料用量，大大节约饲养成本。这类饲料的共同特点是产量高，通过间套混种、合理搭配，可保证兔场常年供青，对满足肉兔的青饲料四季供应有重要意义。

（3）青饲作物 青饲作物是利用农田栽种的农作物，在结籽前或结籽未成熟前收割下来作为青饲料饲用。常见的有青刈玉米、青刈大麦、青刈大豆等。青刈作物柔嫩多汁，适口性好，营养价值高，一般用于直接饲喂或青贮料。另外，还有葵花叶、鲜甘薯藤、鲜花生秧等。在使用青饲作物时一定要注意在收割前是否有农药残留，还应注意青饲作物是否已经腐败，如若有则坚决不能使用，以防引起中毒。

（4）蔬菜 常用来喂兔的蔬菜有甘蓝、白菜、菠菜、萝卜、油菜、胡萝卜缨等，人类可食用的蔬菜几乎都可以作为肉兔的饲料。这类饲料幼嫩多汁，水分含量高，营养浓度低，影响生产性能的发挥，特别是含水量高达90%以上的蔬菜类饲料饲喂过多，易引起肉兔消化道疾病。

（5）叶菜类饲料 野草、野菜类饲料种类繁多，是我国小规模养兔户的主要青饲料来源，兔喜欢吃的野草、野菜有蒲公英、车前草、苦荬菜、马齿苋、野苋菜、胡枝子、艾蒿、猪殃殃、娘娘草等，其品质随品种不同差别很大。在采集时，要注意毒草，如菖蒲、苍耳、曼陀罗等，以防肉兔误食中毒。

（6）树叶 多数树叶可作为肉兔的饲料，肉兔最喜欢采食的树叶有柳树叶、桑树叶、紫荆叶、香椿树叶、榆树叶、沙棘叶、杨树叶、苹果树叶等，具有较高的饲用价值。适时采集的树叶，营养价值可与豆科牧草相媲美。其中果树叶营养丰富，粗蛋白质

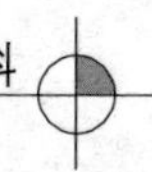

为10%左右，粗纤维较低，在兔饲粮中可添加15%左右。但有些树叶如柿树叶、核桃叶中含有单宁，有涩味，适口性差；大量饲喂还会引起肉兔便秘，少量饲喂可预防腹泻，这类树叶饲喂不宜超过5%。其他树叶用量可达15%～25%。值得注意的是，果树大多喷洒农药，叶中有残留，如长期饲喂，可引起积累性中毒，采集时应注意。

（7）水生饲料　水生饲料在我国南方各地十分丰富，主要有水浮莲、水葫芦、水花生和绿萍等，都是肉兔喜吃的青绿饲料。这类饲料生长快，产量高，具有不占耕地和利用时间长等特点。其茎叶柔软，适口性好，含水率高达90%～95%，干物质较少。饲喂前应洗净，晾干表面水分。将水生饲料打浆后拌料喂给肉兔效果也很好。

3. 饲喂注意事项

（1）青绿饲料必须放在草架上饲喂，切忌放入笼舍地板上饲喂，以免粪尿污染，造成浪费。

（2）保持清洁、新鲜、嫩绿，当天喂的草要当天割，露水未干的青草、青菜不能喂。

（3）防止霉烂变质。饲喂堆积过久、发酵腐烂的青绿饲料，因含亚硝酸盐等有毒物质，会引起中毒。

（4）青饲料中维生素和含磷量较低，且蛋白质、氨基酸含量差异较大，需与禾本科、豆科等饲草搭配饲喂。防止农药中毒，切忌在喷洒农药后的田边、菜地或粪堆旁割草饲喂。

（二）粗饲料

粗饲料是体积大、难消化、可利用养分少、绝干物质中粗纤维含量在18%以上的一类饲料。主要包括各种饲草的青干草、农作物的秸秆、皮壳、糟渣等。

1. 营养特性　营养特点是粗纤维含量高，干物质中粗纤维含量可高达25%～50%，无氮浸出物含量为20%～40%；蛋白质含量差异很大，苜蓿干草蛋白质含量为15%～22%，而禾本科干草仅为3%～4%；可消化能含量较低，每千克禾本科干草粉含消化能5.2～6.8兆焦，树叶粉含7.5～8.3兆焦；钙、钾及维生素D的含量较高，其他维生素及磷的含量较低，属生理碱性饲料；消化率因粗纤维含量及结构不同差异较大，禾本科干草的营养价值低于豆科干草。对于肉兔来说，因其具有发达的盲肠和结肠，饲喂粗饲料有预防肠道疾病的作用，所以可占肉兔日粮的20%～30%。粗饲料的营养价值决定于植物种类、生长阶段及加工调制方法。

2. 饲料种类

（1）青干草　青干草是指天然牧草或人工栽培牧草在质量最好和产量最高的时期刈割，经干燥制成的饲料。晒制良好的青干草颜色青绿，有芳香味，质地柔软，适口性好；叶片不脱落，保持了绝大部分的蛋白质、脂肪、矿物质和维生素，是肉兔冬季和早春的优质粗饲料。紫花苜蓿和各种野草都是晒制青干草的良好原料。青干草制成草粉后，通常可占日粮的20%～30%。优质干草含水量不超过15%，色绿而味香，养分损失少。以5～6月份收割头刀草晒制的青干草质量最优，到伏天收割的第二刀草质量稍次，过了霜降后，田间路旁的枯黄杂草营养价值较低。

（2）作物秸秆　作物秸秆是农作物收获后的茎秆、枯叶部分，一般在缺乏干草的情况下用来代替干草。作物秸秆主要有稻草、玉米秸、麦秸、豆秸、高粱秸、花生秧、红薯藤和谷草等。这类饲料粗蛋白质含量低，且消化率低，降解率低，维生素中除维生素D较高外，其他维生素缺乏。

（3）秕壳类　秕壳主要指谷类和豆类在脱粒和清筛过程中收集的副产品，常用的有稻壳和豆荚。

3. 饲喂注意事项

（1）质量最好的青干草是在5～6月收割后以强烈日照晒制而成，切忌雨淋。

（2）豆科草类叶片容易脱落，晒制过程中应注意收集，以减

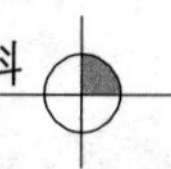

少损失。

(3) 为满足肉兔营养，禾本科干草应与豆科干草等配合应用，以达营养的全面和平衡。

(4) 严禁使用发霉变质的干草和藤蔓饲喂肉兔，以免引起中毒、死亡等。

(5) 粗饲料最好经晒干、粉碎，与其他饲料混合加工成颗粒饲料，以改善饲料的适口性，提高消化率。

(三) 能量饲料

能量饲料是指干物质中粗纤维含量在18%以下，粗蛋白质含量在20%以下，每千克消化能在10.46兆焦以上的饲料，主要包括谷类籽实、糠麸类、制糖副产品、块根块茎瓜果类。

1. 饲料种类及营养特性

(1) 谷类籽实　谷类籽实大多是禾本科植物成熟的种子，其主要特点是：无氮浸出物含量高，一般占干物质的71.6%～80.3%，其中主要是淀粉；粗纤维含量低，一般在10%以下，因而适口性好，可利用能量高；粗脂肪含量在3.5%左右，且主要是不饱和脂肪酸，可保证肉兔必需脂肪酸的供应；粗蛋白质含量低，一般在10%以下，而且缺乏赖氨酸、蛋氨酸、色氨酸；钙及维生素A、维生素D含量不能满足肉兔的需要，含钙量一般低于0.1%，磷的含量高可达0.31%～0.45%，但多为植酸磷，利用率低，钙、磷比例不当。谷类籽实主要包括玉米、高粱、大麦、小麦、燕麦和稻谷等。肉兔的适口性顺序为燕麦、大麦、小麦、玉米。

(2) 糠麸类　糠麸类饲料为谷类籽实的加工副产品，包括麦麸、米糠、玉米糠、高粱糠和其他糠麸类。其共同的特点是有效能值低，粗蛋白质含量高于谷类籽实；含钙少而磷多，磷多为植酸磷，利用率低；含有丰富的B族维生素，尤其是硫胺素、烟酸、胆碱等含量较多，维生素E含量较少；物理结构松散，含有适量的纤维素，消化率低于原粮。糠麸类饲料有轻泻作用，是肉兔的常用饲料，吸水性强，易发霉变质，不易贮存。

(3) 块根、块茎类及瓜果类饲料　多汁饲料包括块根、块茎、瓜果类等，常用的有胡萝卜、白萝卜、甘薯、马铃薯、木薯、菊芋、南瓜、西葫芦等。其营养特点是富含淀粉和糖类，蛋白质和粗纤维的含量低。水分含量高达75%～90%，单位重量的鲜饲料中营养成分低，干物质含量低，消化能低，属大容积饲料。粗纤维、蛋白质、矿物质（如钙、磷）和B族维生素含量也少。按干物质计，淀粉含量高，为60%～80%，有效能与谷实类相似，粗纤维和粗蛋白质含量低，分别为5%～10%和3%～10%，矿物质及维生素的含量偏低。这类饲料适口性和消化性均好，是肉兔日粮重要的能量来源，多数富含胡萝卜素，还具有轻泻和促乳作用；鲜喂时是肉兔冬季不可缺少的多汁饲料和胡萝卜素的重要来源，对保证肉兔健康、促进产奶量有重要的作用。鲜喂时由于水分高，容积大，能值低，单独饲喂营养物质不能满足肉兔的需要，必须与其他饲料搭配使用。多汁饲料在青绿饲料丰盛季节很少利用，是冬季和初春缺青季节肉兔的必备饲料。

(4) 制糖副产品及其他　糖蜜是甘蔗、甜菜制糖的副产品，其含糖量达46%～48%，所含糖几乎全部属蔗糖。矿物质含量高，主要为钠、氯、钾、镁等，尤以钾含量最高，约含3.6%～4.8%，尚有少量钙、磷；含有较多的B族维生素。另外，糖蜜中还含有3%～4%可溶性胶体。肉兔饲料中加入糖蜜，可改善饲料的适口性，饲料制粒时加糖蜜可减少粉尘，提高颗粒料质量。加工颗粒料时可加入3%～6%糖蜜。糖蜜和高粱配合使用可中和高粱所含单宁酸，提高高粱使用量。糖蜜具有轻泻作用，饲喂量大时粪便变稀。

2. 饲喂注意事项

(1) 不同种类的能量饲料其营养成分差异很大，配料时应注意饲料种类的多样化，合理搭配使用。

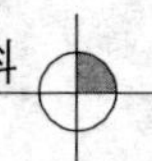

(2) 谷实类饲料对肉兔的适口性顺序为大麦、小麦、玉米、稻谷。高粱因单宁含量较高，饲喂时应有所限量。

(3) 能量饲料因粗纤维含量较低，特别是玉米，日粮中用量不宜过多，以免导致胃肠炎等消化道疾病。

(4) 应用能量饲料时，为提高有机物的消化率，最好经粉碎后，搭配蛋白质、无机盐饲料等加工成颗粒料饲喂。

(5) 高温、高湿环境很容易使精饲料发霉变质，黄曲霉毒素对肉兔有很强的毒性，使用时应特别注意。

(四) 蛋白质饲料

蛋白质饲料指干物质中粗纤维含量在18%以下，粗蛋白质含量为20%以上的饲料。主要包括植物性蛋白质饲料、动物性蛋白质饲料、单细胞蛋白质饲料及其他饲料。这类饲料粗蛋白质含量高，粗纤维含量低，可消化养分含量高，容重大，是配合饲料的精饲料部分。

1. 植物性蛋白质饲料 主要包括豆科籽实、饼粕类及其他加工副产品。

(1) 豆科籽实 豆科籽实主要有两类，一类是高脂肪、高蛋白的油料籽实，如大豆、花生等。另一类是高碳水化合物、高蛋白质的豆类如豌豆、蚕豆等。豆类籽实蛋白质含量为20%～40%，较禾本科籽实高2～3倍。品质好，赖氨酸含量较禾本科籽实高4～6倍，蛋氨酸高1倍。一般多用大豆作饲料。大豆中含有抗营养因子，如胰蛋白酶抑制因子、尿素酶、皂素等，这些物质影响肉兔对饲料中蛋白质的利用及正常的生理机能，应用时应进行适当的热处理（110℃、3分钟），使抗营养因子失去活性。近几年，广泛进行了膨化大豆饲喂畜禽的研究，大豆在一定的压力、温度下进行干或湿膨化，使大豆淀粉度增加，油脂细胞破裂，抗营养因子受到破坏。

(2) 饼粕类饲料 饼粕类饲料是豆科及油料作物籽实制油后的副产品。压榨法制油的副产品称为饼，溶剂浸提法制油后的副产品成为粕。常用的饼粕为：大豆饼粕、花生饼粕、棉籽（仁）饼粕、菜籽饼粕、胡麻饼、芝麻饼、向日葵饼等。大豆饼粕是我国最常用的一种主要植物性蛋白质饲料，营养价值很高，其代谢能和消化能均高于籽实，氮的利用率较高。大豆饼有轻泻作用，不宜饲喂过多，饲粮中可占15%～20%。发霉的花生饼粕绝对不能用来喂兔。肉兔对棉酚高度敏感，而且毒效可以积累。因此，只能用处理过的棉籽饼粕饲喂肉兔，喂量不超过饲粮的5%～7%。菜籽饼粕中含有硫葡萄糖苷、芥酸、单宁、皂角苷等不良成分，在饲喂时菜籽饼粕用量应限制在5%～8%为宜。亚麻饼粕又称胡麻饼粕，代谢能值偏低，粗蛋白质与棉籽饼粕及菜籽饼粕相似，为30%～36%。芝麻饼粕不含对肉兔有害的物质，是比较安全的饼粕类饲料。葵花子饼粕中含有毒素（绿原酸），但饲喂肉兔未发现中毒现象。

（3）糟渣类饲料　糟渣类饲料是酿造、淀粉及豆腐加工行业的副产品。常见的有豆腐渣、麦芽根、啤酒糟和酒糟。豆腐渣是肉兔爱吃的饲料之一，以鲜喂为佳。麦芽根为啤酒制造过程中的副产物，因其含有大麦芽碱，有苦味，故喂量不宜过大，一般肉兔饲粮中可添加至20%。啤酒糟是制造啤酒过程中所滤除的残渣。生长兔、泌乳兔饲粮中啤酒糟可占15%左右，空怀兔及妊娠兔可占30%左右。酒糟多以禾本科籽实及块根、块茎为原料，经酵母发酵，再蒸馏法萃取酒后的产品，经分离处理所得的粗谷部分加以干燥即得。酒糟营养含量稳定，但不齐全，容易引起便秘，喂量不宜过多，且要与其他饲粮配合使用。一般繁殖兔喂量应控制在15%以下，育肥兔可占饲料20%，比例过大易引起不良后果。

2. 动物性蛋白质饲料　动物性蛋白质饲料是用动物及其加工副产品加工而成，主要包括鱼粉、肉骨粉、血粉等。含蛋白质较多，品质优良，生物学价值较高，含有丰富的赖氨酸、蛋氨酸及色氨酸。含钙、磷丰富，且全部为有效磷；还含有植物性饲料

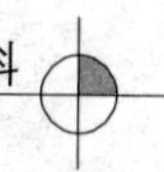

缺乏的核黄素和维生素 B_{12}，是一种蛋白质和氨基酸都比较全面、营养价值较高的饲料。由于肉兔具有素食性，不爱吃带腥味的动物性饲料，一般只在母兔的泌乳期及生长兔日粮中添加少量（小于5%）的动物性蛋白质饲料。

（1）鱼粉　鱼粉是由不宜供人食用的鱼类及加工的副产品制成，是优质的蛋白质饲料。鱼粉蛋白质含量在40%～70%，进口鱼粉一般在60%以上，国产的较低。鱼粉的蛋白质质量好，消化率高，达90%以上。蛋白质中氨基酸平衡，并含有全部的必需氨基酸，生物学效价高。鱼粉还含有较高的钙、磷、锰、铁等矿物质元素，而且是部分维生素（维生素A及B族维生素等）的良好来源。鱼粉价格昂贵，腥味大，适口性差，故肉兔饲料中一般以1%～2%为宜，并充分混匀。

（2）肉骨粉、肉粉　肉骨粉和肉粉是以畜禽屠宰场副产品中的畜禽躯体、骨、胚胎、内脏及其他废弃物经高温、高压、灭菌及脱脂干燥制成。一般含磷在4.4%以上的为肉骨粉，在4.4%以下的为肉粉。肉骨粉、肉粉中粗蛋白质含量在20%～55%，蛋白质的品质不好，生物学效价低；赖氨酸含量丰富，蛋氨酸、色氨酸和酪氨酸相对较少；钙、磷含量高，钙、磷比例适当，磷的利用率高；B族维生素含量高，缺乏维生素A和维生素D等。肉骨粉和肉粉的饲用价值比鱼粉和豆饼差，且不稳定，随饲料中添加量的增加，饲料适口性降低，肉兔生产性能下降。因此，日粮中添加肉骨粉和肉粉不宜超过5%，幼龄肉兔不宜使用。注意发黑有臭味的不能饲喂，保存不当的肉骨粉、肉粉，容易产生肉毒梭菌，所分泌的毒素被肉兔食入后，出现中毒现象。

（3）血粉　血粉是由屠宰牲畜的血加工干燥而成的产品。含蛋白质和赖氨酸高，蛋白质80%以上，赖氨酸7%～8%，但异亮氨酸含量极低，蛋氨酸也较少，赖氨酸利用率低。因此，蛋白质品质较差，血纤维蛋白不易消化。在加工中，由于高温使蛋白质的消化率降低，赖氨酸受到破坏，各种氨基酸比例不平衡。含

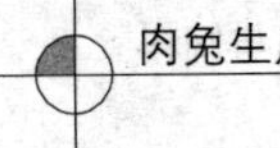

铁多，钙、磷少，粗灰分和粗脂肪含量也较低。因此，血粉在日粮中不宜多用，可占日粮的1%～3%。

(4) 羽毛粉　羽毛粉是家禽屠宰后的羽毛经清洗、高压水解处理后粉碎所得的产品。由于羽毛蛋白为角蛋白，肉兔不能消化，加压加热处理可使其分解，提高羽毛的营养价值，使羽毛粉成为一种有用的蛋白资源。羽毛粉的蛋白质含量高达83%以上，粗脂肪2.5%，粗纤维1.5%，粗灰分2.8%，钙0.4%，磷0.7%。必需氨基酸比较完全，但氨基酸不平衡，胱氨酸含量高达3%～4%，含硫氨基酸利用率为41%～82%，异亮氨基酸也高达5.3%，赖氨酸、蛋氨酸和色氨酸含量很低，因而，营养价值不高。饲粮中添加羽毛粉有利于提高兔毛产量及被毛质量，幼兔饲粮中添加量为2%～4%，成年兔饲粮中羽毛粉占3%～5%可获得良好的生产效果。羽毛粉如与血粉、骨粉配合使用可平衡营养，提高效率。

(5) 蚕蛹粉　蚕蛹粉由蚕茧制丝后的残留物经干燥粉碎后制成，是一种高蛋白饲料。蚕蛹粉蛋白质含量高达55.5%～58.3%，品质好，营养价值高。含有较多的必需氨基酸，赖氨酸约3%，蛋氨酸1.6%，色氨酸可高达1.2%。蚕蛹粉的脂肪含量高达20%～30%，能值高，还含有丰富的磷，B族维生素的含量也较丰富。蚕蛹粉价格昂贵，用量不能太大，主要用以平衡氨基酸，一般用量为1%～3%。

3. 单细胞蛋白质饲料　主要包括酵母、真菌及藻类。以饲用酵母最具代表性，它的蛋白质含量高，达50%～60%，脂肪低。饲用酵母的氨基酸组成全面，赖氨酸含量高，蛋氨酸低。其蛋白质的含量和质量均高于植物性蛋白饲料，消化率和利用率也较高。饲用酵母中B族维生素含量丰富，烟酸、胆碱、泛酸和叶酸等含量均高，钙低、磷高。因此，在兔的配合饲料中使用饲料酵母可以补充蛋白质和维生素，并提高整个日粮的营养水平。但饲用酵母用量不宜过高，否则影响饲料的适口性，破坏日粮的

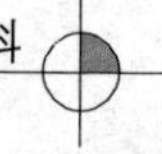

氨基酸平衡，增加成本，降低肉兔的生产性能，肉兔饲粮一般以添加2%～5%为宜。

（五）饲料添加剂

饲料添加剂在配合饲料中添加量很少，但作为配合饲料的重要微量成分，起着完善配合饲料的营养，提高饲料利用率，促进生长发育，预防疾病，改善饲料的适口性，增进采食，减少饲料贮存期间营养物质的损失，改进饲料加工性能，减少饲料养分损失及改善畜产品品质等重要作用。

1. 营养性添加剂　营养性添加剂的主要作用是补充天然饲料中缺少和不足的营养物质，使配合饲料营养物质的组成完善平衡，保证提供给肉兔生产所需的均衡的营养供给，提高饲料利用率，提高肉兔生产性能。

（1）*氨基酸饲料添加剂*　在肉兔日粮中蛋氨酸和赖氨酸最易缺乏，通常称为限制性氨基酸，在配合饲料中需要添加，因此这两种氨基酸是肉兔配合饲料中常用的饲料添加剂。一般作为添加剂的赖氨酸有两种，即L-赖氨酸和DL-赖氨酸，因肉兔只能利用L-赖氨酸，故主要作为饲料添加剂使用的一般为L-赖氨酸的盐酸盐，DL-赖氨酸产品应标明L-赖氨酸含量保证值。因肉兔被毛中含有较多的含硫氨基酸（蛋氨酸＋胱甘酸），所以肉兔配合饲料中需要添加较多的蛋氨酸，有利于被毛生长。通常添加的是人工合成的DL型蛋氨酸和DL-蛋氨酸。

（2）*微量元素添加剂*　微量元素添加剂是用来补充肉兔饲料中微量元素不足的添加剂，目前已知在肉兔饲料中缺乏、配合饲料中常需要补充的微量元素有铜、锰、锌、铁、钴、硒、碘、钼。这些微量元素在不同地区所生产的不同饲料中，其含量差异很大，所以必须根据具体情况在饲粮中添加所需的微量元素。常见矿物添加剂中矿物元素含量见表5-5。

（3）*维生素类添加剂*　肉兔在粗放的饲养条件下，由于采食大量的青饲料，一般不会缺乏维生素。肉兔如果在集约化饲养下，因其采食的是高能高蛋白的配合饲料，加上集约化饲养生产性能又高，这样对维生素的需要要比正常需要量大1倍左右。因此，必须向饲料中添加维生素添加剂，主要用于对天然饲料中某种维生素的营养补充、提高肉兔的抗病或抗应激能力、促进生长以及改善产品的产量和质量等。肉兔盲肠中可以合成水溶性维生素，一般不缺乏，因而肉兔配合饲料中常需要添加脂溶性维生素A、维生素D、维生素E。它们以单独一种或一起组成维生素A、D、E复合制剂加入，或者与其他添加剂一起加入到饲粮中使用。

表5-5　常用矿物质饲料中的元素含量表

	名称	化学式	矿物质含量
钙	碳酸钙	$CaCO_3$	Ca=40%
	石灰石粉		Ca=34%~38%
钙、磷	煮骨粉		P=11%~12%Ca=24%~25%
	蒸骨粉		P=13%~15%Ca=31%~32%
	磷酸氢钙	$CaHPO_4.2H_2O$	P=18.0%Ca=23.2%
	过磷酸钙	$Ca(H_2PO_4)_2 \cdot H_2O$	P=24.6%Ca=15.9%
铁	硫酸亚铁	$FeSO_4.7H_2O$	Fe=20.1%
	碳酸亚铁	$FeCO_3.H_2O$	Fe=41.7%
	碳酸亚铁	$FeCO_3$	Fe=48.2%
硒	亚硒酸钠	$Na_2SeO_3.5H_2O$	Se=30.0%
	硒酸钠	$Na_2SO_4.10H_2O$	Se=21.4%
铜	硫酸铜	$CuSO_4.5H_2O$	Cu=25.5%
锰	硫酸锰	$MnSO_4.5H_2O$	Mn=22.8%
锌	硫酸锌	$ZnSO_4.7H_2O$	Zn=22.7%
	氧化锌	ZnO	Zn=80.3%

2. 非营养性添加剂　非营养性添加剂包括生长促进剂（抗生素及抗菌药物、酶制剂、活菌制剂、砷制剂）、药用保健剂（抗菌剂、驱虫剂）、饲料保藏剂（抗氧化剂、防霉剂）、饲料品

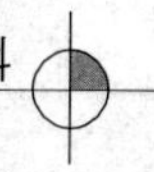

质改良剂（调味剂、黏结剂）等。这类添加剂本身没有营养作用，但有非常重要的作用。这类添加剂的主要作用是提高肉兔健康水平、促进生长、提高生产性能和饲料效率，改善肉兔产品质量，改善风味，改善饲料品质，延长饲料的贮存期，防止饲料变质，提高粗饲料的品质。

三、肉兔的饲养标准与日粮配合

（一）肉兔的饲养标准

肉兔的营养需要是制定饲养标准及日粮配合的科学依据，是保证肉兔正常生产和生命活动的基础。做到既要满足营养需要，充分发挥其生产能力，又不造成饲料浪费。应根据不同生理状况和生长时期的肉兔，对各种营养的需要量的不同，以及对不同性别、年龄、不同种类及不同生产需要的肉兔，制定出每天每只应供应的各种养分的数量及它们之间的配比关系和变化规律，这一规定的供应量称之为饲养标准。

1. F・莱巴斯（F・Lebas）饲养标准 1981年，法国F・莱巴斯（F・Lebas）在联合国粮农组织召开的养兔专家咨询会议上介绍的“各类兔的饲养标准”，适用性很强，基本上反映了现代养兔业的生产水平（表5-6）。

表5-6 肉兔饲养标准

（法国，F. Lebas）

营养成分	单位	生长兔	泌乳兔	妊娠兔	成年兔	肥育兔
消化能	千焦/千克	10.47	11.30	10.47	10.47	10.47
粗纤维	%	14	12	14	15～16	14
粗脂肪	%	3	5	3	3	3
粗蛋白	%	18	18	15	13	17
蛋氨酸＋胱氨酸	%	0.5	0.6			0.55
赖氨酸	%	0.6	0.75			0.7

（续）

营养成分	单位	生长兔	泌乳兔	妊娠兔	成年兔	肥育兔
精氨酸	%	0.9	0.8			0.9
苏氨酸	%	0.55	0.7			0.6
色氨酸	%	0.18	0.22			0.2
组氨酸	%	0.35	0.43			0.4
异亮氨酸	%	0.6	0.7			0.65
苯丙氨酸+酪氨酸	%	1.2	1.4			1.25
颉氨酸	%	0.7	0.85			0.8
亮氨酸	%	1.5	1.25			1.2
钙	%	0.5	1.1	0.8	0.6	1.1
磷	%	0.3	0.8	0.5	0.4	0.8
钾	%	0.8	0.9	0.9		0.9
钠	%	0.4	0.4	0.4		0.4
氯	%	0.4	0.4	0.4		0.4
镁	%	0.03	0.04	0.04		0.04
硫	%	0.04				0.04
钴	毫克/千克	1	1			1
铜	毫克/千克	5	5			5
锌	毫克/千克	50	70	70		70
铁	毫克/千克	50	50	50	50	50
锰	毫克/千克	8.5	2.5	2.5	2.5	2.5
碘	毫克/千克	0.2	0.2	0.2	0.2	0.2
维生素 A	毫克/千克	6 000	12 000			1 000
胡萝卜素	毫克/千克	0.83				0.83
维生素 D	国际单位/千克	90	0.83	90		90
维生素 E	毫克/千克	50	90	50	50	50
维生素 K	毫克/千克	0	50	2	0	2

（续）

营养成分	单位	生长兔	泌乳兔	妊娠兔	成年兔	肥育兔
维生素C	毫克/千克		2			
维生素B_1	毫克/千克	2				2
维生素B_2	毫克/千克	6				4
维生素B_6	毫克/千克	40				2
维生素B_{12}	毫克/千克	0.01				
叶酸	毫克/千克	1				
泛酸	毫克/千克	20				

2. 国内建议的饲养标准　目前我国尚无肉兔饲养标准，南京农业大学等参照国外有关标准，制定了“我国各类肉兔的建议营养供给量”和“精料补充料建议养分浓度”，可作为我们饲养肉兔时参考。根据我国实际情况和实验证明，采用配合料加青草的饲养方法，可获得良好的经济效益。其营养水平见表5-7、表5-8。

表5-7　建议营养供给量（每千克风干饲料含量）

营养成分	生长兔		妊娠兔	哺乳兔	育肥兔
	3～12周龄	12周龄后			
消化能（兆焦）	12.2	10.45～11.29	10.45	11.29	12.12
粗蛋白质（%）	18	16	15	15	10～18
粗纤维（%）	8～10	10～14	10～14	10～14	8～10
粗脂肪（%）	2～3	2～3	2～3	2～3	3～5
钙（%）	0.9～1.1	0.5～0.7	0.5～0.7	0.5～0.7	1
磷（%）	0.5～0.7	0.3～0.5	0.3～0.5	0.3～0.5	0.5
镁（毫克）	300～400	300～400	300～400	300～400	300～400
食盐（%）	0.5	0.5	0.5	0.5	0.5
铜（毫克）	15	15	10	10	20
铁（毫克）	100	50	50	50	100

（续）

营养成分	生长兔		妊娠兔	哺乳兔	育肥兔
	3～12 周龄	12 周龄后			
碘（毫克）	0.2	0.2	0.2	0.2	0.2
锰（毫克）	15	10	10	10	15
维生素 A（国际单位）	6 000～10 000	6 000～10 000	6 000～10 000	6 000～10 000	8 000
维生素 D（国际单位）	1	1	1	1	1
赖氨酸（%）	0.9～1.0	0.7～0.9	0.7～0.9	0.7～0.9	1.0
蛋氨酸＋胱氨酸（%）	0.7	0.6～0.7	0.6～0.7	0.7	0.4～0.6
精氨酸（%）	0.8～0.9	0.6～0.8	0.6～0.8	0.6	0.6

表 5-8　精料补充料建议养分浓度（每千克风干饲料含量）

营养成分	生长兔		妊娠兔	哺乳兔	育肥兔
	3～12 周龄	12 周龄后			
消化能（兆焦）	12.96	12.45	11.29	12.54	12.96
粗蛋白质（%）	19	18	17	20	18～19
粗纤维（%）	6～8	6～8	8～10	6～8	6～8
粗脂肪（%）	3～5	3～5	3～5	3～5	3～5
钙（%）	1.0～1.2	0.8～0.9	0.5～0.7	1.0～1.2	1.1
磷（%）	0.6～0.8	0.5～0.7	0.4～0.6	0.9～1.0	0.8
食盐（%）	0.5～0.6	0.5～0.6	0.5～0.6	0.6～0.7	0.5～0.6
赖氨酸（%）	1.1	1.0	1.0	1.0	1.0
蛋氨酸＋胱氨酸（%）	0.8	0.8	0.75	0.8	0.7
精氨酸（%）	1.0	1.0	1.0	1.0	1.0

为达到建议营养供给量的要求，精料补充料中应添加适量微

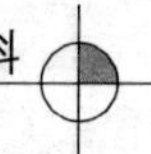

量元素和维生素预混料。精料补充料日喂量应根据体重和生产情况而定，为50～150克。此外，每日还应喂给一定量的青绿多汁饲料或与其相当的干草。青绿多汁饲料日喂量为：12周龄前0.1～0.25千克，哺乳母兔1.0～1.5千克，其他兔0.5～1.0千克。

（二）日粮配合

日粮是肉兔一昼夜（24小时）采食各种饲料的总和。肉兔在不同的年龄、不同的生理状态、不同经济用途、不同生产性能下对营养物质的需求不同，单一的饲料很难满足这种需求，必须根据适当的饲养标准，采用多种饲料合理搭配，组成肉兔的日粮。合理地配制饲料是满足兔对各种营养物质的需要，降低饲养成本，获取最大经济效益的关键，是肉兔饲养中非常重要的一个任务。

1. 肉兔日粮配合的原则

（1）*选用适宜的饲养标准*　根据肉兔的类型、品种、年龄、生理阶段及生产性能，结合本地区的生产实际经验，选用相应的饲养标准进行配合。

（2）*注意日粮的适口性*　在设计配方时，应熟悉肉兔的嗜好，尽量选择兔喜食且营养价值好的饲料原料，对有营养但适口性稍差的原料可限量使用。同时，要注意饲料的含水量，水分过高不仅降低养分浓度，且贮存时易霉变。

（3）*饲料原料要多样化*　肉兔对营养物质的需求是多方面的，任何一种饲料原料都不可能满足其对多种营养的需要。因此，要选用营养特点不同的多种饲料进行配合，发挥营养互补作用。一般能量和蛋白质饲料选用不少于3～5种。

（4）*日粮中精、粗比例要适当*　肉兔虽是单胃动物，但消化一部分粗纤维，否则将会导致消化不良，代谢机能紊乱。

（5）*注意有效性、安全性和无害性*　在保证营养全价的同时，要注意有效性、安全性和无害性。不用发霉变质及有毒有害的饲料配制日粮。

（6）注意兔的采食量和饲料容重的关系　配制日粮时，容积不宜过大。容积大，营养浓度低，造成肉兔食人营养物质不足。

（7）日粮应保持相对稳定　如需改变，应逐步进行，否则会应激大而影响采食。

（8）配合日粮的经济原则　在保证营养全价的前提下，尽量选用本地产量高、来源广、营养丰富、价格低廉的饲料进行配合。要注意开发当地的饲料资源。

2. 日粮配方设计所需资料

（1）肉兔的营养需要量或饲养标准　不同的国家和地区根据自己的实际制定了各自的饲养标准。在配合日粮时，应结合本地实际生产水平及品种，参考与本场条件较接近的国家和地区的标准，进行配合。一般可在参照标准的基础上，上下浮动5%～10%。

（2）饲料营养成分及营养价值数据　由于不同地区的地理位置、气候条件、作物品种、收获期不同，有些饲料原料的营养价值会有很大的变化。因此，在有条件的情况下，在进行日粮配方设计前，应对所用的饲料原料进行实际的分析检测，根据原料的营养成分与营养价值（消化能、可消化粗蛋白质等）数据，准确地计算日粮配方。

（3）肉兔的采食量　肉兔的采食量受很多因素的影响，如季节、饲料营养浓度、肉兔品种、性别、体重、生理阶段、生产水平等。一般而言，气温低，采食量大；饲料营养水平越低，采食量小；体重越大，生产水平越高，采食量越大。

（4）肉兔饲粮中各类饲料的大致比例　饲料原料的营养特点不同，在日粮中所占的比例不同。生产实践中，常用饲料原料的大致比例见表5-9。青饲料饲喂量较大时，可适当降低粗饲料的供给量，同时也可适当减少维生素添加量。

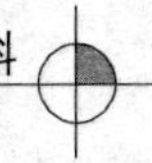

表 5-9　配合饲料各类饲料的大致比例

饲料种类	百分比
谷实类饲料	20～50
糠麸类饲料	5～25
粗饲料	10～50
植物性蛋白质饲料	15～30
动物性蛋白质饲料	3～5
矿物质饲料	1～1.5
添加剂预混料	0.5～1.5

3. 日粮配方设计的方法和步骤　饲粮配方设计的方法很多，采用手工计算的方法有交叉法、联立方程法、试差法等。手工计算由于受到计算速度和方式的限制，所得配方只能满足部分营养参数的要求，难以得到最优配方。随着现代电子计算机科学技术的发展，使得采用复杂的数学方法如线性规划法来设计最优配方成为可能。采用这些方法设计饲粮配方的优点是速度快、准确，能设计出最佳饲粮配方，是饲料工业现代化的标志之一。

目前生产上常用的有电脑法和试差法。

（1）*电脑法*　根据所选用饲料、肉兔对各种营养物质的需要量以及市场价格，将有关数据输入电脑，并提出约束条件（如饲料配比、营养指标等），很快就能算出既能满足肉兔营养需求而价格又相对较低的日粮配方来。

（2）*试差法*　如目前还不具备用电脑完成日粮配方设计的养殖户，借助于电子计算器，采用手工算法，只要掌握日粮配方设计的要领，也可以很快设计出一个实用的日粮配方。目前生产上一般多采用试差法计算。现以 4～6 月龄的生长兔的日粮配方设计为例，介绍用试差法设计日粮配方的具体步骤。

第一步　根据兔的饲养标准，查出 4～6 月龄生长肉兔需要的主要营养需要指标，见表 5-10。

表 5-10　4～6 月龄生长肉兔的营养需要

消化能（兆焦/千克）	粗蛋白质（%）	钙（%）	磷（%）	粗纤维（%）	赖氨酸（%）	蛋氨酸+胱氨酸（%）
10.30	15～16	1.0	0.5	16	0.8	0.7

第二步　根据当地的资源，选定所用饲料，如玉米、麸皮、米糠、豆饼、玉米秸秆、磷酸氢钙、食盐、添加剂预混料等。其主要营养成分含量见表 5-11。

表 5-11　饲料营养成分

饲料名称	消化能（兆焦/千克）	粗蛋白质（%）	钙（%）	磷（%）	粗纤维（%）	赖氨酸（%）	蛋氨酸+胱氨酸（%）
玉米	14.48	8.9	0.02	0.25	3.2	0.22	0.28
麸皮	11.92	15.4	0.09	0.81	9.2	0.58	0.39
米糠	12.61	12.5	0.13	1.02	9.4	0.74	0.44
豆饼	14.37	43.5	0.28	0.57	4.5	2.07	1.09
鱼粉	12.33	60.5	3.93	2.84	—	5.32	2.65
苜蓿草粉	4.962	11.52	1.56	0.15	36.9	0.32	0.13
磷酸氢钙	—	—	23.2	18.0	—	—	—

第三步　根据经验初步确定各类饲料的大致比例，并计算出配合饲粮中不同饲料所含有的各种主要营养成分。计算方法是用每一种饲料在配合料中所占的百分比，分别去乘该种饲料的消化能、粗蛋白质、钙、磷、粗纤维、赖氨酸、蛋氨酸+胱氨酸含量，再将各种饲料的每项营养成分进行累加，即得出初拟配合饲粮配方中的每千克饲粮所含的主要营养成分指标（表 5-12）。

第四步　将计算出来的配合饲粮的各种营养指标，与标准要求的营养指标进行比较。从表 5-13 可知，这个配方中消化能、粗蛋白、总磷、赖氨酸、蛋氨酸+胱氨酸含量均偏高，而钙和粗纤维含量偏低，因此需要进行调整。调整的方法是针对原配方存

表 5-12　4～6 月龄生长肉兔饲粮配方设计示例

饲料组成	配合比%	营养成分						
		消化能（兆焦/千克）	粗蛋白质（%）	钙（%）	磷（%）	粗纤维（%）	赖氨酸（%）	蛋氨酸＋胱氨酸（%）
玉米	20	0.2×14.48＝2.896	0.2×8.9＝1.78	0.2×0.02＝0.004	0.2×0.25＝0.05	0.2×3.2＝0.64	0.2×0.22＝0.044	0.2×0.28＝0.056
麸皮	19	0.19×11.92＝2.265	0.19×15.4＝2.926	0.19×0.09＝0.017	0.19×0.81＝0.154	0.19×9.2＝1.748	0.19×0.58＝0.110	0.19×0.39＝0.074
米糠	15	0.15×12.61＝1.892	0.15×12.5＝1.875	0.15×0.13＝0.02	0.15×1.02＝0.153	0.15×9.4＝1.41	0.15×0.74＝0.111	0.15×0.44＝0.066
豆饼	22.2	0.222×14.37＝3.19	0.222×43.5＝9.657	0.222×0.28＝0.062	0.222×0.57＝0.127	0.222×4.5＝0.999	0.222×2.07＝0.46	0.222×1.09＝0.242
鱼粉	3.5	0.035×12.33＝0.432	0.035×60.5＝2.118	0.035×3.93＝0.138	0.035×2.84＝0.099	—	0.035×5.32＝0.186	0.035×2.65＝0.928
苜蓿草粉	18	0.18×4.962＝0.893	0.18×11.52＝2.07	0.18×1.56＝0.281	0.18×0.15＝0.027	0.18×36.9＝6.64	0.18×0.32＝0.058	0.18×0.13＝0.023
磷酸氢钙	1	—	—	0.01×23.2＝0.232	0.01×18.0＝0.18	—	—	—
食盐	0.3	—	—	—	—	—	—	—
预混料	1	—	—	—	—	—	—	—
合计	100	11.586	20.426	0.754	0.79	11.437	0.969	1.389
标准		10.30	15～16	1.0	0.5	16	0.8	0.7
偏差		＋1.268	＋4.426	－0.246	＋0.29	－4.563	＋0.169	＋0.689

在的问题，结合各类饲料的营养特点，相应地进行部分饲料配合比例的增减，并继续计算，直至调整到各主要营养指标基本符合要求为止。如本例调整需适当增加苜蓿草粉和磷酸氢钙的配比，适当降低玉米、麸皮、豆饼和鱼粉的配比，另添加0.1%的赖氨酸和0.3%的蛋氨酸，经调整后的配方见表5-13。

表5-13　4～6月龄生长肉兔饲粮配方

饲料	配比（%）	营养水平	
玉米	21	消化能（兆焦/千克）	10.26
麸皮	13	粗蛋白质（%）	16.31
米糠	15	钙（%）	0.979
豆饼	14	总磷（%）	0.74
鱼粉	1.2	粗纤维（%）	16.94
苜蓿草粉	32.6	赖氨酸（%）	0.791
磷酸氢钙	1.5	蛋氨酸+胱氨酸（%）	0.704
食盐	0.3		
赖氨酸	0.1		
蛋氨酸	0.3		
预混料	1		
合计	100		

注：该配方可根据需要，按每吨饲料量添加一定量的维生素和微量元素添加剂。

以上所配饲粮是单一饲料，如养兔采用“青粗饲料+精料补充料”的方式，仍可适用上述饲粮配合方法。

4. 肉兔高效饲料配方　为了便于借鉴、参考，现选录部分饲粮配方如下（表5-14至表5-16）。

（1）幼兔全价配合饲料配方　该配方以草粉、大麦、玉米、豆饼、鱼粉等为主。每千克饲料含消化能10.46～10.88兆焦，粗蛋白质15%～17%，粗纤维12%～14%，粗脂肪2.5%～3.5%，钙0.7%～0.9%，磷0.6%～0.8%。

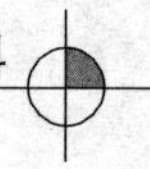

表 5-14　生长肉兔饲料配方

饲料	玉米	小麦	黄豆	菜籽饼	三七统糠	麦麸	蚕蛹	优质青干草粉	石粉	食盐	添加剂
%	16.2	18	8	5.28	15	15	5	16	0.5	0.5	0.52

表 5-15　肉用种兔全价配合饲料推荐配方（%）

饲料	广谱饲料	哺乳母兔料	妊娠母兔料	浓缩饲料
混合草粉	35	20	18	15
玉米粉	35	40	40	40
豆饼	10	20	20	25
麦麸	12.5	12.5	5.5	5.5
鱼粉	5	4	12	10
骨粉	2	3	4	4
食盐	0.5	0.5	0.5	0.5

表 5-16　生长肥育兔全价配合饲料配方（%）

饲料	配方 1	配方 2
优质干草粉	30	20
秸秆粉	11	20
大麦或玉米	16	14
小麦或燕麦	16	14
麦麸	9	9
豆饼	14	18
鱼粉或肉粉	2	2.5
饲料酵母或肉骨粉	1	1.5
骨粉	0.5	0.5
食盐	0.5	0.5

（2）种兔全价配合饲料配方　该配方以混合干草粉、玉米

粉、豆饼、麦麸、鱼粉、骨粉等饲料为主。每千克饲料含消化能10.46～11.3兆焦，粗蛋白质15%～18%，粗纤维12%～14%，粗脂肪2.5%～3.5%，钙0.6%～1.1%，磷0.5%～0.8%。广谱饲料饲喂种公兔及繁殖母兔，哺乳母兔饲料可饲喂带仔6～8只的哺乳母兔，浓缩饲料可饲喂瘦弱兔或做"青粗料十精料"饲养方式的精料补充料。

（3）生长肥育兔全价配合料配方　该配方以草粉、米、豆饼、鱼粉等饲料为主。每千克饲料含消化能10.46～10.88兆焦，粗蛋白质14%～15%，粗纤维15%～16%，钙0.6%～0.9%，磷0.3%～0.4%。

第六章 肉兔场建设与环境控制

一、肉兔场场址的选择

场址选择恰当与否，直接关系到养兔生产和经营的好坏。在选择时不仅应注意地下水情况、主导风向、地上水源（如河流、沟渠、塘堰）等自然因素，还必须注意交通、居民区、工厂、加工厂等社会因素的关系。如果选择不当，将影响兔场的投资和生产，甚至造成无法挽回的经济损失。选址时要充分考虑以下几方面因素。

（一）地势和地形

场址应选在地势较高、有适当坡度、地下水位低、排水良好和向阳背风的地方。根据肉兔喜干燥、厌潮湿污浊这一特性，要求地势高燥，地下水位要低，地下水位应在 2 米以下。地势过低、地下水位过高、排水不良的场地，容易造成潮湿环境，不利于肉兔体热调节，而有利于病原微生物的生长繁殖，特别是适合寄生虫（如螨虫、球虫等）的生存，影响兔群健康。地势过高，容易招致寒风侵袭，造成过冷环境，亦对兔群健康不利。

肉兔场的地面要平坦而稍有坡度，以便排水，防止积水和泥泞。地面坡度以 3%～10%为宜。地形开阔，整齐紧凑，不宜过于狭长和边角过多，土质要坚实，既适宜建造房舍，又适宜饲草作物种植。

（二）风向和朝向

肉兔场位于居民区的下风方向，距离一般保持 100 米以上，既要考虑有利于卫生防疫，又要防止兔场有害气体和污水对居民区的侵害。要远离化工厂、屠宰场、制革厂、牲口市场等容易造成环境污染的地方，且避开其下风方向。注意当地的主导风向，可根据当地的气象资料和风向来考虑。另外，要注意由于当地环境引起局部的空气温差，避开产生空气涡流的山坳和谷地。

兔场朝向应以日照和当地主导风向为依据，使兔场的长轴与夏季的主风向垂直。我国多数地区夏季盛行东南风，冬季多东北风或西北风，所以兔舍以坐北朝南较为理想，这样有利于夏季的通风和冬季获得较多的光照。

（三）水源和水质

兔场每日需水量较大，一般季节为采食量的1.5～2倍，夏季可为采食量的4倍以上。

此外，还有兔舍笼具清洁卫生用水、种植饲料作物用水以及日常生活用水等。同时水质状况好坏，也将直接影响肉兔和人员的健康。因此，水源及水质应作为兔场场址选择优先考虑的一个重要因素。生产和生活用水应清洁无异味，不含过多的杂质、细菌和寄生虫，不含腐败有毒物质，矿物质含量不应过多或不足。一般可选用城市自来水，或河、塘、渠、堰的流水。在没有上述水源的地方，可打深井取水。塘、渠、堰中的死水，因易受细菌、寄生虫和有机物的污染，必须取用时，可设沙缸过滤，澄清，并用1%漂白粉液消毒后使用。

（四）交通、电力及周围环境

兔场最好设在交通方便而又较为僻静的地方，可以避免噪声干扰。因为兔胆小怕惊，噪声可能会引起兔呼吸和消化系统紊乱，甚至造成怀孕母兔流产，哺乳母兔抛弃仔兔，或者把仔兔吃掉。另外，生产过程中形成的有害气体及排泄物会对大气和地下水产生污染，同时也不便于场内的卫生防疫。因此，兔场应避开主要交通公路、铁路干线和人流密集来往频繁的市场。一般选择距主要交通干线和市场300米（如设隔墙或天然屏障，距离可缩

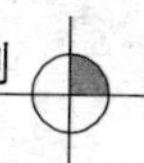

短至 100 米），距一般道路 100 米以外的地方，以便形成卫生缓冲带。兔场应设围墙与附近居民区、交通道路隔开。兔场与居民区之间应有 500 米以上的间距，并且处在居民区的下风口，尽量避免兔场成为周围居民区的污染源。这样，既利于场内外物资的运输方便，又利于安全生产。

兔场应设在供电方便的地方，可经济合理地解决全场照明和生产、生活用电。规模肉兔场，特别是集约化程度较高的，用电设备比较多，对电力条件依赖性强。肉兔场所在地的电力供应应有保障，应有自备电源，以保证场内供电的稳定性和可靠性。电力安装容量每只种兔为 3～4.5 瓦，商品兔为 2.5～3 瓦。

肉兔场的周围要注意植树种草。绿化的调温调湿效果是相当显著的。阔叶树夏天可以遮阳，冬天可以挡风。绿化较好的兔场，夏季可以降温 3～5℃，1 公顷的树叶 1 天可以吸收 1 吨二氧化碳，还可以吸尘。种植草坪，也可以使空气中的含尘量减少 5/6。因此，应将植树种草看作是肉兔场建设环境中不可缺少的一部分。若周围的环境绿化得很好，可以作为优先选作场址的一个因素。

二、肉兔场设计与布局

肉兔场的设计与布局，既要做到利用土地经济合理，布局紧凑，又要根据肉兔的特点和饲养管理要求，遵守卫生防疫制度。肉兔饲养密度大，既要在舍内进行生产，又要在舍内采食、饮水、排泄。伴随着排泄物的产生而变化，还有大量的水汽、有害气体、粉尘、微生物的产生，这就增加了兔舍环境控制的复杂性。因此，兔舍作为肉兔的生活环境和从事肉兔生产的场所，必须根据肉兔的生物学特性和饲养管理的要求，进行科学的建筑设计，全面考虑兔舍的防寒防热、通风换气、采光照明、排水防潮、供热保温等诸多因素，为肉兔创造一个最理想的生活环境，提高养兔效益。

（一）总体布局

兔场场址选定之后，特别是集约化兔场应根据兔群的组成和规模，饲养工艺要求，喂料、粪尿处理等生产流程，当地的地形、自然环境和交通运输条件等进行兔场的总体布局，合理安排生产区、管理区、生活区、辅助区及以后的发展规划等。总体布局是否合理，对兔场基建投资，特别是对以后长期的经营费用影响极大，搞不好还会造成生产管理紊乱，兔场环境污染和人力、物力、财力的浪费，而合理的布局可以节省土地和建场投资，给管理工作带来方便。

肉兔场的分区规划应从人和兔保健以及有利于防疫、有利于组织安全生产出发，建立最佳生产联系和卫生防疫条件。兔场应根据地势高低、主导风向合理安排不同功能区的建筑物。分区规划的原则是：人、兔、排污，以人为先、排污为后的排列顺序；风与水，则以风向为主的排列顺序（图 6-1）。

1. 生产区 建筑房屋包括种兔舍（种公兔、种母兔舍）、繁殖兔舍、幼兔舍、育成兔舍和育肥兔舍等。生产区是兔场的核心区，设在人流较少和兔场的上风方位，必要时要加强与外界隔离措施。优良种公、母兔（核心兔群）舍，要放在僻静、环境最佳的上风方位；繁殖兔舍靠近育成兔舍，以便兔群周转；幼兔舍和育成兔舍放在空气新鲜、疫病较少的位置，可为以后生产力的发挥打下良好的基础；育肥兔舍安排在靠近兔场出口处，以减少外界的疫情对场区深处传播的机会，同时便于与外界联系。

2. 管理区 设有管理生产必需的附属建筑，如饲料贮藏及加工车间、维修间、配电室、供水设施等。场外运输应严格与场内运输分开，负责场外运输的车辆严禁进入生产区，其车辆、车库均应设在生产区之外。饲料加工车间要建立在兔场和兔舍之间的中心地带，一是方便饲料运送，二是可以缩短生产人员的往返路程。一般来说，管理区与生产区应至少保持 200～300 米的距离，最好保持 500 米的距离。

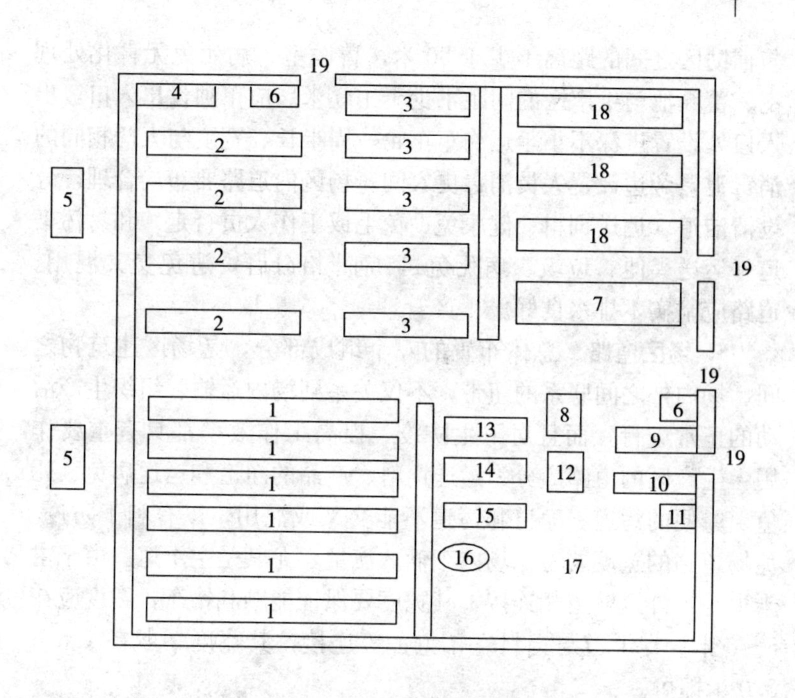

图 6－1　肉兔场的分区规划

1. 种兔舍　2. 繁殖舍　3. 后备育肥舍　4. 隔离舍　5. 蓄粪池
6. 门卫室　7. 办公室　8. 食堂　9. 车库　10. 配电室　11. 修理室
12. 饲料原料室　13. 饲料成品室　14. 饲料加工车间　15. 锅炉房
16. 水塔　17. 果菜园　18. 宿舍　19. 大门

3. 生活区　包括办公室、职工宿舍、食堂、浴室等，应设在全场地势较高地段和上风口，一般应单独成院，严禁与兔舍混建，既要考虑照顾工作和生活方便，又要有一定距离与兔舍隔开。在生产区入口处应设消毒间、消毒池、更衣室，对入场人员进行消毒，以防止疫病传入。

4. 辅助区　包括兽医室、病兔隔离舍、无害化处理室、蓄粪池和污水处理池等。该区是病兔、污物集中之地，是卫生防疫、环境保护工作的重点，为了防止疫病传播，应设在全场下风和地势最低处，并设隔离屏障（栅栏、林带和围墙等）。生产区与辅助区之间的距离不少于50米，兽医室、病死兔无害化处理室、蓄粪池与生产区的间距不少于100米。应单独设出入口，出入口处设置进深不小于运输车车轮一周半长、宽度与大门相同的消毒池，旁边设置人员消毒更衣间。场区内道路要布局合理，分设清洁道（运送饲料、健康兔、兔毛或工作人员行走）和易污染道（运送粪便、垃圾、病死兔），应严格分开，避免交叉混用。道路应坚实，排水良好。

5. 场区道路 总体布置的一个组成部分，是场区建筑物之间、场内外之间联系的纽带，不仅关系到场内运输、组织生产活动的正常进行，而且对卫生防疫、提高工作效率都具有重要作用。生产区的道路应分为运送饲料、产品的净道和运送病兔、死兔、粪便的污道。净道和污道不能交叉或混用，以有利于防疫。兔场道路的宽度要考虑场内车辆的流量，尤其是主干道。由于主干道与场外运输道相连接，其宽度要保证能顺利错车，宽度应在5～6米。支干道与饲料室、兔舍等连接，其宽度一般在1.5～3.0米即可。

6. 场地绿化 绿化不仅可以美化环境，改善兔场的自然面貌，而且还可起到防火、防疫、减少空气中细菌含量、减少噪音等作用。夏季，树木和草地可阻拦和吸收太阳直接辐射，所吸收的辐射热大部分用于蒸发和光合作用。因此，能降低气温和增加空气中的湿度。植物可使空气中的灰尘数量大大减少，使细菌失去附着物，从而数量相应减少。兔舍附近可选种一些树冠大、枝条长的通风性好的树种（如柿、核桃、枣等），既有遮阳效果，又不影响通风排污。在各个场区之间，场界周边种植乔木混合林带，可选择树干高、树冠大的乔木，行株距要稍大些。在运动场应选择花荫树种，以相邻二株树冠相连，又能通风为好。

7. 发展规划 兔场占地面积应本着既要节约用地，少占农田不占良田，又要满足生产和为以后发展留有余地的原则。在设计时，要根据兔场的生产方向、经营特点、饲养规模方式和集约

化程度等因素而确定。

兔场的规模主要以繁殖母兔的数量为标准。100只母兔每年能出栏商品兔3 200余只（每只母兔以每年6胎、每胎7只，出栏率85%，配怀率90%计）。以长×宽为60厘米×60厘米，三层重叠式兔笼为标准修建，每只母兔需3个笼位，1个为母兔笼位，2个为其所生仔兔笼位，每只母兔所需土地面积为0.36米^2，饲料道宽为0.4～0.8米，粪沟宽为0.6～0.8米，再考虑到补饲箱、产仔箱等所需面积。如一面积为20米×5米＝100米^{2}的房屋，若设置成兔笼，则可设置12列三层兔笼，每列24个笼位，共288个笼位；若考虑辅助设施所需面积，则可修建兔笼216个笼位。还要考虑饲料贮藏及加工车间、办公室、职工宿舍以及场区绿化等所需土地。以建设一个繁殖母兔300只、公兔40只、年产商品兔1万只的规模化兔场为例，约需生产区300米^2，管理区200米^2，生活区100米^2，绿化区100米^2，整个兔场占地约667平方米（1亩）。

（二）兔舍建筑形式

兔舍建筑既要符合肉兔的生物学特性，又要充分考虑经济效益和各方面因素，使兔舍建筑既经济又合理。具体要求如下：兔舍的设计要符合肉兔的生物学特性，有利于环境控制，有利于肉兔生产性能和产品质量的提高，有利于卫生防疫，便于饲养管理和提高劳动效率。兔舍设计要考虑投入产出比，在满足肉兔生理特点的前提下，尽量减少投入，以便早日收回投资。一般而言，小型兔场1～2年，中型兔场2～4年，大型兔场4～6年应全部收回投入。兔舍建材要因地制宜，就地取材，经济实用。打好兔舍基础，基础是墙的延伸和支撑，应具备坚固、耐火、抗机械作用及防潮、抗震、抗冻能力。一般基础比墙体宽10～15厘米，基础的埋置深度应根据兔舍的总负荷、地基的承载力、土层的冻胀程度及地下水位情况而定。北方地区在膨胀土层修建兔舍时，应将基础埋置于土层最大结冻土层以下。为了防潮保温，基础应

分层铺垫防潮保温材料如锅炉渣、油毡、塑料膜等。国外在畜舍建筑中广泛使用石棉水泥板及刚性泡沫隔板，以加强基础的保温。基础和地基必须具备足够的强度和稳定性，足够的承载能力和足够的厚度，且组成一致，压缩性小而均匀，抗冲刷力强，膨胀性小。不受地下水冲刷的沙石土层是良好的天然地基。墙体也是兔舍的主要外围护结构，要坚固耐久，抗震、防水、防火、抗冻，结构简单，便于清扫消毒，具备良好的保温隔热性能。

兔舍建筑类型主要依饲养目的、方式、饲养规模和经济承受能力而定。我国地域辽阔，气候条件各异，养兔历史悠久，饲养方式、经济基础各异，因而先后出现了各种不同的兔舍类型。建筑材料除常用的砖、水泥外，彩钢板已得到逐步应用。目前，随着我国规模化养兔业的发展，肉兔养殖已摈弃过去的散养或圈养等粗放饲养模式，改用笼养。笼养具有便于控制肉兔的生活环境，便于饲养管理、配种繁殖及疫病防治等优点，是值得推广的一种饲养模式。这里介绍几种以笼养为前提的兔舍建筑。

1. 室外单列式肉兔舍　兔笼正面朝南，利用三个叠层兔笼的后壁作为北墙。采砖混结构，单坡式屋顶，前高后低，屋檐前长后短，屋顶、粪板采用水泥预制板或石棉瓦，屋顶可配挂钩，便于冬季悬草帘保暖。为适应露天条件，兔舍地基要高，最好前后有树遮阳。这种兔舍的优点是结构简单，造价低廉，通风良好，管理方便，夏季易于散热，有利于幼兔生长发育和防止疾病发生。缺点是舍饲密度较低，单笼造价较高，不易挡风雨，冬季繁殖仔兔有困难（图 6-2）。

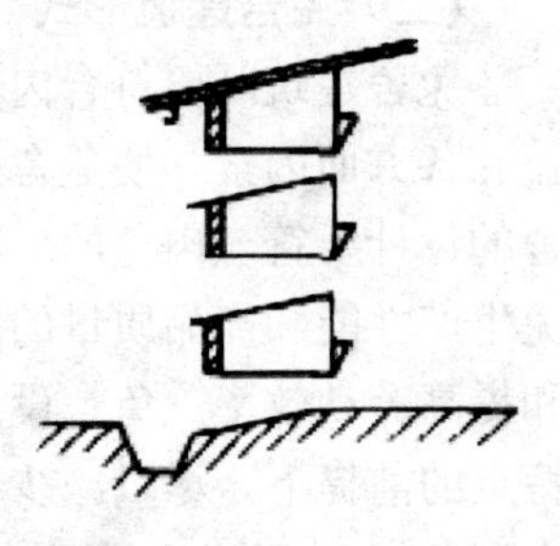

图 6-2　室外单列式兔舍

2. 室外双列式肉兔舍　中间为工作通道，通道两侧为相向的两列兔笼。兔舍的南墙和北墙即为兔笼的后壁，屋架直接搁在兔笼后壁上，墙外有清粪沟，屋顶为人字形或钟楼式，配有挂钩，便于冬季悬挂草帘保暖。这类兔舍的优点是单位面积内笼位数多，造价低廉，室内有害气体少，湿度低，管理方便，夏季能通风，冬季也较容易保温。缺点是易遭兽害，缺少光照（图 6-3）。

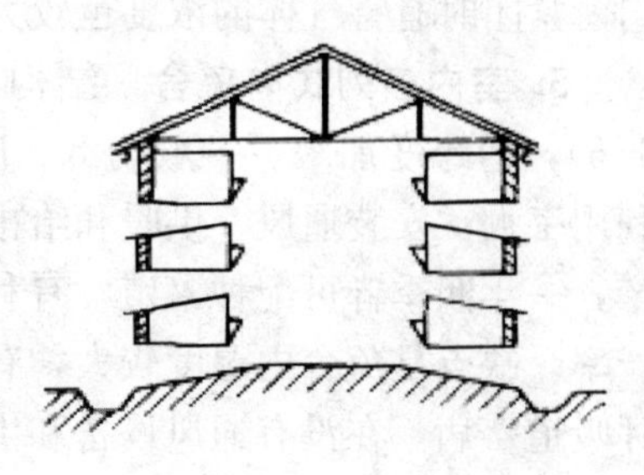

图 6-3　室外双列式兔舍

3. 室内单列式肉兔舍　兔笼列于兔舍内的北面，笼门朝南，兔笼与南墙之间为工作走道，与北墙之间为清粪道。这类兔舍的优点是通风良好，管理方便，有利于保温和隔热，光线充足，缺点是兔舍利用率低（图 6-4）。

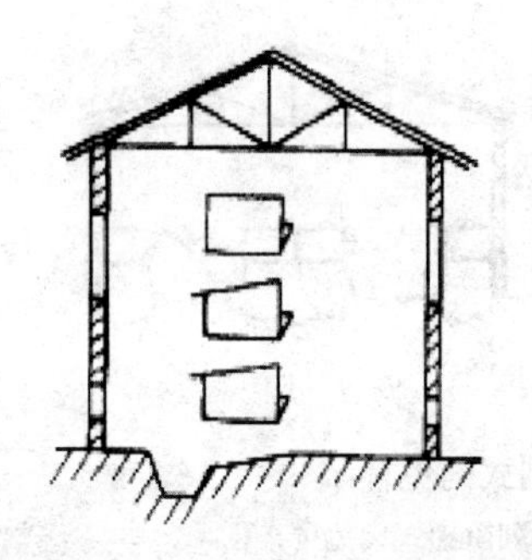

图 6-4　室内单列式兔舍

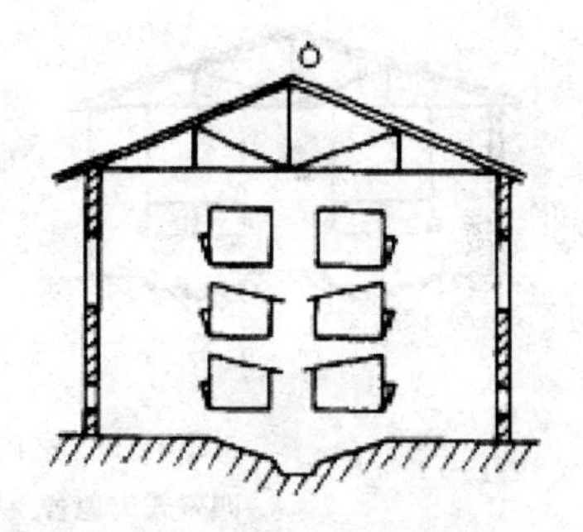

图 6-5　室内双列式兔舍

4. 室内双列式肉兔舍　室内双列式兔舍有两种类型，即“面对面”和“背靠背”。“面对面”的两列兔笼之间为工作走道，靠近南北墙各有一条粪沟（图 6-5）；“背靠背”的两列兔笼之间为粪沟，靠近南北墙各有一条工作走道。这类兔舍的优点是通风透光良好，管理方便，温度易于控制，但朝北的一列兔笼光照、保暖条件较差。同时，由于空间利用率高，饲养密度大，在冬季门窗紧闭时有害气体的浓度也较大。

5. 室内多列式肉兔舍 结构与室内双列式肉兔舍类似（图6-6），但跨度加大，一般为8～12米。这类兔舍的特点是空间利用率大。安装通风、供暖和给排水等设施后，可组织集约化生产，一年四季皆可配种繁殖，有利于提高兔舍的利用率和劳动生产率。缺点是兔舍内湿度较大，有害气体浓度较高，肉兔易感染呼吸道疾病。在没有通风设备和供电不稳定的情况下，不宜采用这类兔舍。

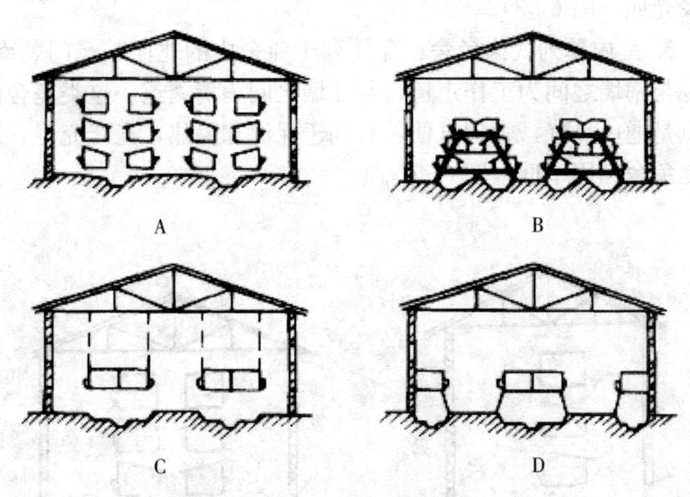

图6-6 室内多列式肉兔舍

A. 四列式肉兔舍 B. 四列阶梯式肉兔舍

C. 单层悬挂式肉兔舍 D. 四列式单层肉兔舍

（三）兔笼的设计

兔笼是养肉兔的主要设施，科学地设计和制造兔笼是非常重要的。兔笼一般要求造价低廉，经久耐用，便于操作管理，并符合肉兔的生理要求。设计内容包括兔笼的规格、结构及总体高度等。

1. 兔笼规格 兔笼大小应按肉兔品种、类型和年龄的不同

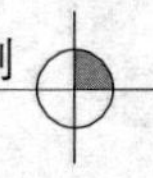

而定，一般以肉兔能在笼内自由活动为原则。种兔笼比商品兔笼大些，室内兔笼比室外兔笼略小些。兔笼的大小可依据肉兔的体长大小而定。标准兔笼尺寸：宽＝体长×1.5，深＝体长×1.3，高＝体长×1.0（表6-1、表6-2）。

表6-1　室外肉兔笼尺寸（厘米）

品种类型	宽	深	前檐高	后檐高
大型兔	100～120	65	60～70	40～45
中型兔	80～85	65	60～70	40～45
小型兔	70～75	65	60～70	40～45

表6-2　室外肉兔笼尺寸（厘米）

品种类型	宽	深	前檐高	后檐高
大型兔	79～90	45～50	45～50	35～40
中型兔	60～75	45～50	45～50	35～40
小型兔	45～60	45～50	45～50	35～40

目前在实践中还出现一种母仔共用的兔笼（图6-7），由一大一小两笼相连，中间留有一小门。平时小门关闭，便于母兔休息，哺乳时小门打开，母兔跳入仔兔一侧。一般公兔、母兔和后

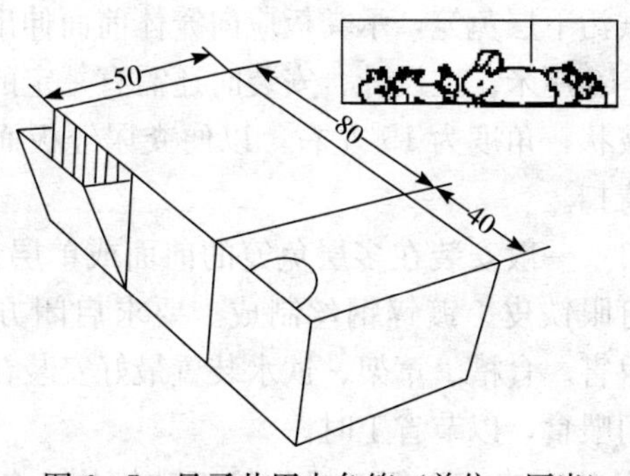

图6-7　母子共用肉兔笼（单位：厘米）

备种兔，每只所需面积为 0.25～0.4 米^2，育肥肉兔为 0.12～0.15 米^2。

2. 兔笼构件 兔笼构件主要由笼壁、笼底板、承粪板和笼门等构成。

(1) 笼壁 可用砖块或水泥板砌成，也可用竹片、钢丝网或铁皮等钉成。采用砖砌或水泥预制件，必须预留承粪板和笼底板搁肩，搁肩宽度以 3～5 厘米为宜；采用竹、木栅条或金属板条，栅条宽以 15～30 毫米、间距 10～15 毫米为宜。笼壁必须光滑，谨防造成肉兔的外伤。用竹片制作时，光面向内；砖砌的，需用水泥粉刷平整。

(2) 笼底板 是兔笼最重要的部分，若制作不好，如间距太大，表面有毛刺，极易造成肉兔骨折和脚皮炎的发生。笼底板一般采用竹片或镀锌钢丝制成。钉制笼地板用的竹片要光滑，竹片宽 2.2～2.5 厘米，厚 0.7～0.8 厘米，竹片间距 1～1.2 厘米，竹片钉制方向应与笼门垂直，以防肉兔形成八字脚。用镀锌钢丝制成的兔笼，其焊接网眼规格为 50 毫米×13 毫米或 75 毫米×13 毫米，钢丝直径为 1.8～2.4 毫米。笼底板要便于肉兔行走，安装成可拆卸的，便于定期取下刷洗、消毒。

(3) 承粪板 宜用水泥预制件，厚度为 2～2.5 厘米。在多层兔笼中，上层承粪板即为下层兔笼的笼顶，为避免上层兔笼的粪尿、污水溅污下层兔笼，承粪板应向笼体前面伸出 3～5 厘米，后面伸出 5～10 厘米。在设计、安装时还需有一定的倾斜度，呈前高后低斜坡状，角度为 15°左右，以便粪尿经板面自动落入粪沟，并利于清扫。

(4) 笼门 一般安装在多层兔笼的前面或单层兔笼的上层，可用竹片、打眼铁皮、镀锌钢丝制成。要求启闭方便，内侧光滑，能防御兽害。食槽、草架、饮水装置最好安装在笼门外，尽量做到不开门喂食，以节省工时。

3. 兔笼总体高度 为便于操作管理和维修，兔笼总高度应

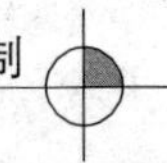

控制在2米以下，笼底板与承粪板间，底层兔笼与地面之间都应有适当的空间，便于清洁、管理和通风透光。通常，笼底板与承粪板之间的距离前面为15～18厘米，后面为20～25厘米，底层兔笼与地面的距离为30～35厘米，以利于通风、防潮，使底层肉兔有较好的生活环境。

4. 兔笼材料　各地区因生态条件、经济水平、养兔习惯、生产规模的不同，建造兔笼的材料也因地制宜。根据构建兔笼的主体材料不同，可分为木制或竹制兔笼、砖木混合结构兔笼、水泥预制件兔笼、金属兔笼和塑料兔笼等。下面介绍一些常见的兔笼形式。

（1）水泥预制件兔笼　兔笼的侧壁、后墙和承粪板采用水泥预制件或砖块砌成。笼门及笼底板仍由其他材料制成。这类兔笼的优点是构件材料来源较广，价格低廉，施工方便，防腐性能强，能进行各种方式的消毒。缺点是防潮、隔热性能较差，通风不良。

（2）竹、木制兔笼　在山区竹、木用材较为方便及肉兔饲养量较少的情况下，可以采用竹、木制兔笼。这类兔笼的优点是可就地取材，价格低廉，使用方便，有利于通风、防潮，隔热性能较好。缺点是易于腐烂和被啃咬，不能长久使用。

（3）金属兔笼　一般由镀锌钢丝焊接而成。这类兔笼的优点是结构合理，安装、使用方便，特别适宜于集约化、机械化生产。缺点是造价较高，只适用于在室内或比较温暖地区使用，室外使用时间较长容易腐锈，必须设有防雨、防风设施。

（4）全塑兔笼　采用工程塑料零件组合而成。这类兔笼的优点是结构合理，拆装方便，便于清洗和消毒，耐腐蚀性能较好。缺点是造价较高，只能采用药液消毒，不宜在室外使用，使用不很普遍。

（四）兔舍其他用具

兔舍常用的设备，除了兔笼之外，还有食槽、草架、产仔箱、饮水器和排污设备等。

1. 食槽　又称饲槽或料槽。有简易食槽，也有自动食槽。按制作材料的不同又分为竹制、陶制、水泥制、铁皮制及塑料制等多种食槽。简易食槽制作简单、成本低，适合盛放各种类型的饲料，但喂料时工作量大，饲料易被污染，极易造成兔子扒料浪费。自动食槽容积较大，安置在兔笼前壁上，适合盛放颗粒饲料，从笼外添加饲料，喂料省时省力，饲料不易污染，浪费少，但食槽制作比较复杂，成本也比较高。中小型兔场及家庭养兔按饲养方式而定，群养兔通常使用竹制长食槽，笼养兔通常采样陶制、转动式、抽屉式或自动食槽。国外规模较大及机械化程度较高的兔场多采用自动喂料器，一般用镀锌铁皮或硬质聚乙烯塑料制成，放置于兔笼壁上。无论哪种食槽，均要结实、牢固，不易破碎或翻倒，同时还应便于清洗和消毒（图 6-8）。

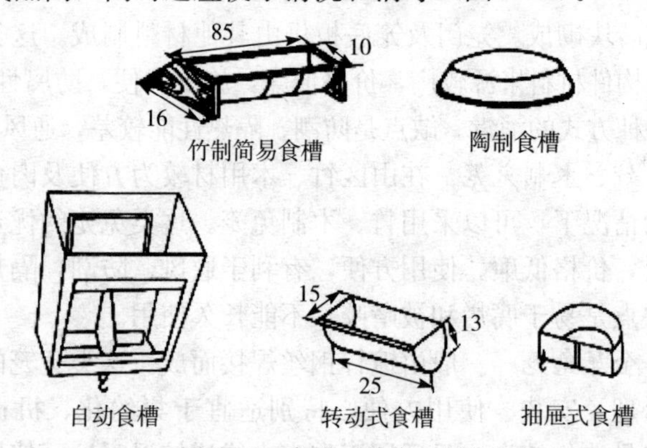

图 6-8　食槽（单位：厘米）

2. 草架　用于饲喂青绿饲料和干草，一般用木条或竹片制成 V 字形草架。群养兔或运动场用的草架可以钉成长 100 厘米、高 50 厘米、上口宽 40 厘米；笼养兔的草架一般固定在笼门上，呈 V 字形，草架内侧间隙为 4 厘米，外侧为 2 厘米，可以用金属丝、竹片或木条制成（图 6-9）。

3. 产仔箱　产仔箱又称巢箱，是母兔产仔、哺乳的场所，也是 3 周龄前仔兔的主要生活场所，通常在母兔产仔前放入笼内或悬挂在笼门外，多用木板、纤维板或硬质塑料制成。目前，我国各地兔场多采用木制产仔箱，有两种式样，一为平放式，另一

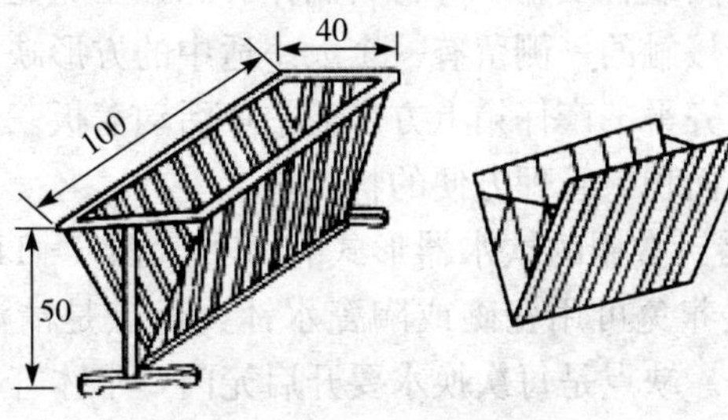

图 6-9 草架（单位：厘米）

为悬挂式（图 6-10）。平放式：一种是敞开的平口产仔箱，多用 1～1.5 厘米厚的木板钉成 40 厘米×26 厘米×13 厘米的长方形木箱，木箱内外抛光，钉子不外露，箱底有粗糙锯纹，并留有间隙或开有小洞，使仔兔不易滑倒并有利于排除尿液，产仔箱上口周围需用铁皮或竹片包裹；另一种为月牙形缺口产箱，可竖立或横倒使用，产仔、哺乳时可横侧向，以增加箱内面积，平时则竖立以防仔兔爬出产仔箱外。悬挂式：悬挂式产仔箱多采用保温性

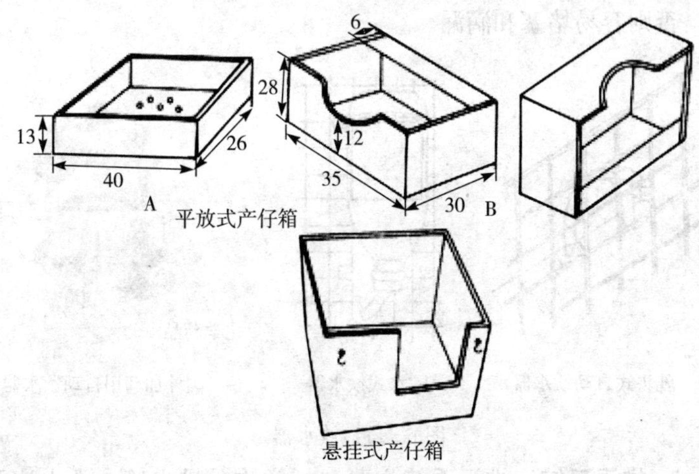

图 6-10 产仔箱（单位：厘米）

A. 平口产仔箱 B. 月牙形缺口产仔箱

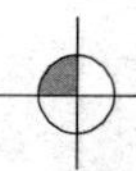

能好的发泡塑料或轻质金属等材料制作。悬挂于兔笼的前壁笼门上，在与兔笼接触的一侧留有一个大小适中的方形缺口，其底部刚好与笼底板齐平。产仔箱上方加盖一块活动盖板。这类产仔箱具有不占笼内面积、管理方便的特点。

4. 饮水器 常用的饮水器形式有多种（图 6－11），一般小型兔场或家庭养兔可用瓷碗或陶瓷水钵，优点是清洗、消毒方便，经济实用。缺点是每次换水要开启笼门，水钵容易翻倒，且易被肉兔的粪尿污染。笼养兔可用贮水式饮水器，即将盛水玻璃瓶或塑料瓶倒置固定在笼壁上，瓶口上接一橡皮管通过笼前网伸入笼门，利用空气压力控制水从瓶内流出，供肉兔自由饮用。这种饮水器的优点是不占笼内面积、不易被污染、不会弄湿兔毛，缺点是需勤添水。大型兔场可采用乳头式自动饮水器，由减压水箱、控制阀、水管以及饮水乳头等组成，当兔口触动饮水乳头时，使乳头受到压力影响而使内部弹簧回缩，水即从缝隙流出。这种饮水器的优点是可供肉兔自由饮水，既能防止污染，又可节约用水，缺点是投资成本较高，对水质要求较高，要求水质干净，否则容易堵塞和滴漏。

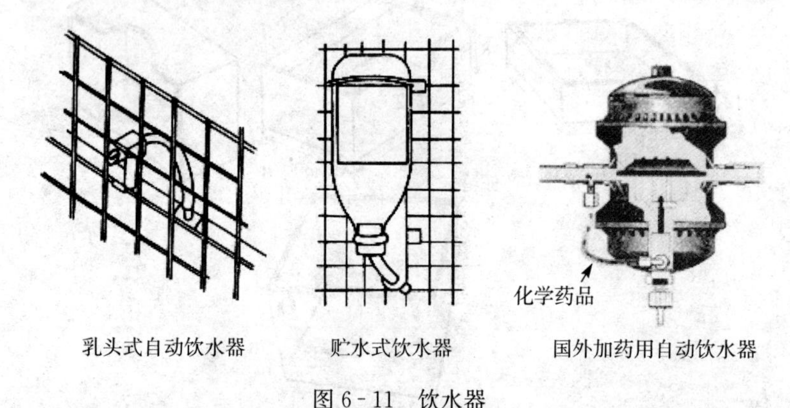

图 6－11 饮水器

5. 排污系统 排污系统主要包括粪沟、排水管、粪水池及清粪机等。粪沟用于排除粪尿及污水，建造时要求表面光滑、不

渗漏，并有1%～1.5%的倾斜度。粪水池建在兔舍20厘米以外的下风口处，池口应高出地面10～20厘米，以防止地面水流入池内。目前，我国大部分肉兔场采用人工清扫。人工清扫适于小型兔场和家庭养殖，虽然节省投资，但费工费时。用水冲粪多用于多列式兔舍，虽可节省人工，但耗水量较大，缺水地区不宜采用。机械化程度较高的肉兔场，一般采用牵引式刮粪板，由电机牵引钢绳，使粪板来回刮动，将粪尿等全部刮至储粪池中。这种排污设备结构简单，但用久之后，刮粪板因磨损而不易刮干净。

（五）防疫设施

兔场周围要有天然的防御屏障或较高的围墙，以防止场外人员及其他动物进入场内。若有适宜的地区，可在场外种植花椒类的树木，既能起到围墙和防御屏障的作用，还可以起到改善环境，绿化场院，且有一定的收获。

兔场大门及各区域入口处，特别是生产区和各兔舍的入口，均应设置消毒设施。如车辆消毒池、脚踏消毒池、喷雾消毒室、更衣换鞋间等。车辆消毒池要有一定的深度，其池长应大于轮胎周长的2倍；紫外线消毒，一般要3～5分钟。

三、肉兔场的环境控制

（一）环境对肉兔生产的影响因素

环境是指肉兔生活的外部环境，包括作用于兔子的一切物理性、化学性、生物性及社会性环境。物理性环境包括兔舍、兔笼、尘埃、湿度、温度、光照、噪声、海拔、土壤等，化学性环境包括空气、有害气体、水等，生物性环境包括草、料、微生物等，社会性环境包括饲养、管理、兽害以及其他家畜的关系等。了解环境对肉兔健康和生产的影响规律，可以科学地控制环境，提高肉兔的生产力。

1. 不良环境对肉兔的危害　不良环境的刺激可直接影响肉兔的生产力。如粗糙不平的笼底网，可磨掉兔足底毛，而使皮肤发炎，出现疼痛，血液外渗，进而被细菌侵入，造成溃烂，使肉兔采食量下降，体重减轻，影响发育及受胎，以致死亡。另外，环境的变化不同程度地改变着肉兔的生理状态、新陈代谢、激素分泌、饲料消耗、生长发育、性成熟、生活能力、活动方式、繁殖哺乳和泌乳状况等，环境变化越大，时间越长，这种影响越大。在肉兔生产中，彻底消除应激因素的影响是不可能的，但可以尽量减少和控制不良影响。如引种时，应尽量在国内引种、就近引种，这样可以尽量减少环境差异造成的应激性危害。

2. 肉兔对环境因素的反应　肉兔对环境影响的反应十分敏锐。兔生性胆小，神经敏锐，动作灵活，听觉、视觉、嗅觉均发达，缺乏主动进攻能力，总是处于防御状态。因此，对环境有着高度的警觉性。只有高度育成的品种兔才比地方品种兔迟钝。当我们用手触摸刚出生的仔兔时，地方品种母兔十分不安，表现出嗅、听、看等，甚至用爪子翻扒窝内的垫草，拒绝哺乳；而德系安哥拉母兔，则几乎呈现出若无其事的样子。所以，在建场、建舍或制作笼具时应考虑这一点，根据肉兔行为和生理特点，尽量减少环境应激的刺激。

3. 模拟和创造可提高肉兔的生产力　模拟就是模仿，如制作肉兔产仔箱，就是模拟肉兔野生时的洞穴环境。创造是以肉兔的习性、行为、生理等为依据的，人为地加以改造和创新，使环境更有利于生产潜力的发挥。养兔不进行科学的模拟和创造，可使肉兔死亡惨重。如给断奶幼兔通风换气时，风速过大使幼兔蜷缩一角，易导致呼吸道炎症，可造成大批死亡。而高水平的工厂化养兔，给肉兔创造了四季稳定的兔舍环境，这种基本恒温、恒湿、通风良好的条件使肉兔从年产 4 窝提高到 8～10 窝，明显地提高了肉兔的生产效益。

（二）兔舍的环境控制

兔舍环境控制是指对肉兔生活小环境的控制，目的是在最大的限度内克服天气与季节变化对肉兔的不良影响，创造符合肉兔

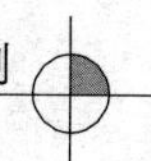

生理要求和行为性的理想环境，以增加肉兔生产的经济效益。例如，通过隔热保温及散热降温控制温度、采取有效的通风换气措施净化空气、通过人工照明控制舍内光照等。

1. 肉兔对温度的要求　不同日龄、不同生理阶段肉兔对环境温度的要求各异，如初生仔兔为30～32℃，1～4周龄兔为20～30℃，生长兔为15～25℃，成年兔为15～20℃。成年兔耐受低、高温的极限是－5℃和30℃。环境温度过高或过低，肉兔会通过机体物理和化学方法调节体温，消耗大量营养物质，从而降低生产性能，生长兔表现为生长速度下降，料肉比升高。

生产实践证明，肉兔在适宜的温度范围之内，能处于最佳的生理状态和表现出良好的经济效益。对于肉兔来说，高温比低温的影响更大。高温会引起食欲下降，消化不良，性欲降低和繁殖困难等；而低温则会影响肉兔的生长发育，增加饲料的消耗。

2. 兔舍的人工增温　寒冷地区为了做好肉兔冬繁，提高兔群生产水平，应给兔舍进行人工增温。

（1）集中供热　处于寒冷地区的工厂化兔场可采取锅炉或空气预热装置等集中产热，再通过管道将热水、蒸汽或者热空气送往兔舍。此法优点是清洁、卫生、安全，缺点是投资成本大。

（2）局部供热　在兔舍中单独安装供热设备，如火炉、火墙、电热器、保温伞、散热板、红外线灯等。将电褥子垫放在产箱下增温，能使肉兔的冬繁成活率明显提高。此外，适当提高舍内饲养密度也可提高舍温。有的兔场设立单独的供暖育仔间、产房等，也是经济而有效的方式之一。农村也可修建塑料大棚兔舍，以减少寒冷季节取暖费用。

3. 兔舍的散热与降温　兔舍的温度对肉兔的生长有着非常重要的影响。温度过高，公兔性欲减退，出现“夏季不孕现象”。也易发生中暑和诱发妊娠毒血症等疾病。肉兔的汗腺退化，主要靠呼吸来散热。在高温的环境中，肉兔呼吸加快、心跳加速、食欲减退、饮欲增加、营养物质消耗增多、体重减轻。根据这一特点，在饲养过程中多供给清洁的水，或给肉兔喂些西瓜皮以防止中暑。夏季要注意做好防暑工作，同时要周密安排繁殖计划，使肉兔的繁殖避开炎热的夏季，这样对母兔、仔兔的生长都有利。

当夏季温度过高时，可通过舍前种植树木、攀缘植物，搭遮阳网、窗外设挡阳板，挂窗帘，防止日光直射。室内安装电风扇等通风设备，加强通风，加大空气流动量，驱散舍内产生和积累的热量，帮助兔体散热。也可用地下水或经冷却的水喷洒地面，笼内放置湿砖。降低舍内饲养密度，日粮中添加维生素 C 200 毫克/千克，可减少热应激，有条件的兔场可采用空调来调节环境温度。

第七章 肉兔的饲养管理

肉兔的饲养管理是肉兔繁殖、育种、营养、饲料等知识的综合应用。掌握科学的肉兔饲养管理技术是为了改善肉兔品质，提高产肉性能，使肉兔生产出又多又好的兔肉。如果饲养管理不当，即使有优良的品种，丰富的饲料，合适的饲养环境，仍然会使肉兔生长发育不良，品种退化，抗病力下降，死亡率增加。因此，在肉兔饲养管理过程中，必须根据肉兔的生物学特性、不同生理阶段和不同的季节特点等采取相应的饲养管理技术措施，才能得到较高的经济效益。

一、饲养管理的一般原则

饲养管理的一般原则又可分为饲养的一般原则和管理的一般原则。

（一）饲养的一般原则

1. 以青粗饲料为主，精饲料为辅 肉兔是草食性动物，具有草食性动物的消化生理结构，故日粮应以青粗饲料为主，精饲料为辅，这是饲养草食性动物的一条基本原则。生产实践表明：肉兔不仅能很好地利用多种植物的茎叶、块根和瓜果蔬菜等饲料（每天能采食占自身重量10%～30%的青饲料），还能利用植物的部分粗纤维，如日粮中粗纤维含量过少，兔的正常消化功能就会出现紊乱，甚至引起腹泻。但完全依靠饲草并不能把肉兔饲养好，会影响兔的生长发育，使生产性能下降。要想养好肉兔，并获得理想的饲养效果，还必须科学地补充精料，每天应喂给占其体重3%～5%的精饲料，同时补充维生素和矿物质等营养物质，否则达不到高产要求。肉兔采食青粗饲料数量见表7-1。

表7-1 肉兔采食青粗饲料数量（维持需要量）

体重（克）	采食青粗饲料量（克）	采食量占体重（%）
500	153	31
1 000	216	22
1 500	261	17
2 000	293	15
2 500	331	13
3 000	360	12
3 500	380	11
4 000	411	10

2. 多种饲料，合理搭配 肉兔生长速度快，繁殖力强，新陈代谢旺盛，需要从饲料中获取多种营养。在饲养过程中，尤其在商品兔饲养过程中，为了充分发挥其早期生长速度快的优势，需要供给充足的营养。因此，肉兔的饲料应由多种成分组成，并根据不同饲料所含的养分进行合理搭配，取长补短，则饲料的营养趋于全面、合理，这对提高饲料蛋白质的利用率有更显著的作用。例如，禾本科籽实类饲料含的赖氨酸较少，而豆科籽实类饲料所含赖氨酸和色氨酸较多，将二者搭配使用既可互补，又可提高整个饲料的营养价值和利用率。饲料合理搭配，还可减少疾病的发生，例如块根、青贮料、豆科青草等饲喂肉兔时容易引起腹泻，但将炒熟的高粱面掺入日粮中，又可预防腹泻的发生。另外，还要根据季节的不同来合理调配饲料，比如在夏天的日粮中，要多加麸皮；而冬天的日粮中多加玉米及小米等能量饲料。总之，切忌给肉兔饲喂单一饲料，并尽量做到多种饲料合理搭配，达到营养互补，提高适口性，又可克服因挑食而造成的草料浪费。俗话说："若要兔儿好，给吃百样草"，其道理就在这里。

3. 定时定量，少添勤喂　肉兔的饲喂方式有三种，可根据养殖生产中的具体情况进行选择。第一种方法是喂给肉兔饲料和饮水时要定时定量，以使肉兔养成良好的进食习惯，以利于饲料的消化和营养物质的吸收。特别是幼兔，一定要做到定时定量饲喂，既减少了饲料的浪费，又可防止发生消化道疾病。日饲喂次数，成年兔3～4次，青年兔4～5次，幼兔5～6次。饲喂量的投放次数为精料2次，粗料3次。第二种为自由采食法。即在兔笼中经常备有饲料和饮水，任其自由采食。自由采食一般采用颗粒饲料和自动引水装置。这种方法适用于大、中型养兔场。优点是省工、省时，管理方便。第三种为混合饲喂法。所谓混合饲喂是将肉兔的饲粮分为两部分，一部分是基础饲料，包括青饲料、粗饲料等，这部分饲料采用自由采食的方法。另一部分是补充饲料，包括混合精料、颗粒饲料和块根茎类，这部分饲料采用分次饲喂的方法。我国农村养兔户即普遍采用混合饲喂的方法。

肉兔采食的次数多，每次采食的时间短，属于采食较频密的动物。根据兔的采食习性，在饲喂时要做到少添勤喂，不要添草、料太多，否则肉兔采食后很容易引起腹泻。冬季日短天冷，要做到晚喂精料吃得饱、早上要早喂、中午要少喂。在北方开放式或半开放式兔舍里，湿拌料的一次喂量更不能过多，否则剩余的饲料会结冰，肉兔吃了结冰的饲料也容易患消化道疾病。夏季饲喂湿拌粉料时，一次投喂量决不能过多，否则剩余的饲料很快就酸败变质，肉兔采食后很容易引起腹泻。在雨水多的季节宜多喂些干饲料。粪便干燥时应多喂些多汁青绿饲料。体型大的成年兔多喂些，幼兔及青年兔少喂一些。过肥的兔要适当减少精料的喂量，加喂青粗饲料。体质弱的，应适当补给一些精料。这样做既符合兔的采食习性，又节省时间。在自由采食时，如喂给肉兔的是全价颗粒饲料，日粮可一次投给。如果料槽设计合适，也可将几天的饲料一次加入，让兔自由采食。

肉兔日饲料投放量见表7-2。

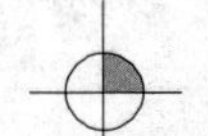

表 7-2 肉兔最大饲料投放量（克）

饲料种类	母兔			幼兔月龄					
	休情期	妊娠期	泌乳期	出生后18～21天	1～2月龄	2～3月龄	3～4月龄	4～5月龄	5月龄以上
青饲料	800	800～1 000	1 200～1 500	30	200	350～400	450～500	600～750	750～900
青贮料	300	300～400	300～400				100	150	200
干草	175～200	250～300	250～300	10	20	50～75	75～100	100～200	150～200
禾本科籽实	50	100～140	100～140	8	30	40～50	60～75	75～100	100
豆科籽实	40	75～100	75～100	5	12～20	20～30	30～40	40～60	40～60
油料籽实	10	15～20	15～20		3～5	5～	6～8	8～10	10～12
糠麸类	50	75～100	75～100			10～15	20～25	30	30～40
油饼类	10	30	30	2		5～10	10～15	15～20	20～25
甘蓝叶	400	500～600	500～600	20	30	100	150～250	300	300～400
蔬菜副产品	200	250～300	250～300		50	50～75	75～100	100～150	150～200
脱脂乳		50	100	20	30				
肉骨粉	5	5～8	10			3～5	5～7	7～9	9～12
矿物质饲料	2	2～3	3～4		0.5～1	1～1.5	1.5	1.5～2	2
蛋白质				5	5～8	10	15	15～20	20～30

注：油饼类中棉籽饼除外。

4. 调换饲料，逐渐增减 在肉兔生产过程中，尽量保证肉兔日粮组成相对稳定。一般农户喂兔的饲料随季节而发生变化，夏、秋季以青绿饲料为主，冬、春季以干草和块根、块茎类饲料为主。在变换饲料时，新换的饲料量要逐渐增加，以便使兔的消化机能逐渐适应新的饲料。完成由一种饲料向另一种饲料过渡，一般分为3个阶段进行，每个阶段2～3天，每个阶段替换1/3饲料。如饲料突然变换，不仅会引起采食量下降，严重时拒绝采食，甚至会引起消化机能紊乱，导致消化道疾病。

5. 注意饲料品质，搞好饲料调制 肉兔对饲料的选择比较严格，凡被践踏、污染的草料，霉烂、变质的饲料，一般都拒绝采食。因此，在养兔过程中，要始终注意保持优良的饲料品质。干草、秸秆、树叶要清除尘土及霉变部分，并粉碎后与精料混喂或制成颗粒饲料饲喂；块根、块茎要经过挑选、洗净、切碎或切成丝后与精料混和后饲喂；玉米类饲料要磨成粉，豆科类饲料一定要蒸煮或烤焙加工后与干草粉拌湿饲喂或制成颗粒饲料饲喂。总之，要根据各种饲料的不同特点进行合理调制，做到洗净、切碎、煮熟、调匀、晒干，以提高饲料利用率，增进食欲，促进消化，并达到防病的目的。

根据生产实践证明，注意饲草、饲料的品质，还必须做到“十不喂”。

一不喂带雨、露水的饲料。

二不喂腐败变质的草和饲料。

三不喂夹杂泥土的和被农药污染的草和饲料。

四不喂有毒及带刺的青草和蔬菜。

五不喂发芽的马铃薯及带黑斑病的甘薯类。

六不喂大量的苜蓿及紫云英类饲草。

七不喂喂冰冻的饲料。

八不喂被粪、尿污染的饲料。

九不喂未经蒸煮或焙烤的豆类饲料。

十不喂大量的牛皮菜、菠菜等。

6. 供给充足饮水 水是肉兔生命活动所必不可少的。在饲养过程中，如果水供应不足，会降低饲料的适口性，常使兔机体代谢发生严重紊乱，母兔在产仔期间因口渴会吃掉新生仔，兔毛的生长速度会降低20%。肉兔水分的供应一方面来自于所采食的饲料和饲草，另一方面来自于人工供给的饮水，但肉兔从饲料中的水分只能满足其需水量的15%～20%，其余的则要通过饮水来补充。因此，在生产过程中，必须保证水分的充足供应，而且所供应的饮水必须清洁卫生。供水量的多少需根据肉兔的年龄、生理状态、季节和饲料特点而定。通常，幼兔生长发育旺盛，需水量要高于成年兔；妊娠母兔需水量增加，母兔产前、产后易感口渴，饮水不足易发生残食或咬死仔兔现象。高温季节的需水量大，最好保持不间断饮水；冬季寒冷地区最好喂温水，以免引起肉兔胃肠炎等消化道疾病，尤其是仔幼兔。饲喂粗蛋白质、粗纤维和矿物质含量高的饲料，其需水量也会增加。

近年来，随着肉兔养殖业的迅速发展，大多数兔场均采用自动饮水器，这样既保证肉兔不间断饮到清洁水，又减少了饲养员工作量，节约了劳动成本，但在日常管理过程中要注意经常检查饮水器是否有漏水或堵塞现象。自动饮水器中以乳头式自动饮水方式最好。

7. 加喂夜草 根据兔的昼伏夜行的习性，晚上喂给兔的饲料要多于白天，特别是夜间要喂给一些粗饲料，对兔的健康和增膘都有好处。在昼短夜长的冬季，更应如此。

（二）管理的一般原则

1. 注意卫生，保持干燥 肉兔的生物学特性之一就是喜清洁、爱干燥，加之兔个体比家畜体型小得多，其抗病力相对较差。因此，搞好环境卫生并保持干燥尤为重要。兔笼、兔舍必须坚持每天打扫，及时清除粪便，垫草要勤换，保持清洁干燥，饲喂用具和兔笼的底板等要勤刷洗，定期消毒。这样，可以减少病

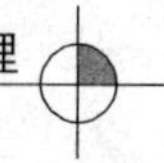

原微生物的繁殖，防止疾病的发生，有利于兔体健康和生产。

2. 保持安静，防止惊扰　肉兔是胆小易惊、听觉灵敏的动物，经常竖起耳朵来听四面传来的声响，一旦有突然的声响或有陌生人和动物等出现，就立即惊恐不安，在笼内乱窜乱跳，并常以后脚猛力拍击兔笼的底板，发出响亮的声音，从而引起更多兔的惊恐不安，尤其在分娩、哺乳和配种时影响更大。性欲较差的公兔若在交配时突遇骚动易造成配种不成功或拒配。发情母兔突遇骚动会产生性欲抑制。分娩中的母兔会导致延长分娩时间，甚至把仔兔吃掉。生长期间的兔突遇异常骚动或受噪音的干扰刺激，会造成生长发育受阻，或产生应激性的死亡。因此，在日常饲养管理过程及操作时动作要轻缓，尽量保持兔舍内外的安静，避免因环境改变而造成对兔有害的应激反应。同时，要注意预防狗、猫、鼠、蛇等敌害的侵袭及陌生人突然闯入兔舍。

3. 合理分群分笼，便于管理　为了便于管理，有利于肉兔的健康，兔场所有兔群应按品种、生产目的、年龄、性别等，分成公兔群、母兔群、青年兔群、幼兔群等，进行分群分笼管理。对种公兔和繁殖母兔，必须实行单笼饲养，繁殖母兔笼舍应有产仔室或产仔箱。幼兔和青年兔也要按日龄、体重、性别、大小、强弱等分群饲养。肉皮兼用兔在育肥期可群养，但群不能过大，防止相互啃咬打斗。同时搞好卫生工作，饲养员要定人定岗，相对稳定，不要随意变更。

4. 适当运动，增强体质　运动可增强肉兔体质，使兔新陈代谢旺盛，增进食欲，可提高种公兔配种能力，减少母兔空怀和产生死胎，还可以晒到太阳，促进体内合成维生素 D_3，从而促进钙、磷的吸收。在条件许可情况下，笼养兔每周放出自由活动1～2 次，每次运动 0.5～1 小时即可，但要有专人看管，以防打架或逃出圈外；公、母兔要分开，以防混交乱配。供肉兔运动的场地面积为 15～20 米^2，四周有 1 米高的围栏或墙体，地面应平坦结实，铺一层河沙更好。没有运动场的应适当加大种兔的兔笼面积，产仔箱可悬挂笼外，以利种兔在笼中运动。

5. 夏季防暑防潮，冬季防寒防冻　肉兔夏天最怕潮湿闷热，舍温超过25℃食欲就会下降，影响繁殖。因此，在梅雨高温季节到来时，应做好防暑防湿工作，及时打开门窗通风，运动场应搭凉棚，多喂些块根、块茎、瓜类等凉爽饲料，勤饮凉水，加盐少许。梅雨季节，兔发病率高，必须防潮，运动场铺干砂，舍内撒石灰、草木灰等。这一季节，公兔要停止配种，毛兔及时剪毛以利散热。冬季要堵死北窗，夜间门窗要挂草帘，迎风口处架设防风障，坚持饮温水。

6. 建立防疫制度，搞好防疫灭病　为了发展肉兔生产，尽量减少或杜绝患病的机会，每个养兔场都要有适合自己实际情况并行之有效的卫生防疫制度。加强防疫，定期注射疫苗，每日要认真观察兔的健康、食欲、粪便等，做到无病早防，有病早治，对患有球虫病、疥癣、口腔炎、肺炎、脓肿等病兔，必须隔离饲养，对其用具、笼舍要严格消毒。若能常年坚持用火焰消毒兔笼、饲养用具等，会收到较好的防疫效果。

二、不同生理阶段肉兔的饲养管理

（一）种公兔的饲养管理

饲养种公兔的目的是用于配种，并获得数多质优的后代。其质量好坏一方面直接影响母兔的受胎率和产仔数，另一方面极大影响其后代的生活力和质量。俗话有“母兔好，好一窝；公兔好，好一坡”的说法。因此，种公兔的饲养管理十分重要，这直接关系到兔场的生存和发展。

1. 种公兔的饲养　种公兔的饲养要求是：一要发育良好，体格健壮，不肥不瘦，膘情达到种用膘度（8成膘）；二要性欲旺盛，配种能力强；三要精液品质好，数量多，与配母兔受胎率高。这叫做“父强子壮，母大子肥”。对种公兔自幼就要进行选择和培育。

（1）种公兔的日粮营养水平应较高、全面、平衡及相对稳定　因为公兔的配种能力主要取决于精液的数量和品质，而精液的品质与公兔的营养有密切关系，特别是蛋白质、维生素和矿物质对保持精液品质有着重要作用。蛋白质供应不足时，公兔射精量和精子数量显著下降；维生素含量缺乏时，精子的数目减少，异常的精子多，小公兔日粮中缺乏维生素易导致生殖器官发育不全，睾丸组织退化，性成熟延迟；钙缺乏时，会引起精子发育不全，活力降低，公兔四肢无力，磷缺乏也会影响精液品质。养兔实践表明，非配种期种公兔的日粮中蛋白质含量需达到16%～17%，日投青绿饲料500～800克，精料50～100克。配种期日粮中蛋白质含量需达到17%～19%，日投青绿饲料500～700克，精料100～150克。种公兔配种期如加喂适量的豆饼、豆渣、苜蓿等富含蛋白质的饲料，以及加喂胡萝卜、大麦芽、青草等富含维生素的饲料，精液品质可以提高。特别是在配种旺季，更要保证种公兔较高的营养水平，每日如能加喂1/4～1/2枚鸡蛋或5克左右鱼粉或牛、羊奶等，对改良精液品质大有好处。此外，利用提高饲料中的营养水平来提高精液的品质20天后才可见效，因此在配种期到来之前20天就要提高种公兔日粮中的营养水平。

（2）注意饲料品质　要培育一只好的种公兔，从小到大都不宜喂给容积大、水分过多、难消化的饲料，特别是幼年期，如全喂青饲料，不仅兔的增重慢，成年体重小，而且精液品质差，同时会增加消化道负担，引起腹大下垂，配种困难。

（3）对种公兔实行限制饲养　要对种公兔实行限制饲养，防止种公兔过肥导致性欲减退，精液品质下降，影响配种效果。限制饲养的方法有两种：一种是对采食量进行限制，即混合饲喂时，补喂的精饲料混合料或颗粒饲料每只兔每天不超过50克，自由采食颗粒饲料时，每只兔每天的饲喂量不超过150克；另一种是对采食时间进行限制，即料槽中一定时间有料，其余时间只给饮水，一般料槽中每天的有料时间为5小时。同时，要定期称重，要求配种季节每月称重 1 次，非配种季节一季度称重 1 次，根据体重变化来调整饲料配方，使种公兔保持种用膘度和旺盛性欲。

2. 种公兔的管理 种公兔的管理与饲养同等重要，管理不善也会影响公兔的配种能力和种用价值。种公兔的管理要做到以下几点：

（1）做好选种工作 对种公兔自幼就进行选育，3 月龄时对种公兔进行一次选择，将发育良好、体质健壮、符合品种要求的个体留下，其余的公兔去势育肥。达到性成熟时对参与配种的种公兔再进行一次严格选择，选留品种纯正、生长发育良好、体格健壮、性欲旺盛、精液品质优良的公兔，选留公兔的数量要留有补充。进入使用阶段，应经常不断地对品质差的个体进行淘汰，不断用青壮年兔代替老年兔。一般兔场青年、壮年、老年兔的比例为 3∶6∶1，如此的兔群结构可保证后代的健壮。

（2）青年兔适时初配 种公兔达到性成熟后，方可进行配种。过早或过晚初配都会影响性欲，降低配种能力。一般种公兔的体重达到该品种成年兔体重的 70%时开始配种，大型品种兔的初配年龄是 8～10 月龄，中型品种兔为 5～7 月龄，小型品种兔为 4～5 月龄。初配公兔要进行调教，选择发情正常、性情温驯的母兔与其配种，使其能顺利完成初配。

（3）加强运动 种公兔每天应放出运动 1～2 小时，以加强血液循环，提高消化机能，促进新陈代谢，增强食欲，提高精液品质。饱食而终日不运动的公兔，饲养水平再高也不能获得高质量的精液，只能过于肥胖，失去种用价值。

（4）单笼饲养，防止早配 因公兔的好斗性强，群居性差，多只公兔混养时，常出现咬架、互相爬跨等现象，并因此导致伤残。因此，后备公兔和种公兔应单笼饲养。肉兔一般 3～4 月龄达到性成熟，但还未达到体成熟阶段，为了避免早配，3 月龄将公、母兔分开饲养，并注意选留和淘汰。

（5）建立合理的配种制度 合理使用种公兔，可延长使用年限，保证其健康，提高繁殖率。一般壮年兔每周配种4～5天，每天1～2次；青年和老年兔每周不超过4～5次。配种次数过多，公兔体质、精液品质降低，使用年限缩短；配种次数过少，会加大种公兔的饲养量，增加生产成本，有时还会导致公兔体重过大、过肥，繁殖机能降低。因此，使用公兔要因体质、体况及年龄的不同，合理使用。种公兔的利用年限为3年，最多不超过5年。做到四不配：喂料前后半小时之内不配，种公兔换毛期间不配，种公兔健康状况欠佳时不配，天热没有降温设施不配。

（6）换毛期内不配种 因为换毛期间，营养消耗过多，体质较差，此时配种会影响兔体健康和受胎率。

（7）做好防暑降温工作 种公兔舍内温度最好保持在10～20℃，过热或过冷对种公兔性能及精液品质都有不良影响。

（8）做好记录，建立档案 对参与配种的公兔，每次配种后要进行记录，包括配种时间、与配母兔、母兔的产仔情况及仔兔的生长发育情况等，以便于后代的选种和淘汰。

（二）种母兔饲养管理

种母兔是兔群的基础，饲养的目的是提供数量多、品质好的仔兔。种母兔的饲养管理可分为空怀期、怀孕期和哺乳期三个时期。这三个时期的生理状况有着明显的差异。因此，在饲养管理上应根据各阶段的特点采取相应的饲养管理措施。

1. 空怀期的饲养管理

（1）空怀期的饲养 空怀母兔是指仔兔断奶到再次配种怀孕这段时间的母兔。经过40～50天的哺乳，体内营养消耗很大，身体比较瘦弱。养好空怀母兔，首先要抓好增膘复壮工作，以保证正常发情，多排卵，排壮卵，提高受胎率，增加产仔数和成活率。母兔空怀的长短视繁殖密度而定，如年产4胎，每胎休产期为10～15天；如年产7胎以上，就没有休产期。

空怀母兔应以优质的青饲料为主，适当搭配精料，使其维持中等营养，具有繁殖体况（7成膘），能够正常发情。若母兔过肥，卵巢和输卵管周围沉积大量脂肪，阻碍卵细胞发育，甚至不发情或出现发情，经交配后仍不排卵、排卵困难、少排卵等，严重时可以导致不育；过于瘦弱也不会发情，即便勉强受胎，也易产小仔、弱仔或产后无奶。春季应尽量提前喂青草、野菜。早春挖草根、野菜，用柳树芽、榆树钱喂空怀母兔，能促进母兔发情。有条件时，喂些胡萝卜、麦芽类饲料效果更好。冬季一般给予优良干草、豆渣、块根类饲料，再根据营养需要适当地补充精料，还要保证供给正常生理活动的营养物质。但配种前15日应转换成怀孕母兔的营养标准，使其具有更好的健康水平。对于过瘦母兔应在配种前15天左右增加精料喂量，迅速恢复其体膘；对于过肥母兔应减少精料喂量，增加运动量；对于长期不发情的母兔除应改善饲养管理条件外，还可采用人工催情。

（2）空怀期的管理　在管理上要给空怀母兔创造适宜的环境条件，做到兔舍内空气流通，兔笼与兔体要保持清洁卫生，温度、湿度要合适，光照要充分，保证光照时间在16小时以上，并加强运动。笼养母兔此时可放到室外运动场随意活动，接受阳光照射。长期不发情的母兔，可和公兔一起放入运动场让公兔追逐，以刺激发情。还可用孕马血清促性腺激素（PMSG）催情，一次肌内注射100国际单位（1毫升），一般2～3天后即可发情。

为了提高笼具的利用率，母兔在空怀期可实行群养或2～3只母兔在同一只兔笼中饲养。但饲养管理人员平时必须注意观察，对有发情表现的母兔，及时安排配种。母兔在妊娠期和哺乳期不适于注射疫苗和投喂药物。因此，这些工作应尽量集中在母兔的空怀期进行。

2. 妊娠母兔的饲养管理　妊娠期是指配种怀胎到分娩的一段时间，一般为29～32天。在怀孕期间，母兔除维持本身生命活动外，胚胎、乳腺和子宫的增长、代谢增强等方面都需要消耗

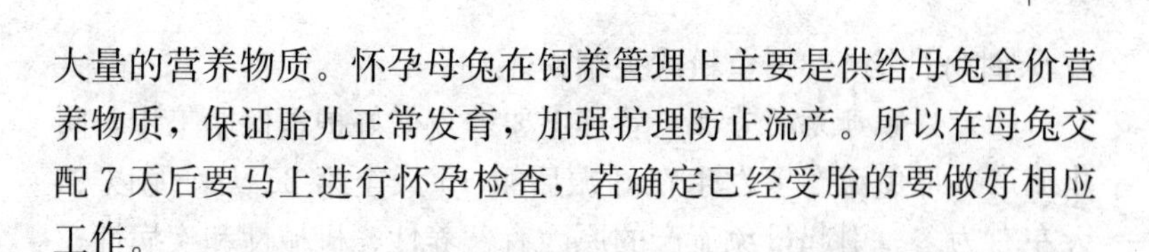

大量的营养物质。怀孕母兔在饲养管理上主要是供给母兔全价营养物质，保证胎儿正常发育，加强护理防止流产。所以在母兔交配7天后要马上进行怀孕检查，若确定已经受胎的要做好相应工作。

（1）妊娠母兔的饲养　饲养妊娠母兔，首先要供给全价营养物质，根据妊娠母兔的生理特点和胎儿生长发育规律，可将母兔的整个怀孕期分为三个阶段：即前12天为胚胎期，13～18天为胎前期，19～30天为胎儿期。在前两期，因胎儿生长速度很慢，所以饲养水平可稍高于空怀母兔即可；在胎儿期，因胎儿生长速度很快，需要营养物质较多，故饲养水平要比空怀母兔高1～1.5倍。

研究表明，体重3千克的母兔怀孕期胎儿和胎盘的总重量约660克，其中干物质约122克，在干物质中蛋白质为69克，占56%，矿物质13克，占10.5%。增重1克蛋白质需要消化能0.04兆焦。因此，必须满足怀孕母兔对蛋白质、能量、矿物质的需要，在饲料中，全部蛋白质含量应达到15%，消化能应在10.46～12.1兆焦/千克，钙、磷分别不低于0.8%和0.5%。

膘情较好的母兔，采用先青后精的方法，即妊娠前两期以青绿饲料为主，每天每只饲喂800～1 000克，另外可补喂混合精料35～40克、骨粉1.5～2克、食盐1克，到妊娠后期要适当增加精料喂量，以满足胎儿生长的需要；对于膘情较差的母兔则采用“逐日加料”的饲养法，妊娠15天开始增加精料的喂量。每天每兔除喂给青绿饲料600～800克外，还应补喂混合精料50～70克、骨粉2～2.5克、食盐1克，以迅速恢复体膘，满足母兔本身和胎儿生长的需要。对即将临产的母兔，产前3天减少精料的喂量，产后3天精料减少到最低或不喂精料，可以减少乳房炎和消化不良等疾病的发生。除按日粮饲喂外，夏、秋季应尽可能给予新鲜的苜蓿、紫穗槐等豆科牧草，冬季应补喂胡萝卜和麦芽，保证维生素A和维生素E的需要。有条件的可在妊娠20～

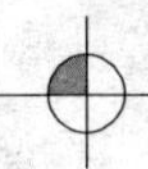

27天时每日给予3%鱼粉或蚕蛹粉。

(2) *妊娠母兔的管理* 管理上要着重做好护理保胎工作，防止流产。母兔流产多发生在妊娠后第15天至第25天，尤以25天左右为多。引起母兔流产的原因有营养性、机械性和疾病性三种。营养性流产多因饲料营养价值不全，突然改变饲料，或饲喂发霉变质饲料等引起。机械性流产多因捕捉、突然声响、骚动、挤压、摸胎方法不当等引起。疾病性流产多因巴氏杆菌病、沙门氏菌病、密螺旋体病及其他生殖器官疾病等引起。为了防止流产的发生，必须对妊娠母兔做好护理工作。保证饲料的质量，保持饲料的相对稳定，如要增减喂量、变换饲料或引入新饲料，应采取逐渐更替的方法，以便肉兔的消化机能逐渐适应，不喂发霉变质的饲料；必须单笼饲养，以防挤压；不要无故捕捉、训斥、惊吓母兔；捕捉母兔摸胎时动作要轻，切忌粗鲁；保持环境安静和卫生；饲料要清洁、新鲜，不应任意更换；发现病兔及时隔离、治疗。另外，在生产上一旦发生了流产，决不能掉以轻心，置之不理，要找出原因，及时采取针对性的有效措施。

(3) *做好产前准备工作* 兔场母兔大多是集中配种，集中分娩。因此，最好将兔笼进行调整，对怀孕已达25天的母兔均调整到同一兔舍内，以便于管理；兔笼和产箱要进行消毒，消毒后的兔笼和产箱应用清水冲洗干净，消除异味，以防母兔乱抓或不安。一般在临产前3～4天就要准备好产仔箱，经清洗、消毒后在箱底铺垫1层晒干、敲软的稻草，临产前1～2天将产箱放入笼内，让母兔熟悉环境，便于衔草、拉毛做窝。产房要有专人负责，冬季室内要保温，夏季要防暑、防蚊。

3. 母兔产后护理

(1) *产后母兔急需饮水* 在产仔前备足清洁饮水并放少许盐，或喂些麸皮粥、米汤及鲜嫩的青草。产后没水喝或喝水不足，母兔口渴，容易出现将仔兔咬死或吃掉仔兔的现象，在管理上应重视这一点，否则易造成食仔癖。母兔产仔完毕，管理人员

将手洗净，以消除手上的污物和异味，再将产仔箱轻轻取出，重新理巢，将箱内污毛、死胎及污草取出，清点产仔数，记录健康及初生重等情况。为了防止发生母兔乳房炎、阴道炎、仔兔脓毒败血症，在产后3天内，每日喂母兔0.5克磺胺嘧啶片。

（2）防止母兔吃仔兔 母兔吞食仔兔是一种生理机能失调、新陈代谢紊乱而引起的综合性病理现象。归纳起来有以下5种情况。

①母兔分娩后口渴难忍，急需清洁的温水或淡盐水，如无水可喝，母兔可能咬吃仔兔解渴。因此，母兔产仔后要及时供水（淡盐水、温米汤、麸皮汤、豆浆等）。

②仔兔身上有异味，也能使母兔吃掉仔兔。因此，产仔箱内不要用带有异常气味的棉絮或破布做窝。管理人员也不要随便拿仔兔，如需移动仔兔，最好戴上消毒的手套。

③母兔严重缺少蛋白质、矿物质或维生素类饲料时，也能咬吃仔兔。因此，对怀孕和哺乳的母兔，要注意饲料营养全面。

④母兔在分娩或哺乳仔兔过程中，突然受惊吓或周围噪声很大，易咬死仔兔。因此，兔舍周围要保持安静，特别是防止犬、猫、猪等动物进入兔舍。

⑤母兔有吞吃仔兔的恶癖，这种母兔应及时淘汰。

（3）母兔产死胎、畸形胎的原因

①营养因素 妊娠母兔营养不良，妊娠中后期，胎儿生长快的时候，母兔日粮中蛋白质、矿物质、维生素（特别是胡萝卜素和维生素E）缺乏，导致胎儿发育中止而死亡，或产弱胎、软胎、僵胎等。另外，兔采食发霉变质、腐烂饲料及各种毒草，或采食酸度过高的青贮料，都会影响胎儿正常发育。

②繁殖障碍 公、母兔患严重梅毒病、恶性阴道炎、子宫炎，常引起胚胎流产或胎儿死亡。

③近亲繁殖 有些养兔户不注意更换种兔，长期近亲繁殖，使后代退化，严重时出现死胎，或产畸形胎。

④技术不熟练　操作粗鲁，将胎儿捏死于母兔腹中。分娩时期延长，造成胎儿窒息死亡。

4. 哺乳母兔的饲养管理　母兔自分娩到仔兔断奶这段时期称为哺乳期。哺乳期是负担最重的时期，饲养管理的好坏，对母兔、仔兔的健康都有很大影响。

（1）哺乳母兔的饲养　母兔在哺乳期，每天可分泌60～150毫升乳汁，高产母兔可达200～300毫升，甚至达到300毫升。兔乳汁营养特别丰富，其蛋白质和脂肪的含量比牛、羊奶高3倍多，矿物质高2倍多。兔乳汁中除乳糖含量较低外，蛋白质含量为13%～15%，脂肪含量12%～13%，无机盐2%～22%。

哺乳母兔为了维持生命活动和分泌乳汁，每天都要消耗大量的营养物质，而这些营养物质，又必须从饲料中获得。如果所喂饲料不能满足哺乳母兔的营养需要，就会动用体内贮存的大量营养物质，从而减低母兔体重，损害母兔健康，影响泌乳量。因此，哺乳母兔的饲养水平应高于空怀母兔和妊娠母兔，特别要保证足够的蛋白质、矿物质和维生素。哺乳母兔的饲喂应按季节来安排。夏、秋季以青绿饲料为主，混合精料为辅，每天可喂青绿饲料1 000～1 500克，混合精料50～100克；冬、春季每天每兔可饲喂优质干草150～300克，青绿、多汁饲料200～300克，混合精料50～100克。另外，在兔奶中水分含量高，要多出奶，还必须供给充足清洁的饮水，以满足哺乳母兔对水分的要求。

哺乳母兔的饲养效果可以根据仔兔的生长和粪便情况加以合理调整，泌乳旺盛时，仔兔吃饱后腹部胀圆，肤色红润光亮，安睡不动；如果母兔泌乳不足，则仔兔吃奶后腹部空瘪，肤色灰暗无光，乱爬乱抓，经常发出“吱、吱”叫声。另外，如产仔箱内清洁、干燥，很少有仔兔粪尿，说明哺乳正常。如果母兔和仔兔都消化不良，粪便稀软，则母兔饲喂量过多，仔兔吃奶过量，要及时减料；仔兔消化不良或下痢，多因给母兔饲喂了变质发霉饲料引起；如产仔箱内积留尿液过多，是因饲给母兔的饲料中含水

分过多引起，应减少多汁饲料的喂量；粪便过于干燥，由于母兔饮水不足造成，应增加饮水。

（2）*哺乳母兔的管理*　母仔分开饲养，定期哺乳。即平时将仔兔从母兔笼中取出，安置在适当的地方，哺乳时把仔兔送回母兔笼内，分娩初期可每天哺乳2次，即早、晚各1次，每次10～15分钟，20日龄后可每天1次。母仔分开饲养的优点是：能及时了解母兔泌乳情况，减少仔兔吊奶受冻；掌握母兔发情状况，做到及时配种；避免母仔争食和仔兔干扰，增强母兔体质；减少仔兔感染球虫病的机会，培养仔兔独立生活的能力。

母兔产后1～2小时内就给仔兔喂奶，如母兔产后5～6小时还不喂奶，就要分析原因，采取相应措施。检查乳房，看是否有硬块，如有硬块通过按摩可使硬块变软；乳头是否有破损及红肿，发现有破裂时须及时涂擦碘酊或内服消炎药；经常检查笼底板及产箱的安全状态，以防损伤乳房或乳头。每天要清理兔笼舍，换除污染垫草，每周应消毒兔笼，以保持其清洁卫生，防治乳房炎。引起母兔乳房炎的主要原因有：母乳太充盈，仔兔太少而造成乳汁过剩，可采用寄养法来解决；母乳不足，仔兔多，采食时咬伤乳头所致。所以要有针对性地加以及时防治，对于泌乳过多而产仔少者，可采取寄养法；对于奶水不足的母兔，可加喂黄豆、米汤或红糖水，也可喂给催乳片等方法，以增加母兔的泌乳量。

具体用法用量如下：加喂“催乳片”，每天2次，每次1～2片，连喂3天。或将蚯蚓烤干磨成粉后拌入饲料饲喂；使用能通奶的中药如木通；加喂黄豆、米汤或红糖水；豆浆200克煮沸，待凉后，加入捣烂的大麦芽50克，加红糖5～10克，混合饮水，每天1次；芝麻一小把，花生米10粒，食母生3～5片，捣烂后饲喂，每天1次；夏季多喂蒲公英、苦荬菜、莴笋叶，冬、春季多喂胡萝卜、南瓜等多汁饲料。

提供舒适的环境。做到安静、清洁、干燥和温暖。严防噪音、动物闯入、陌生人接近及无故搬动产箱和拨动其仔兔，做到人员固定、笼位固定及饲养管理程序固定，避免一切应激因素，以免产生不良后果。

（三）仔兔的饲养管理

1. 仔兔的生理特点　从出生到断奶这一时期的小兔称为仔兔，仔兔有如下特点：

（1）*体温调节能力差*　仔兔出生时全身无毛，保温能力差，体温调节能力不健全，受外界温度变化影响大。一般4天长出茸毛，10天后才能保持体温恒定，其最适环境温度是30～32℃。

（2）*视觉和听觉发育不完善*　仔兔7天前封耳，不能听到外面的动静；12天前闭眼，不能看到外面的世界，除了吃就是睡，缺乏防御能力。

（3）*适应性差、抵抗力弱*　仔兔的适应性较差，抵抗各种不良环境和疾病的能力弱，一旦发病，难以控制，导致成活率降低。所以应特别注意饲养管理，尤其要注意卫生条件，防止感染各种疾病。

（4）*生长发育快*　仔兔出生重一般为40～65克，在正常情况下，7日龄时达130～150克，30日龄时达500～750克。仔兔增重快的原因，一是兔奶的营养平衡，干物质含量高，仔兔吃进的奶几乎全被消化吸收；二是因其消化道较长，乳汁在其中停留的时间较长，可得到充分的消化吸收。

2. 不同阶段仔兔的饲养管理

仔兔期的工作重点是提高仔兔成活率和断奶体重。根据仔兔生长发育的特点，可分为睡眠期和开眼期两个生理阶段，在饲养管理上各有特点。

（1）*睡眠期的饲养管理*　指从出生到睁眼的时期，一般为12～14天。刚出生的仔兔，体表无毛，眼睛紧闭，耳孔闭塞，体温调节能力差，消化器官发育尚不完全，如护理不当，很容易死亡。睡眠期仔兔所需营养完全由母乳供给，饲养管理的关键是

保证仔兔早吃奶、吃好奶，防止兽害及其他意外伤亡，避免黄尿病的发生。

睡眠期的仔兔，生长发育快，初生重仅45～60克，1周龄体重可增加1倍左右，10日龄体重可达到初生重的3倍以上。因兔奶营养丰富，又是仔兔初生时生长发育的直接来源，所以应保证初生仔兔尽早吃到初乳。母兔分娩后1～3天内所分泌的乳汁叫初乳，它的营养成分含量与常乳相比有明显的不同，含有丰富的镁盐和免疫球蛋白。镁盐有轻泻作用，免疫球蛋白可提高机体免疫力。因此，初乳适合仔兔生长快、消化力弱的特点。让仔兔早吃奶、吃足奶，是减少仔兔死亡，提高仔兔成活率的主要环节。

一般母兔生后1～2小时就应给仔兔喂完第一次奶。因此，在仔兔出生后5～6小时必须检查母兔的哺乳情况，看仔兔是否吃上奶、吃足奶。发现有未吃上奶的仔兔，要及时让母兔喂奶。对拒绝给仔兔哺乳的母兔，需将其固定在产仔箱内，使其保持安静，随后将仔兔分别放在母兔的每个乳头旁，让其自由吸吮，每天强制4～5次，一般经3～5天，母兔可自动哺乳。在生产实践中，初生仔兔吃不到奶的现象常会发现，这时必须查明原因，针对具体情况，采取有效措施。

①寄养　一般泌乳正常的母兔可哺育仔兔6～8只，但母兔每胎产仔数差异很大，如每胎平均5～7只，而多的达10只以上，少的仅1～2只，或母兔患乳房炎不能哺养，故调整寄养仔兔是非常必要的。方法是并窝时先将母兔移开，将寄养仔兔放于巢箱内与原窝仔兔混杂，在仔兔身上涂上寄养母兔的尿液，以防母兔咬伤或咬死；也可在母兔鼻端涂些清凉油或大蒜汁，最后把仔兔放进各自的巢箱内，并注意母兔哺乳情况，防治意外事情发生。调整仔兔时，必须注意：两个母兔和它们的仔兔都是健康的，被调仔兔的日龄和发育与其母兔的仔兔大致相同，要将被调仔兔身上粘上的原巢箱内的兔毛剔除干净。在调整前先将母兔离

巢，被调仔兔放进哺乳母兔巢内，经 1～2 小时，使其带新巢气味后方可将母兔送回原巢内。仔兔的寄养应尽量防止血统混乱，可选择不同毛色、不同品系或品种间相互寄养。也可采用一分为二哺乳法．即将体弱的早上哺乳，体强的晚上哺乳，或体弱的一天哺乳 2 次，但母兔的营养必须有保证。

②人工哺乳　如母兔患病、死亡或缺乳，而又找不到保姆兔时，可采用人工哺乳的办法。哺乳器可用注射器、玻璃滴管、小眼药瓶等，在其嘴上接上一段细橡皮管（气门芯）即成。用前煮沸消毒，用后及时冲洗干净。哺乳时应注意乳汁的温度、浓度和给量。若给予鲜的牛、羊奶，开始时可加入 1～1.5 倍的水，一周后混入 1/3 的水，半个月后可喂全奶，也可用豆浆、米汤加适量食盐代替。温度夏季应掌握在 35～37℃，冬季 38～39℃。喂乳时，将哺乳器放平，使仔兔吮吸均匀，每次喂量以吃饱为限，每天喂 1～2 次。乳汁浓度可通过观察仔兔的粪、尿情况来判断。如尿多，说明乳汁太稀；如尿少，粪油黑色，说明乳汁太稠，要做适当调整。

③防止“吊乳”　“吊乳”是养兔生产实践中常见的现象之一。主要原因是母兔乳汁少，仔兔不够吃，较长时间吸住母兔的乳头，母兔离巢时将正在哺乳的仔兔带出巢外；或者母兔哺乳时，受到骚扰，引起恐慌，突然离巢。吊乳出巢的仔兔，容易受冻或踏死，所以饲养管理上应小心，当发现有吊乳出巢的仔兔，应马上将仔兔送回巢内，并查明原因，及时采取措施。如是母兔乳汁不足引起的“吊乳”，应调整母兔日粮，适当增加饲料量，多喂青料和多汁料，补以营养价值高的精料，以促进母兔分泌出质好量多的乳汁，满足仔兔的需要。如果是管理不当引起的惊慌离巢，应加强管理，积极为母兔创造哺乳所需的环境条件，保持母兔圈舍环境安静。

④减少意外伤亡　仔兔常见的意外伤亡有冻死、母兔咬死、鼠害等。初生仔兔的抗寒能力很差，易引起受冻死亡，故一般应

将仔兔保温室的温度保持在 20～25℃，如发现有仔兔掉到产仔箱外，应及时送回，若仔兔全身冰凉冻僵，可采用保温抢救措施。其方法是：把仔兔放入 40～45℃温水中，露出口鼻并慢慢摆动，当仔兔“吱吱”叫或四肢乱蹬时，取出用毛巾擦干，放回原窝；也可把被冻着的仔兔放入产箱，箱顶离兔体 10 厘米左右吊一灯泡（25 瓦）或红外线灯，照射取暖，效果很好。兔舍保持安静，防止母兔食仔，对有食仔恶癖的母兔，将仔兔与母兔分开。地面应封闭较严，防止老鼠。

（2）开眼期的饲养管理　开眼期指仔兔从睁开眼到断乳这段时期。开眼的迟早与仔兔的发育和健康状况有关。发育良好又健康的仔兔，一般在 11～12 天就开眼，仔兔若 14 天后才开眼，说明营养不足，体质差，容易生病，对它要精心护理。有的仔兔仅睁开一只眼，而另一只常被眼屎粘住，应及时用脱脂棉蘸上温开水轻轻拭去眼屎，然后用手轻轻分开眼睑，再点少许眼药水，过一段时间即可恢复正常。若不及时处理，易形成大小眼或致瞎。

仔兔睁眼后，表现非常活跃，会在产仔箱内活蹦乱跳，数日后跳出产仔箱，叫做出巢。出巢早晚与母兔的母乳情况有关，母乳少的出巢早，母乳多的出巢晚。此时，由于仔兔体重日渐增加，母兔的乳汁已不能满足仔兔的需要，常紧追母兔吸吮乳汁，所以开眼期又叫追乳期。这个时期的仔兔要经历从完全依靠母乳提供营养逐渐转变为依靠采食饲料和饲草为主的过程。由于仔兔的消化器官仍未发育健全，如果转变太突然，容易引起消化道疾病而死亡。在这段时期，饲养管理的重点应放在仔兔的补料和断奶上，做好这项工作，就可以促进仔兔健康生长。

开眼期的仔兔是比较难养的时期，在管理方面应抓好以下几项工作。

①仔兔开眼时要逐个检查，发现开眼不全的，可用药棉蘸取温开水洗净封住眼睛的黏液，帮助仔兔开眼。

②仔兔睁开眼后，生长发育很快，而母乳开始逐渐减少已满

足不了仔兔营养需要，故必须抓好补给饲料关。仔兔开食后要制作能防止仔兔进入饲槽的专用补给饲料槽，或饲喂后立即将料槽取出，以防粪尿污染料槽，可减少发病的机会。补给饲料时间在15日龄左右，仔兔开始出巢寻找食物时为宜。最初几日补给的饲料要少而营养丰富，并且容易消化，如豆浆、豆渣或切碎的幼嫩青草、野菜、菜叶等，最好给予全价配合饲料。20日龄后逐渐混入少量精料，例如麦片、麸皮、少量木炭粉、维生素、无机盐以及大蒜、洋葱等消炎、杀菌，以预防球虫、增强体质、减少疾病。仔兔胃小，消化力弱，但生长发育快，根据这些特点，补给饲料要由少到多，少喂多餐，每天最好5～6次，每次份量要少一些。在开食初期哺以母乳为主，饲料为辅；30日龄后逐渐转为以饲料为主，不宜喂给仔兔青绿多汁饲料，青绿多汁饲料易引起腹胀、腹泻而死亡。在过渡期间，要特别注意缓慢转变的原则，使仔兔逐步适应，才能获得良好的效果。

③防止疾病　仔兔开食时，往往会误食母兔粪便，极易染上球虫病。在仔兔开食期间，为了避免仔兔误食粪便，保证仔兔健康和发育正常，应实行母仔分开饲养、定时哺乳的方法。在仔兔开眼前，母兔泌乳性能好的，每天哺乳1次，到追乳期每天2次，间隔12小时。同时，仔兔开食后粪便增多，要经常更换垫草，保持产仔箱内清洁干燥，也可洗净或更换产仔箱。并注意在炎热潮湿环境下，定期投喂抗球虫药物，如氯苯胍、磺胺类药物。仔兔出生后的1月内容易患黄尿病，其原因是母兔患乳房炎，奶汁中含有金黄色葡萄球菌，当仔兔吃后发生急性肠炎，尿液呈黄色，并排出腥臭味黄色稀粪，沾污后躯。患黄尿病的仔兔外观体弱无力，被毛缺乏光泽，皮肤灰白，死亡率极高。为了避免黄尿病的发生，首先应搞好母兔的饲养管理，保证母兔健康无病，笼舍内外经常消毒，饲料要卫生清洁，营养要平衡、保证乳汁的正常分泌。一旦发现母兔患有乳房炎，应及时采取寄养或人工哺喂仔兔，并采取积极措施予以治疗。仔兔患黄尿病后，应立

即隔离，并采取治疗措施，如注射青霉素、卡那霉素或投喂磺胺类药物。

④仔兔开食后，粪便增多，要常换垫草，并洗净或更换巢箱。否则，仔兔睡在湿巢内，对健康不利。要经常检查仔兔的健康情况，察看仔兔耳色，如耳色桃红，表明营养良好；如耳色暗淡，说明营养不良。据实践经验，此时仔兔不宜给含水分高的青绿饲料，否则容易引起腹泻、胀肚而死亡。

⑤抓好仔兔的断奶　仔兔在断奶前要做好充分准备，如断奶仔兔所需用的兔舍、食具、用具等应事先进行洗刷与消毒，断奶仔兔的日粮要配合好。小型仔兔40～45日龄、体重500～600克，大型仔兔40～45日龄、体重1 000～1 200克，就可断奶。过早断奶，仔兔的肠胃等消化系统还没有充分发育形成，对饲料的消化能力差，生长发育会受影响。在不采取特殊措施的情况下，断奶越早，仔兔的死亡率越高。根据实践观察，30天断奶时成活率仅为60%，40天断奶时成活率为80%，45天断奶时成活率为88%，60天断奶时成活率可达92%。但断奶过迟，仔兔长时间依赖母兔营养，消化道中各种消化酶的形成缓慢，也会引起仔兔生长缓慢，对母兔的健康和每年繁殖次数也有直接影响。因此，仔兔的断奶应以40～45天为宜。仔兔断奶时间要根据全窝仔兔体质强弱而定。若全窝仔兔生长发育均匀，体质强壮，可采用一次断奶法，即在同一日将母子分开饲养。离乳母兔在断奶2～3天内，只喂青料，停喂精料，使其停奶。如果全窝体质强弱不一，生长发育不均匀，可采用分期断奶法。即先将体质强的分开，体弱者继续哺乳，经数日后视情况再行断奶。如果条件允许，可采取移走大母兔的办法断奶，避免环境骤变，对仔兔不利。

⑥抓好仔兔的管理　刚断奶后的仔兔常表现不安、胆小、食欲降低、生活力下降。尽量做到饲料、环境、管理及人员三不变，以防发生各种不利的应激因素，导致疾病的发生。

（四）幼兔的饲养管理

幼兔是指断奶到3月龄左右的小兔称为幼兔。这一时期的肉兔生理特点是正处在生长发育的高峰期，新陈代谢旺盛，贪食，但是其消化器官仍处在不完善阶段，消化功能低，加上断奶后饲养条件发生了很大的变化，所以断奶后3周内很容易患病死亡，此为生长兔的第二死亡高峰。因此这一时期饲养管理非常重要。对刚断奶的幼兔要做到“两维持、三过渡”，即断奶应维持原笼饲养、断奶后应维持断奶前的饲料。三过渡是饲料、饲养制度、饲养环境随着幼兔的日龄增加而逐渐过渡。

1. 幼兔的饲养 幼兔饲料应体积小、易消化、营养丰富、适口性好、粗纤维含量较低。精料应以麸皮、豆饼、玉米等配合成高蛋白混合料，并加入少量的苜蓿草粉。青饲料应青嫩、新鲜，不要喂给含粗纤维高的饲料。饲喂上要定时定量，少喂勤添，并结合观察兔粪软硬，消化好坏，将喂量进行合理的调整。一般青料每天可喂3次，精料每天可喂2次，对体弱的和留作种用的幼兔，在其日粮中拌入适量的牛、羊奶或奶粉效果更好，可提高成活率。

2. 幼兔的管理

（1）合理分群 幼兔应按体质强弱、日龄大小、品种、年龄、性别进行分群。笼养时每笼以4～5只为宜，群养时可8～10只组成小群，太多会拥挤而影响发育。后备种用幼兔，断奶时要进行第一次选种鉴定、打耳号、称重、分群，并登记在幼兔生长发育卡上。对体弱有疾病的幼兔还要单独饲养，仔细观察，精心管理。

（2）定期称重 每隔10～15天称重1次，以便及时掌握兔群的生长情况。如生长发育一直很好，可留作后备兔；如体重增加缓慢，则应单独饲养，注意观察，并及时填写生长发育记录（表7-3）。对4月龄左右的公、母兔要进行选留饲养，如留种则进行培育，否则应作商品兔用。

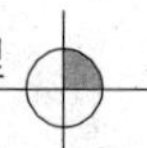

表 7-3　兔生长发育记录表

类别	3周龄	4周龄	6周龄	3月龄	4月龄	5月龄	6月龄	7月龄
体重								
体长								
胸围								

（3）*加强运动*　幼兔爱活动，是长肌肉、长骨骼的旺盛时期，需要增加运动量，接触阳光和新鲜空气。笼养幼兔每天可放出运动 2～3 小时，也可集群在大圈或有围墙的场地上放养。放养的幼兔体型大小应基本接近，体弱兔可单独放养。放养时，除刮风下雨外，春、秋两季早晨放出，日落入笼；冬季中午暖和时放出；夏季在早、晚凉爽时放出。运动场要在既有阳光照射、又有遮阳的地方。运动场要分格，每格 20～30 米^2，可放幼兔30～40 只。运动场上放草架、饲槽，让幼兔自由采食。炎热的天气还要放置饮水盒，以便幼兔口渴时饮用。幼兔放养时，要有专人管理，防止互斗、兽害或逃跑。如遇天气突变，要尽快收回兔笼。

（4）*搞好卫生环境和消毒防疫工作*　断乳幼兔正是球虫病易感染发病的时期，应注意兔舍的环境卫生，保持兔舍清洁、干燥、通风，定期进行消毒，防止球虫病的发生。幼兔笼舍、运动场、食具也要经常打扫，保持干净。笼舍、运动场要通风、向阳、防暑、防寒。此外，按时打防疫针更不可忽视，除了注射兔瘟疫苗外，还要根据实际情况注射巴氏杆菌、魏氏梭菌及波氏杆菌等疫苗，确保兔群安全。定期驱虫，防止疥癣的发生与传播。

（5）*防止兽害*　野兽和鼠类对养兔业有威胁，每天工作结束要检查门窗是否关闭，洞穴是否已堵好，最好将幼兔放在中层或上层笼内。

（五）青年兔的饲养管理

从 3 月龄到初配这一时期的兔称为青年兔，或叫育成兔。留作种用的叫后备兔，其抗病力已大大增强，死亡率降低。是其一生中较容易饲养的阶段。

1. 青年兔的饲养 3月龄以前的幼兔期生长很快，中体型以上的品种90日龄体重即达2.5千克以上。青年兔达到性成熟后生长速度就减慢了，饲料营养水平是以维持自身生理代谢为目的，如果饲料营养过于丰富或投喂量过大，容易使其肥胖、种用性能降低。因此，日粮以青粗饲料为主，精料为辅。试验证明，用优质青饲料自由采食，平均日增重25.2克；颗粒饲料自由采食，日耗料127克，平均日增重36.8克；以青料为主，日喂颗粒饲料75克，平均日增重高达37.2克。

当然，以青粗饲料为主，同样要注意营养的全价性，蛋白质、矿物质和维生素都不能缺少。对计划留做种用的后备兔要适当限制能量饲料，防止过肥。此外，饲料体积不宜过大，以免肚皮撑大成草腹，丧失种用价值。

2. 青年兔的管理 从3月龄开始公、母兔已开始性成熟，为防止早配和乱配，公、母兔必须分开饲养。4月龄以上的公兔，准备留种的单笼饲养。对4月龄以上的公、母兔进行1次综合鉴定，重点是外形特征、生长发育、健康状况等指标。把鉴定选种后的后备兔分别归入不同的群体中，种兔群应是生长发育优良、健康无病、符合种用要求的青年兔；生产群中不留作种用的一律淘汰，用于育肥。4月龄左右的公兔如不留种，应及时去势，去势后的公兔可群养育肥，以便于管理和提高生产性能。肉兔去势后的增重速度可提高10%～15%。从6月龄开始训练公兔进行配种，一般每周交配1次，以提高早熟性和增强性欲，做到能适时配种利用。有条件的养殖户应为后备兔设置运动场，以加大运动量。

三、不同季节的饲养管理

开放式养兔，受季节气候的影响很大，尤其是盛夏酷暑及严

寒的三九天，对兔的影响极大。因此，一定要加强不同季节的饲养管理。总的要求是雨季防湿，夏季防暑，冬季防寒。春、秋季抓好配种繁殖。

（一）春季的饲养管理

1. 注意气温变化 春季的特点是南方多阴雨、湿度大、故兔病多；北方多风沙，早晚温差较大，也对养兔不利。春季饲养管理工作的重点是防湿、防病。由冬季转入春季为早春，此时的整体温度较低，以保温和防寒为主。每天中午适度打开门窗，进行通风换气。而由春季到夏季的过渡为春末，气候变化较为激烈。不仅温度变化大，而且大风频繁，时而有雨。此期应控制兔舍温度，防止气候骤变。平时打开门窗，加强通风，遇到不良天气，及时采取措施，为春季肉兔的繁殖和小兔的成活提供最佳环境。

2. 搞好春繁 大量的实验和时间证明，肉兔在春季的繁殖能力最强，公兔精液品质好，性欲旺盛，母兔的发情明显，发情周期缩短，排卵数多，受胎率高，是肉兔繁殖的最佳季节。此时配种受胎率高，产仔数多，仔兔发育良好，体质健壮，成活率高。应利用这一时期争取早配多繁。采用频密繁殖法，连产2～3胎后再行调整，所产仔兔秋后利用。但是，在多数农村家庭兔场，特别是在较寒冷地区，由于冬季没有加温条件，往往停止冬繁，公兔较长时间没有配种，造成在附睾里贮存的精子活力低，畸形率高，最初配种的母兔受胎率低。为此，可利用复配或双重配提高种公兔的应用效果，提高母兔受胎率和产仔率。

3. 抓好饲料关 春季青草逐渐萌发生长，由原来的干草转换为青草，肉兔的胃肠不能立即适应青饲料，因贪食易引起腹胀、腹泻，严重时造成死亡。因此，换青草必须逐渐过渡。同时注意饲料的品质，在春季肉兔发生饲料中毒事件较多，尤其是发霉饲料中毒，给生产造成较大的损失。不喂霉烂变质或夹带泥浆、堆积发热的青饲料，不喂烂菜叶等。此外，冬贮的白菜、萝卜等受冻或受热，发生霉坏或腐烂，也容易造成肉兔中毒；青饲料的饲喂上要注意先少后多。在阴雨潮湿天气要少喂青绿饲料，适当增喂干粗饲料。雨后收割的青绿饲料要晾干后再喂。饲料中最好拌少量大蒜、洋葱等杀菌、健胃饲料。母兔早春饲料应喂些富含维生素的饲料，如谷芽、麦芽、豆芽等，有利于促进发情和提高受胎率。

4. 防春季寒潮 春季气温极为不稳定，尤其是3月份，时有寒风和风雪，气温常忽高忽低，极易诱发肉兔感冒和患肺炎，特别是冬繁幼兔刚断奶，更是容易发病死亡，故要精心管理，严加防范，注意兔舍保温和通风及疾病的防治。

5. 预防疾病 春季万物复苏，各种病原微生物活动猖獗，是肉兔多种传染病的多发季节，防疫工作应放在首要的位置。①要注射有关的疫苗，兔瘟疫苗必须保证注射。其他疫苗可根据具体情况灵活掌握，如魏氏梭菌疫苗、大肠杆菌疫苗等。②将传染性鼻炎型为主的巴氏杆菌病作为重点。由于气温的升降，气候多变，会诱发肉兔患呼吸道疾病，应有所防范。③预防肠炎。尤其是断乳小兔的肠炎作为预防的重点。可采取饲料营养调控、卫生调控和微生态制剂调控相结合，尽量不用或少用抗生素和化学药物。④预防球虫病。春季气温低，湿度小，容易忽视了春季球虫病的预防。目前我国多数实行室内笼养，其环境条件有利于球虫卵囊的发育。如果预防不利，有暴发的危险。⑤有针对性地预防感冒和口腔炎等。前者应根据气候变化进行，后者的发生尽管不普遍，但在一些兔场年年发生，应根据该病发生的规律进行有效防治。⑥加强消毒。春季的各种病原微生物活动猖獗，应根据饲养方式和兔舍内的污染情况酌情消毒。

（二）夏季的饲养管理

夏季的气候特点是高温多湿。肉兔因汗腺不发达，常因天气炎热而引起食欲减退、抗病力降低，尤其对仔、幼兔威胁较大。此时是最难饲养的季节之一，故有“寒冬易度、盛夏难熬”

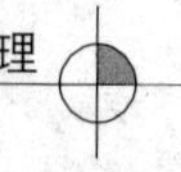

之说。

1. 防暑降温　夏季养兔的中心环节是防暑降温，应采取综合措施。兔舍应保持阴凉通风，不能让太阳光直接照射到兔笼上。露天兔场要及时搭建凉棚，在兔舍四周提前种植藤蔓植物如丝瓜、葫芦及葡萄等遮阳。向阳墙面可刷成白色。幼兔群养应降低密度。当兔笼内温度超过30℃时，可在地面泼水降温，但要避免高温高湿。室内笼养时可安装排风设备，以保持空气流通，温度适宜，防止肉兔中暑。要供给充足的饮水并保持水槽的清洁，最好是安装自动饮水器，时时都有清洁的饮水。可在饮水中加入1%～2%的食盐。以补充体液和防暑解渴；也可在饮水中加入0.01%的高锰酸钾，以防消化道疾病。

2. 精心饲喂　夏季中午炎热，肉兔大多卧伏不动，食欲不振，采食和活动集中在夜间，因此，饲喂时间和饲喂数量需加以调整，做到早餐早，中餐精而少，晚餐饱，夜间多喂青饲料，饲料中亦可适当加入一些预防球虫的药，如氯苯胍或磺胺药等。夏天气温高，湿度大，饲料极易发霉变质，每次喂料前要将上次剩下的饲料清除干净。

3. 搞好卫生，控制繁殖　夏季蚊蝇滋生，鼠类活动频繁，所以要消灭蚊蝇，堵塞墙洞。同时，做好兔舍内外的清洁卫生工作，及时清理粪尿，食槽及饮水器应每天清洗1次，笼内要勤打扫，地面经常用消毒药喷洒，自动饮水器、笼舍要定期消毒，饲料要防止发霉变质，配合饲料中可拌入切碎的洋葱、大蒜、韭菜等抗菌植物，做好疾病的预防工作。

据实践观察，在夏季不论什么用途或什么品种的肉兔，体重都要下降，母兔发情不正常，公兔精液品质低劣，死精子较多，若坚持配种，受胎率较低。因此，高温季节要停止配种繁殖，保护好公兔，可将公兔放养在凉爽的窑洞、地窖等地方，使其休息和恢复体质，到秋季再集中配种产仔，其经济效果较为理想。

（三）秋季的饲养管理

秋季气候转凉，饲料充足且营养丰富，是种兔繁殖和商品兔育肥的好季节。秋季的饲养管理重点是抓好秋繁。

1. 抓好秋繁工作 秋季气候适宜，阳光充足，饲料丰富，是肉兔的又一个繁殖黄金季节。一般表现为配种受胎率高，产仔数多，仔兔发育良好，体质健壮，成活率高。可在8月中旬进行配种繁殖，保证秋季繁殖2胎，并实行复配法，以提高配种受胎率。对商品兔要加料催肥。

2. 加强饲养管理 秋季是成年兔换毛季节，换毛期间兔消耗营养较多，食欲减退，体质较弱，母兔发情少，公兔性欲差。因此，必须加强饲养管理，多供应青绿饲料，并适当喂些蛋白质高的饲料；切忌饲喂露水草和雨后晾干的青绿饲料，以防引起肠炎、腹泻等消化道疾病。

3. 搞好卫生防疫 秋季早晚温差大，是兔疾病多发季节。特别是幼兔容易患感冒、肺炎、肠炎等疾病。应从饲料管理入手，加强常见病、寄生虫病，尤其是球虫等的防治，做好兔瘟、巴氏杆菌、魏氏梭菌等传染病的免疫接种工作。

4. 加强选种和草料贮备 春繁的后备兔在秋季要选定，选择繁殖力强、后代整齐的肉兔继续留作种用。选留优良后备兔用以补充种兔群。及早淘汰生产性能差或老、弱、病、残的肉兔。秋季又是农作物收获季节，饲草结籽，树叶开始凋落，应及时收贮藤蔓、树叶、豆荚等饲草，准备过冬饲料。若采收过晚，则茎叶老化，粗纤维含量增加，可消化养分降低，影响其饲用价值。作物秸秆、块根、块茎等饲料的收贮，也是很重要的。

（四）冬季的饲养管理

冬季气温较低，日照时间短，青绿饲料缺乏，给养兔带来一定困难。冬季饲养管理的重点是做好防寒保温和冬繁冬养工作。

1. 做好防寒保温工作 冬季气温低，兔舍温度并不要求很

暖和，而要求其相对稳定，不能忽冷忽热。否则肉兔易得感冒、腹泻等。兔舍要封闭好门窗、挂门帘、堵风洞，防止贼风侵袭。北方可在门窗外订一层塑料布保暖，因地制宜通过土暖气、太阳能、沼气炉、火炕或生火炉等办法保暖。室外养兔时，笼门上应挂好草帘，以防寒风侵入，或搭置简易的塑料大棚，既保暖又挡风。

2. 加强饲养管理，适当加料　冬季肉兔体能消耗较高，饲料喂量应比其他季节增加1/3。饲料中营养水平要保持较高的能量水平，提高能量饲料的比例，如玉米、大麦、高粱等。为防止维生素缺乏，要补喂青绿饲料如菜叶、胡萝卜、大麦芽等富含维生素的饲料。粉料要加入少量豆渣或糠麸，用温水拌湿后再喂，并做到少喂勤添，以防饲料结冰后食用。冬季夜长，要注意夜间补给饲料。仔兔产箱应勤换垫草，保持干燥。不论大小兔均应在笼内铺垫少量干草，以防夜间挨冻。冬季饲喂干草多，要供给温水。

3. 抓好冬繁冬养工作　这是提高肉兔产仔成活率和出栏率的重要措施之一。冬繁配种最好选在天气晴朗、无风、日暖的中午进行，做到适时配种。一般反映，冬季繁殖的仔兔生长快、体型大、体质健壮，最适于留作种用。

四、肉兔一般的管理技术

（一）捉兔方法

母兔发情鉴定，妊娠摸胎，种兔生殖器官的检查，疾病诊断和治疗，如药物注射、口腔投药、体表涂药、注射疫苗、打耳号等，都需要捕捉肉兔。在管理肉兔时，捕捉兔要讲究方法。方法不当，会造成疼痛、骨折和流产等意外事故。单手抓兔时，兔会感到疼痛而挣扎，易造成耳根损伤，导致耳朵下垂。因兔的后腿肌肉发达，善于跳跃，单抓后腿倒拎时，兔会剧烈挣扎，易造成骨折和后肢瘫痪；另外，兔不习惯头部向下，倒拎时其脑部充

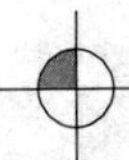

正确的捉兔方法

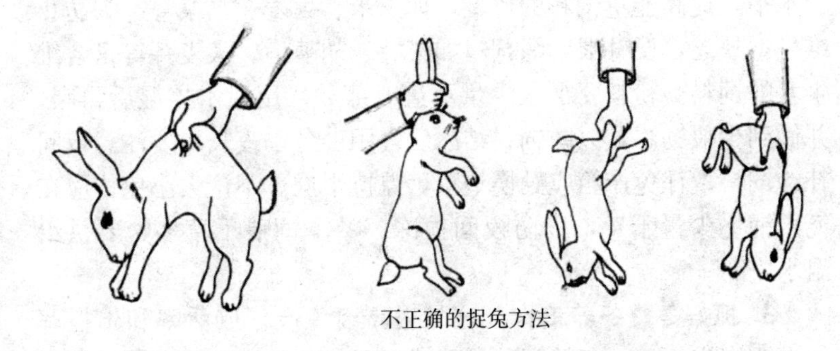

不正确的捉兔方法

图 7-1 捉兔方法

血，使头部血液循环发生障碍，严重时会导致死亡。单抓背部皮肤将兔拎起，易使皮层与肌肉脱开，同时会压迫和损伤内脏。这些抓兔方法都是不正确的。正确的方法是在捕捉前将笼子内的食具取出。先用手轻轻抚摸兔，使它勿受惊吓，待兔安静时，右手伸到兔头的前部，顺势将其两耳及颈部皮肤抓住，将兔上提并翻转手心，使兔子的腹部和四肢向上，再用左手托住兔的臀部，使兔体重量主要落在托臀部的手上（图 7-1），撤出兔笼。如使兔的四肢向下，则兔子的爪用力抓住踏板，很难将其往外拖出，而且还容易把脚爪弄断。取出兔时，一定要使兔子的四肢向外，背部对着操作者的胸部，以防被兔抓伤。如果手从兔的后部捕捉，兔受到刺激而奔跑不止，很难捉住。

（二）年龄鉴定

对兔群进行年龄鉴定，以决定种兔的选留和淘汰。常用的方法是根据兔的精神、牙齿、被毛和脚爪等综合来判断兔的年龄（表 7-4）。

表 7-4　兔年龄鉴定表

部位	青年兔（6 个月至 1.5 岁）	壮年兔（1.5～2.5 岁）	老年兔（2.5 岁以上）
牙齿	门齿洁白，短小，排列整齐	色白，粗壮，整齐	厚长，发黄，不整齐，时有破损
趾爪	短，平直，藏于脚毛之中；表皮细胞细嫩，爪根粉红；爪部中心有一条红线（血管），红线长度与白色（无血管区域）长度相等，约为 1 岁左右，红色多于白色，多在 1 岁以下	较长稍有弯曲，逐渐露出脚毛之外；趾爪白色略多于红色	粗糙，长而不齐，向不同的方向歪斜，有的断裂，大半露于脚毛之外
皮肤	薄而富有弹性	较厚结实，紧密	皮厚，松弛
其他	行动敏捷，活泼好动	眼睛较大而明亮，行动灵活	眼球深凹于眼窝之中；行动缓慢，反应迟钝

靠以上方法只能作出初步判断。准确知道兔的年龄必须查找种兔档案，因为营养条件、种兔的品种、环境条件等不同，兔的外表有所差别。

（三）性别鉴定

1. 初生仔兔的性别区分　主要根据外阴部孔洞的形状、大小及距离肛门远近来区别。公兔的阴孔呈圆形，稍小于其后面的肛门孔洞，距离肛门较远，大于一个孔洞的距离。母兔的阴孔呈扁形，其大小与肛门相似，距离肛门较近，约一个孔洞或小于一个孔洞的距离。

2. 断奶幼兔性别区分　可将幼兔腹部向上，用手指轻轻按压小兔阴孔，使之外翻。公兔阴孔上举，呈圆柱状，即 O 形；母兔阴孔外翻呈两片小豆叶状，即 V 形。

3. 性成熟前的肉兔的性别区分 可通过外阴形状来判断断。一手抓住耳朵和颈部皮肤，一手食指和中指夹住尾根，大拇指往前按压外阴，使之黏膜外翻，呈圆柱状上举者为公兔；呈尖叶状，下裂接近肛门者为母兔。

4. 性成熟后肉兔的性别区分 性成熟的公兔阴囊已经形成，睾丸下坠入阴囊，按压外阴即可露出阴茎头部。

对于成年肉兔的性别鉴定应注意隐睾的肉兔。不能因为没有见到睾丸就认为是母兔。隐睾是一种遗传性疾病。一侧睾丸隐睾可有生育能力，但配种能力降低，不可留种。两侧睾丸隐睾，由于腹腔内的温度始终在35℃以上，肉兔的睾丸不能产生精子，不具备生育能力。

(四) 去势

一般商品兔采用幼兔直线育肥法，以不去势为好，因出栏年龄不超过3.5～4月龄，去势反而因伤口等影响幼兔的生长发育。但淘汰成年公兔或不留作种用的公兔则必须去势后育肥，而且去势还可提高兔肉的品质，使之性情温驯，便于群养。公兔常用的去势方法有以下三种。

1. 阉割法 将兔仰卧保定，将两侧睾丸从腹腔挤入阴囊并固定捏紧，用2%的碘酒涂擦手术部位（阴囊中部纵向切割），然后用75%的酒精涂擦，以消毒后的手术刀切开一侧阴囊和睾丸外膜2～3厘米，并挤出睾丸，切断精索。用同样方法处理另一侧睾丸。手术后在切口处涂些抗生素或碘酒即可。

2. 结扎法 将公兔保定好，用手指捏紧两个睾丸连同阴囊一起用结实的麻线或橡皮筋将睾丸和精索一起扎紧，使血流不通，这样10天后睾丸会自行萎缩。此种方法兔的痛苦时间长。

3. 药物去势法 药物去势是以不同的化学药物注入睾丸，破坏睾丸组织而达到去势的目的。常用的化学药物有：2%～3%的碘酒、甲钙溶液（10%的氯化钙+1%的甲醛）、7%～8%的高锰酸钾溶液和动物专用去势液等。其方法是以注射器将药液注入

每侧睾丸实质中心部位，根据兔子年龄或睾丸的大小，每侧注射1～2毫升，过7～10天左右睾丸可萎缩。

三种方法比较，药物法去势睾丸严重肿胀，兔子疼痛时间长，操作简便，没有感染的危险，但有时去势不彻底。结扎法也有肿胀和疼痛时间长的问题。阉割法将睾丸一次去掉，干净彻底，尽管当时剧烈疼痛，但很快伤口愈合，总的疼痛时间短，但需要动手术，伤口有感染的危险性。

（五）编刺耳号

编刺耳号对养殖种兔来说是一件非常重要的日常管理工作。兔刺上永久性耳号后，便于种兔的选种与选配，为性能测定和建立种兔档案打下基础。因而需要对每个种兔按照一定的规律编号。大多数国家，肉兔的编号在耳朵上，即耳号，也有的国家或养兔场实行腿环。编刺耳号在仔兔断奶时或断奶前进行，以免将血统搞乱。常用的方法有耳号钳、耳号戳、针刺和耳标法。

（六）牙爪修剪

肉兔的门齿为恒齿，具有不断生长的特点，若饲喂草料过软，粗纤维含量过低，或饲料颗粒过细，则可引起上下门齿咬合不正，出现畸形，过长门齿明显外露，导致上门齿呈羊角状，影响采食。因此，应及时修整，一般可用修枝剪剪平即可。

随着肉兔年龄的增长，趾爪也会越来越长，不仅影响活动，也会迫使跗关节着地，重心后移而导致脚皮炎，故应及时修剪。国外有专用修爪剪刀，也可用修枝剪代替。方法是保定种兔，露出趾，在趾爪红线前0.5～1厘米处剪断即可。一般种兔从1.5岁后开始修剪趾爪，每年修剪2～3次即可。

（七）驯养调教

养兔生产中常有一些恶癖习性的兔，如咬人、拒哺、咬架等，有的经驯养调教可改掉这些不良习性，以提高其种用价值。

1. 咬人兔的调教　有的兔（多见于杂种兔），当饲养人员饲喂或捕捉时，就会发出“呜”的示威声，以随即扑向饲养人员，或咬人一口，抓人一把。这种恶癖有先天性的，也有由管理不当引起的（如无故打兔、逗兔、兔舍阴暗等）。对这类兔子的调教，首先应建立人、兔亲和，接近兔子时动作要轻快，不能粗暴。捕捉时，可先用手挡住其头部，待安静后再捕捉。经多次训练后，即可改变恶癖。

2. 拒哺兔的调教 有的母兔产后拒哺仔兔，一旦放入产仔箱便挣扎逃出，甚至出现残食仔兔现象。对这类母兔，饲养人员可轻抚其被毛，使之安静后慢慢放入产仔箱，在监护和保定下给仔兔喂奶。如果母兔因患乳房炎、缺乳，或环境嘈杂、惊吓而拒哺时，则应有针对性地予以防治。

3. 咬架兔的调教 当发情母兔放入公兔笼内时，有的公兔因嗅到其他异味，或有的母兔拒绝交配，就会猛咬母兔。对这类公兔可采取经常调换笼位，使之熟悉不同异味。另外，为便于配种，应保持环境安静，对配种公、母兔动作要轻、快、温和。

第八章

肉兔产品及其初加工

肉兔的主要产品兔肉和兔皮是食品和毛皮工业的重要原料；各种屠宰副产品，如脏器、血、骨、腺体等，具有多种多样的新用途。为了提高饲养肉兔的经济效益，应广开生产门路，积极搞好肉兔产品的加工利用。

一、兔肉及其初加工

兔肉的加工分冻兔肉加工和肉食品加工。冻兔肉加工后大都用于出口创汇，其卫生标准及工艺流程较为严格、复杂，本书将做简单介绍。

（一）冻兔肉生产

冻兔肉是我国出口的主要肉类品种之一。冷冻保存不但可抑制微生物的生长繁殖，还能促进物理、化学变化而改善肉质，所以冻兔肉具有色泽不变及品质良好的特点。

1. 工艺流程 冻兔肉的生产工艺流程如下：

原料→修整→复检→分级→预冷→过磅→包装→速冻→成品

2. 冷冻技术

（1）*冷冻设施* 目前，我国冻兔肉加工多采用机械化或半机械化作业，其工艺水平和卫生标准已达到国际水平。

冷冻加工间主要包括冷却室、冷藏室和冻结室等。规模中等的冻兔肉加工厂由于屠宰间一般都设在厂房的顶楼，所以肉类冷却室也应设在顶楼，以便与屠宰间相接，顺次为冷藏室及冻结室，而冻结室则应设在底楼，以便直接发货或供其他加工间临时保藏之用。

冷却、冷藏及冻结室内应装有吊车单轨，轨道之间的距离一般为60～80厘米，冷冻室的高度为3～4米。

为了减轻胴体上微生物的污染程度，除屠宰过程中必须注意之外，对冷冻室中的空气、设施、地面、墙壁等，乃至工作人员均应保持良好的卫生条件。在冷冻过程中，与胴体直接接触的挂钩、铁盘、布套等只宜使用1次，如需重复使用，则须经清洗、消毒、干燥后再用。

（2）*冷却条件* 主要是指温度、湿度、空气流速和冷却时间等。兔肉冷冻，首先是肌纤维中水分与肉汁的冻结，然而冻兔肉的质量与冻结温度、速度有很大关系。据试验，在不同的低温条件下，兔肉的冻结程度是不同的，通常新鲜兔肉中的水分，－0.5～－1℃开始冻结，－10～－15℃完全冻结。

据测定，在整个冷却过程中，冷却初期因冷却介质（空气）和胴体之间的温差较大，冷却速度较快，胴体表面水分蒸发量在开始1/4时间内，约占总蒸发量的1/2。因此，空气的相对湿度也要求分为两个阶段，冷却初期的1/4时间，相对湿度以维持95%以上为宜；冷却后期的3/4时间内，相对湿度应维持在90%～95%；冷却临近结束时，应控制在90%左右。

空气流速是影响冷却时间和程度的又一重要因素。一般冻兔肉在冷却时，空气流速以每秒2米为宜。

（3）*冷却方法* 目前我国冻兔肉加工厂都采用速冻冷却法，速冻间温度应在－25℃以下，相对湿度为90%。速冻时间一般不超过72个小时，测试肉温达－15℃时即可转入冷藏。如无冷却设施的小型加工厂，则应配备适量的风扇、排风扇，炎热季节必须设法使肉温低于20℃，然后直接送入速冻间速冻，使肌纤维中的水分和肉质全部冻结。

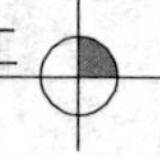

（二）肉食品加工

根据我国人民的食用习惯，肉食品加工可分为六大类，即烹饪、罐头制品、酱卤制品、灌肠制品、干制品及腊制品。下边简单介绍几种消费者喜吃的且比较容易加工的方法。

1. 风干兔肉 风干兔肉系河南开封最具有特色的传统风味小吃，其加工方法如下：

（1）主料 屠宰好的2千克左右的兔胴体10只，约20千克。

（2）作料 八角、良姜各25克，小茴香、桂皮、肉桂、草果、花椒、陈皮各15克，白豆蔻、红豆蔻、丁香、砂仁、肉豆蔻、白芷各10克，山楂20克，生姜200克，酱油250毫升，食盐800克。

（3）加工方法 将兔胴体掏尽内脏，在清水中冲洗，至洗到肉变成白色不再出血水为止，捞出控净水分。将控净水分的兔胴体用细绳绑住两条后腿，倒挂在阴凉通风处晾晒，约晒去胴体原重量的1/3，肉由白变红起皱褶为止。风干后将胴体取下，在50℃温水中浸软、洗净，以发软无皱褶为止。将浸软洗净的胴体逐个涂抹蜂蜜。过油是将涂过蜂蜜的兔胴体放到烧开的花生油锅中炸3～5分钟，使胴体发红即可。将作料装入纱布袋中，将口扎好放入40千克水中熬至一小时煮成卤汤，然后将炸过油的兔胴体按个体大小、肉质老嫩放入卤汤中。注意要先放肉质老、个体大的，后放嫩而小的，卤汤的多少以正好淹没兔肉为宜。而后加一竹箅，上面压一青石，盖严锅盖。卤制时先用旺火煮30分钟，再用文火焖煮数分钟，即香味四溢。出锅后先将兔肉捞到箅子上控去汤汁，再用抹布擦净汤沫，用毛刷逐个涂上芝麻香油即可食用。

风干兔肉也可将大腿、腰、肋及前腿分割后卤制。其卤汤煮过两锅后即成俗说的“老汤”。老汤近似一锅中药汤，群众说“治病则苦，煮肉则香”。其老汤用的次数越多越好。老汤煮肉的特点是色泽好看，肉易离骨，味道鲜美。每煮一次肉，要在老汤中加一些作料和水，原来作料可连续煮4～5次，每一次增加的数量为第一次的20%～25%。水以每次淹没兔肉为宜。风干兔肉需在冬季进行。夏季天热招蝇，不易风干卤制。

2. 五香兔肉 五香兔肉一年四季均可卤制食用。

（1）主料 2千克左右的兔胴体10只，约20千克。

（2）作料 八角、良姜各25克，小茴香、桂皮、肉桂各15克，草果、花椒、陈皮各15克，丁香、砂仁、肉豆蔻、白芷各10克，生姜200克，酱油500毫升，食盐800克。

（3）加工方法 将兔胴体掏尽内脏，按前后腿、腰窝分割成5～6份，在凉清水中反复冲洗，直至兔肉发白、无血水流出为止；将分割好的兔肉放清水中煮数分钟，撇去汤沫，逐块从开水锅中将肉捞出在清水中洗去沫子，用抹布将汤沫搌净，即可放入熬制好的卤汤中卤制。卤汤的熬制及卤制方法与风干兔肉相同，但卤制时间稍短。其以后老汤的加料及使用方法均与风干兔肉相同。

3. 兔肉香肠

（1）主料 新鲜兔肉35千克，肥猪肉20千克。

（2）作料 精盐1.25千克，白糖1.25千克，料酒1.5千克，白酱油2.5千克，五香粉80克，味精100克，姜末100克。

（3）加工方法 先将兔肉骨头剔除，然后和猪肉一起切成小肉丁搅和均匀，用2千克50℃温水将作料溶化搅匀，与肉搅和在一起即可灌制。灌制前先将干制猪肠衣泡软洗净，沥出水分。灌好的肠衣每隔20～25厘米用细绳结扎一段，如遇有气泡出现，可用针扎孔排气。结扎好后的香肠应在温水中将外表的肉脂洗净，然后挂在竹竿或绳子上在通风阴凉处晾晒干。有条件的可在烘炉中烘干。需要时蒸煮20～30分钟即可食用。

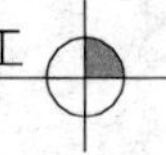

4. 清炖兔肉

（1）主料　2千克肉兔胴体1只。

（2）作料　葱15克，姜片10克，花椒2克，味精2克，食盐5克，料酒10毫升。

（3）加工方法　将洗净的肉剁成约3厘米的小块，先清煮3～5分钟，捞出用清水洗净漂沫，连同葱、姜、花椒、食盐一同下锅，以开水浸没肉块为宜。用旺火煮20～30分钟，再将料酒加入。用文火焖40～50分钟后，加入味精连汤食用。爱吃辣椒者可酌情加入红辣椒数个即成川味。

5. 炒辣兔肉丁

（1）主料　兔腰窝或后腿肉200～250克。

（2）作料　鲜红辣椒4个，鸡蛋清1个，姜片3克，蒜茸2克，葱3克，发好的木耳10克，玉兰片10克，料酒15毫升，香油2毫升，食盐5克，湿生粉10克，粉芡汤适量。

（3）加工方法　先将兔肉洗净切成丁，用鸡蛋清和湿生粉搅拌，再将芡汤倒入拌匀，而后一起倒进烧热的花生油锅中炸至八成熟，用笊篱捞出，炒锅里的油倒出剩余少许，再将切好的辣椒、葱、姜等作料一起倒入锅中，经略炒后即可加入料酒、粉芡汤略炒，而后加入味精食用。

6. 红烧兔肉

（1）主料　约2千克肉兔胴体1只。

（2）作料　花生油或猪油75毫升，白糖50克，酱油25毫升，五香粉5克，料酒10毫升，食盐、葱花、姜片各15克，味精3克。

（3）加工方法　将兔肉带骨剁成小块，洗净在开水中清煮3～5分钟，捞出用清水洗净漂沫，将油与白糖炒成糖色，而后将兔肉倒入翻炒，炒成茶色时，加适量的水，而后作料除味精之外全部倒入，掌握火候先旺后文，将肉煮熟即可加入味精食用。

二、兔皮及其初加工

（一）兔皮的防腐

刚剥下的兔皮叫生皮，如果不能及时进行鞣制时，要进行初步加工。初步加工的目的是防止腐败变质，便于保管。如果不进行防腐处理很容易被细菌分解而腐败变质，特别是炎热的夏季，几个小时即可使兔皮生蛆、掉毛、腐败发臭、失去利用价值。

防腐之前要对兔皮进行清理，剪去尾巴、四肢及头部，然后用钝刀刮去皮板上的油脂及碎肉（俗称揭里肌），刮时要从尾部朝颈部方向刮，不要自颈部朝尾部刮，以免使毛根露出发生穿孔现象。如遇有刮破的地方，要及时用针线缝合好。

兔皮防腐的方法有自然干燥法和盐腌法两种。

1. 自然干燥法 自然干燥法可以直接将清理好的兔皮放到阴凉通风处晾干。如果是筒皮，可套在专门的撑皮架上，一张一张挂起来自然干燥。如果是板皮，要一张一张钉在木板上，或平铺在帘子、竹笆、条笆上，在通风阴凉处自然干燥。注意不要在阳光下暴晒和雨淋。冬季可在阳光下将皮板晒至不黏手时再放在阴凉干燥处晾干，夏季注意灭蝇，不要让苍蝇在上边产卵生蛆。灭蝇方法可向兔皮喷洒敌敌畏、灭害灵等。一张兔皮用干锯末两把，滑石粉25克，用破布搓擦皮板上的内膜，将皮板上的沉积物搓净，到皮板光滑为止。而后抖掉锯末和滑石粉，将兔皮套在撑皮架上或钉在木板上，放到通风阴凉处自然干燥。

2. 盐腌处理法 盐腌处理方法又分干处理和湿处理两种方法，这两种方法较为简单。

（1）干处理 方法是将刚剥下的兔皮毛朝下、板朝上平铺在木板或塑料膜上，在皮板上均匀地撒上50～75克细盐，铺好后在上边用一张兔皮板朝下、毛朝上铺成板对板、毛对毛的形式，仅在板朝上的一张撒上50～75克盐即可。依次上叠，叠完后，在上边压一重石或重物，经5～7天后将兔皮上下翻倒一次，使

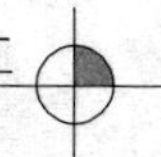

板朝下的兔皮翻成板朝上，每张再撒细盐25～30克后压好，再经5～7天即可腌好。腌好后要逐张平铺在帘子、竹笆或条笆上，放阴凉通风处干燥。

（2）湿处理　方法是将盐先溶化在75℃的温水中，搅匀，然后逐张地将兔皮放到盐水中，浸腌数天，并且每天倒缸一次，腌透后即可取出拧干水分，逐张平铺在帘子、竹笆或条笆上，在通风阴凉处干燥。

注意盐腌的兔皮要防露水和雨淋，否则很难干燥。在保管中，遇有阴雨连绵的潮湿季节容易回潮，故要经常检查、晾晒。

（二）兔皮的鞣制

目前兔皮的鞣制方法很多，有硝面鞣、醛铝鞣、明矾鞣、铝鞣、铬鞣、铝铬结合鞣等。这里只简单介绍醛铝鞣和明矾鞣。

1. 醛铝结合鞣制方法　醛铝结合鞣制方法的工艺流程是：

选皮称重→回鲜刮皮→脱脂浸酸→醛铝鞣制→加脂修饰

（1）选皮称重　对要鞣制的兔皮分级挑选，剪去四肢、尾、颈等粗糙部分。修整好后，按兔皮的大小、厚薄分批鞣制。要注意，一年以上的兔皮和公兔皮质地较厚而且硬，半年以下的青年兔和幼兔皮质地薄而软，不能一批鞣制。分选后的兔皮要逐级称重，以作为配制鞣制液的依据。

（2）回鲜刮皮　刚剥下的鲜兔皮揭去里肌即可直接鞣制。对于自然干燥和盐腌保管的兔皮，要进行浸水回鲜，使其恢复到刚剥下的鲜皮状态。水温高时浸的时间短，水温低时浸的时间长，操作时要灵活掌握。如果需要快速回鲜时，可将干皮浸泡在水温20℃的硼砂溶液中，一般经2～3小时即可软化回鲜。回鲜后要及时将黏附在皮板上的残肉、脂肪、血污等用钝刀刮净，并注意不要将皮板刮破。刮皮时要从尾部朝颈部刮，不要从颈部朝尾部刮。

（3）脱脂浸酸　回鲜刮净后的兔皮要进行脱脂和浸酸。脱脂液的多少要视兔皮的多少而定。其脱脂液的配方比例是：水

1 000毫升，肥皂100克，纯碱面40克，充分溶解搅匀后稀释到10千克水中；水1 000毫升，洗衣粉40克，碱面10克，充分溶解后稀释到10千克水中。以上两种任选一种。

脱脂液配好后，即可将兔皮投入，逐张洗涤脱脂。洗涤方法和洗衣服的方法一样，也可放到洗衣机中洗涤10～15分钟，然后用清水洗净皮上的脂液，挤干水分，使其静置20～30分钟，再投入到复浸液中复浸一昼夜。复浸液的用量视兔皮多少而定，其配方比例是：水1 000毫升，食盐20克，硫酸钠（皮硝）25克。

脱脂复浸后即进入浸酸液，浸酸液按1000毫升水加盐20克、芒硝50克、硫酸2毫升的比例配制。浸酸液的多少视兔皮多少而定。pH保持在2.3，常温浸酸时间为45～50小时。中间每2～3小时上下左右翻动一次，以保持温度恒定和浸酸的均匀。

（4）醛铝鞣制　脱脂浸酸后即进入醛铝鞣制流程。

①醛鞣　醛鞣液的配制比例是：水1 000毫升，甲醛（即福尔马林）5毫升，皮硝（即芒硝、硫酸钠）20克，食盐30克，水温保持在34～36℃，浸泡48小时。中间每隔1～2小时上下左右翻动一次，pH保持在6.5～8.5，前低后高。临出缸前4～5小时加适量碱面，使pH达到8.2～8.5。

②铝鞣　醛鞣结束后即开始铝鞣。铝鞣液的配制比例是：水1 000毫升，食盐20克，皮硝20克，明矾10克，水温保持在30～36℃，浸泡48小时，pH3.8。临出缸前1～2小时加适量硫酸，使pH达到4。中间1～2小时上下左右翻动一次。

③鞣制质量检查方法　从铝鞣液中捞出一张兔皮，卷起一角用力拧出水分，使皮板呈现出棉状、白色绵软状态即可出缸。检查时多查几张，如果个别没达到标准要适当延长铝鞣时间。出缸后要及时用水冲洗净沾在皮毛上的芒硝、明矾和食盐，将水控净拧干。

（5）加脂修饰　加脂剂的种类很多，一般化工门市部出售，

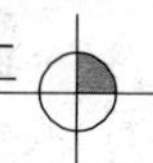

可按标签说的有“一号合成加脂剂”和“平平加 G－125”，可按标签说明使用。其人工配制配方是水 1000 毫升，肥皂 30 克，植物油 15 克（豆油、花生油、蓖麻油均可），搅匀后将鞣制好的皮张毛朝下、板朝上，平铺在木板上，用毛刷或棉布蘸脂液从兔皮中间向四周均匀涂抹。涂抹后用力揉搓，涂抹加脂剂时不要弄到被毛上。而后皮对皮、毛对毛叠好，堆置数小时后即可放到通风阴凉处自然干燥。晾干的兔皮经 7～10 天回潮后，就可进行逐张修饰。修饰前先在皮板上喷少量水，使其微微潮湿后，仍板对板、毛对毛叠好，堆置一昼夜即可用钝刀刮软使用。

2. 明矾鞣制法　工艺流程与上述两种方法基本相同，这里仅介绍制原液的配方和鞣制方法。

（1）*鞣制原液配方比例*　水 1 000 毫升，明矾 250 克，食盐 150 克。将三者搅和均匀，充分溶解。

（2）*鞣制方法*　将原液的 1/3 加入 7.5 千克水中稀释，即可将皮逐张投入鞣制液中，鞣制液的多少视兔皮的多少按比例增加或减少。经 24 小时后取出兔皮，将剩下原液的 1/2 倒入鞣制液中搅匀，再将皮投入。24 小时后，再将兔皮捞出，倒入剩下的原液搅匀，投入兔皮继续鞣制。注意兔皮投入后每 2～3 小时翻动一次，以保持鞣制均匀。水温保持在 30～35℃，冬季应将室内加温。质量检查方法与上述两种方法相同，要熟练掌握。总之，以皮张熟透为止。

干燥、回潮、修饰等均与前方法相同，加工时可灵活掌握。

三、兔副产品的综合开发与利用

兔的副产品主要包括脏器（肝、心、胃、肠、胆和胰）和血液等，弃之十分可惜，除食用外，还可加工利用，其经济价值甚为可观。

（一）脏器的综合利用

1. 加工食用产品　兔的肝、心、胃、肠经适当加工均可食用，如兔肝经卤煮可加工成卤汁兔肝，经炒制可加工成炒兔肝，营养极为丰富；兔心、胃与肠等都是火锅的上等原料，还可加工成卤制品，不仅色香味美，还有滋阴壮阳功能。

2. 提取生药成分 兔的胆、肝、胰、胃、心与肠等都可加工提取生药成分。据报道，由于兔胆汁含有近似熊胆的药物成分，具有抗菌、镇静、镇痛、利胆、消炎和解热等功效，可加工成胆膏、胆盐供做医药原料，还可加工成人工牛黄等药物。兔肝可加工成肝宁片、肝浸膏、肝注射液等，兔胰可加工提取胰酶、胰岛素等，兔胃可加工提取胃蛋白酶、胃膜素等，兔心可加工提取心血通、细胞色素丙等，兔肠可加工提取肝素等药物。

（二）兔血的综合利用

除少数地区有食用兔血习惯之外，全国绝大部分地区还很少利用。其实，兔血含有很高的营养价值，可加工成多种产品，供食用、药用，或作为畜禽的动物性饲料。

1. 兔血食用 兔血营养丰富，蛋白质含量很高，必需氨基酸完全，微量元素丰富，可以加工成血豆腐、血肠等营养食品。血豆腐系我国民间广泛食用的传统菜肴，但用兔血制作者还较少见，是资源充分利用和提高养兔经济效益的重要途径之一。血肠是北方居民的传统食品，具有加工简单、营养丰富和价廉物美等特点。

2. 兔血粉 利用兔血可加工成普通血粉或发酵血粉，是解决畜禽动物性饲料的有效途径之一。目前，国内生产的血粉，大多以猪血或牛血为原料，在现代化肉兔屠宰加工厂或小型屠宰场，仍可以兔血为原料，生产血粉。据测定，兔血粉含粗蛋白质49.5%，粗脂肪4.5%，可溶性无氮物35%，粗灰分5.0%，粗纤维4.9%。

3. 兔血医用 兔血可提取多种生物药品和生化试剂，如医用血清、血清抗原、凝血酶、亮氨酸和蛋白胨等。一般每只肉兔可抽取动脉血或心脏血液100毫升，提取血清25毫升。

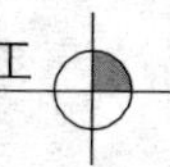

四、兔粪及其利用

兔粪呈长圆形，色黑，质硬，其中氮、磷、钾三要素的含量较其他动物粪便高，是动物粪尿中肥效最高的有机肥料。另外，还可做动物饲料和药用等，具有杀虫、解毒等作用。

（一）兔粪可用作肥料

兔粪尿是一种氮、磷、钾含量较高的有机肥料。它不仅肥效高，而且还具有灭菌、杀虫和改造盐碱地的作用。兔粪经过高温发酵后可以做底肥、追肥，而且可以加工成兔粪液在叶面喷施。

根据我国各地农村实验及作者实践证明，用兔粪液喷施小麦、水稻、玉米、油菜等作物都能获得普遍的增产。用兔粪液喷施西瓜、黄瓜、大白菜等能使叶面变得墨绿。用兔粪做西瓜、棉花底肥能有效地控制地老虎（土蚕）对西瓜和棉花幼苗的危害，而且能使西瓜个大、味甜、瓤沙、产量高，能使棉花蕾多、铃大、棉絮长，且增产。用兔粪给花生追肥可疏松土壤，促使花生针锥扎土、花生果大、籽粒饱满，能获得高产，是解决花生因连年重茬果粒变小、产量逐年降低的有效措施。用干兔粪点燃，熏蒸蚕室，能杀死僵蚕病菌，保证蚕茧丰收。用兔粪喂猪养鱼，可以节约饲料，使产量大幅度提高。

1. 兔粪的高温发酵方法

（1）将鲜兔粪堆积拍实，上边用稀泥封严，经 10～15 天即高温发酵，启封后变成白色，即可以作底肥和追肥施用。

（2）将鲜兔粪与其他畜肥及农家肥混合沤制发酵，也可上边覆盖其他畜粪，混合均匀使用。

（3）将鲜兔粪堆好拍实，上边用塑料膜覆盖，四边用土封严不让跑气，5～7 天即高温发酵。此法发酵快速，杀菌彻底，施用效果好。对花生、玉米和蔬菜追肥时要适当摊晾，以免烧苗。开沟追施或撒施后深锄。

2. 兔粪液的加工和喷施方法

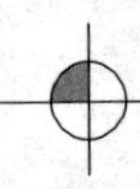

（1）兔粪液的加工方法有快速加工和自然加工两种，具体如下：

①快速加工方法　将鲜兔粪和水按1∶8的比例，混合到大锅中，熬煮2～3小时，将水熬去1/2即可取出过滤成原液，稀释10～15倍喷雾施用。

②自然加工方法。将鲜兔粪和水按1∶5的比例混合，放到大缸和其他容器内，上边用塑料膜封口，扎紧不让漏气，在阳光下晒7～10天，自然发酵后过滤施用。稀释浓度10～15倍。

（2）施用方法及剂量

①小麦　孕穗期，亩[①]用原液3千克，加水45千克均匀喷雾；扬花期，亩用原液4千克，加水40千克均匀喷雾；灌浆期，亩用原液6千克，加水60千克均匀喷雾。

②水稻　孕穗期，亩用原液5千克，加水75千克均匀喷雾；扬花期，亩用原液15千克，加水225千克均匀喷雾；灌浆期，亩用原液20千克，加水300千克均匀喷雾。

3. 注意事项

（1）应在上午10时前及下午4后细雾喷施。

（2）有露水时，待露水下去再喷，喷后如果下雨要补喷。

（3）作物扬花期，忌在中午太阳暴晒时喷雾。

（4）瓜果蔬菜需在浇水后喷，喷雾浓度为1∶15。

（二）兔粪可用作饲料

兔粪中，特别是软粪，含有大量的营养物质，例如蛋白质、维生素和碳水化合物等。如经适当处理，也就可以作为饲料用来饲喂各种畜禽。

目前处理兔粪的方法，主要是人工干燥、氧化发酵和乳酸发酵等。人工干燥是指利用高温或者日光暴晒，使兔粪中的水分降至10%～30%，既能保存粪内的营养，又能杀死各种病原微生

① 亩为非法定计量单位，1亩=1/15公顷。

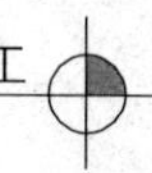

物；氧化发酵是在有氧环境下，利用好气微生物产生发酵作用。乳酸发酵是将兔粪中加入糠麸，然后再加入少量的乳酸菌，在密闭的环境下产热，对其他微生物起到抑制作用。兔粪可以和其他的能量饲料混合使用，制作颗粒饲料，一般用量为日粮的20%左右。兔粪放入鱼塘喂鱼，还可以提高鱼的产量。经过益生菌发酵处理的兔粪，不但可以杀灭兔粪中的病原微生物和寄生虫，而且大量的有益微生物能在很大程度上将兔粪中的纤维素、半纤维素进行分解，降低其粗纤维含量，从而弥补单胃动物不能很好利用粗纤维的弱点。

（三）兔粪可用生产沼气

兔粪可以用来生产沼气，作为燃料和照明。沼气是在厌氧环境下，有机物质经过微生物发酵作用产生的一种可燃性气体，其主要成分为甲烷和二氧化碳，同时还有少量的一氧化碳和硫化氢等。因为沼气具有易燃、易爆、可窒息性等，所以沼气的日常安全管理十分重要。养殖户利用兔粪生产沼气，一定要注意安全。利用兔粪在沼气池进行厌氧发酵，其产生大量的甲烷混合气体，提高了粪便的经济价值。

第九章 兔场的经营管理

兔场的经营管理是养兔生产过程的一项重要内容。因为养兔生产是在一种复杂的环境条件下进行的，既受技术问题的影响，又受大量的经济和社会方面问题的影响，因而具有综合性和稳定性。这就要求养兔经营者既懂技术，又要懂经济，不仅会养兔，养好兔，还要会经营管理，提高经济效益。只有采用先进的养兔生产技术，又善于经营管理的兔场或养兔专业户，才能利用有限的生产资源，获得较大的经济效益。兔场经营者要懂经营、会管理，有市场观念，竞争观念、风险观念和时效观念，应树立以市场为导向、用户至上、产品适销对路的营销观念，做好市场调查与预测，广开销路，赢得用户并得到社会认可。因此，加强兔场的经营管理，对促进养兔业的持续和稳定发展具有十分重要的意义。

一、肉兔场生产经营管理新概念

在市场经济条件下，兔场是自负盈亏、自主经营的生产者，必须树立经营管理的观念。

1. 市场观念 兔场经营管理者要树立以市场为导向，用户至上、产品适销对路、以销定产品的营销观念。市场是商品交换的场所，兔场的一切经营活动都与市场息息相关。因此，必须建立和完善与兔场经营管理相关的市场体系，并做好市场调查研究，使产品被用户所接受，价值得以实现，否则将被市场所淘汰。

2. 竞争观念　市场竞争是促进兔场加强经营管理、提高经济效益的外在动力和压力。兔场在激烈的竞争中求生存、求发展，必须树立竞争观念，包括价格竞争、产品质量竞争、技术竞争、市场竞争、销售竞争、人才竞争、品牌竞争、商誉及广告竞争等。做到以新致胜、以优致胜、以快致胜，重点抓好新产品和新技术的创新。

3. 风险观念　兔场的经营风险包括市场风险、技术风险、自然风险和政策风险等。兔场经营管理者面对风险既不能畏缩不前，亦不能轻举妄动，必须经过周密细致的市场调查、预测、决策、控制、分析等工作，力求绕过风险、分散风险、转移风险、补偿风险，使损失最小，效益最大。

4. 时效观念　兔场的筹资、投资和效益估算，都要考虑资金的时间价值，讲求适度规模，尽可能降低成本费用，注重兔场的增值保值和增产增效。

5. 法制观念　市场经济是法制经济。这就要求兔场经营管理者必须增强法制观念，学习相关的法律、法规，做到懂法、知法，学会用法律保护自身权益。

此外，还要树立科技、人才、信息、创新、品牌等观念，实行科学管理，实现最佳效益。

二、肉兔市场预测与经营决策

（一）市场调查

经营管理以市场为中心，生产以市场需求为导向，市场调查则是生产经营管理和决策的前提及基础。兔产品（兔毛、兔肉、兔皮及副产物）的社会产量和价格因季节、行情、地域不同变化幅度较大，从而导致生产不稳定。因此，在从事经营或扩大养兔规模前，必须在科学养兔技术和实践经验的指导下，在认识肉兔生产规律的基础上，针对养兔生产及其产品进行市场调查，了解信息，掌握第一手材料和真实的市场行情和生产状况。对所取得的大量信息、资料和数据进行系统的分析、研讨和预测后，并结合自身实际条件，解决是否可以经营、规模多大、效益如何等问题，制定最优的经营管理方案。市场调查首先应及时了解国内外，尤其是当地养兔生产目前处于什么阶段，生产是上升期还是下降期，是高潮还是低潮，兔产品供需状况和价格现状，密切注视市场变化，并要对未来几年的肉兔生产发展趋势做一个大概了解，这样有助于决定是否经营和继续扩大规模。其次要结合技术、资金实力及自身的现有条件进行综合分析，确定生产发展的规模、速度及经营方式，一定要做到适度经营，避免盲目发展造成不必要的损失。最后，通过调查针对各项因素进行分析比较，权衡利弊，拟定具体的经营管理措施，力争以最少的资金投入、物资消耗，实现最大的经济效益，不断提高养兔生产经营管理的能力。

1. 市场调查的内容

（1）市场环境调查　主要包括政治环境、法律环境、经济环境、社会文化环境、科技环境、地理和气候等市场宏观环境调查以及市场需求、消费者人口状况、消费者购买动机和行为、市场供给、市场营销活动等市场微观环境调查。

（2）消费者需求调查　顾客的需求应该是企业一切活动的中心和出发点，因而调查消费者或用户的需求就成了市场调查的重点内容，这一方面主要包括：服务对象的人口总数或用户规模、人口结构或用户类型、购买力水平及购买规律、消费结构及变化趋势、购买动机及购买行为、购买习惯及潜在需求、对产品的改进意见及服务要求等。

（3）生产供应调查　这方面的调查应侧重于本行业有关的社会商品资源及其构成情况，有关企业的生产规模和技术进步情况，产品的质量、数量、品种、规格的发展情况，原料、材料的供应变化趋势等情况，并且从中推测出对市场需求和企业经营的影响。

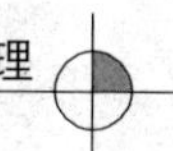

(4) 销售渠道调查　调查了解商品销售渠道的过去与现状，包括推销机构和人员的基本情况、销售渠道的利用情况、促销手段的运用及其存在的问题等。

(5) 产品调查　调查了解消费者对畜产品的价格、产品状况、服务效果、使用效果、接收程度和评价意见，为企业开发新产品和开拓新市场搜集有关情报，内容包括社会上的新技术、新工艺、新材料的发展状况，新产品与新包装的发展动态或上市情况，某些产品所处的市场生命周期阶段情况等。

(6) 市场竞争情况调查　调查了解同行业或相近行业的各企业的经济实力、技术和管理方面的进步情况，竞争性产品销售和市场占有情况、竞争者的主要竞争策略，竞争性产品的品质、包装、价格等。

2. 市场调查的程序

(1) 调查准备阶段　调查准备阶段从明确调查目的开始直到调查活动开始时结束，包括确定调查题目、拟定调查方案、培训调查人员三个步骤。

(2) 正式调查　就是具体实施市场调查方案，按照调查方案的要求去搜集市场信息资料，也就是进入实地调查的过程。具体步骤包括：准备调查用具和材料，设计调查表格，核实调查对象、地点与路线，实施调查，对信息资料进行收集和分类。

(3) 调查结果处理　调查结果处理主要包括整理分析资料和撰写调查报告。整理分析资料就是对现场实地调查所获得的资料进行筛选、分类、统计和分析。撰写调查报告是市场调查的最后一步，其主要内容包括：调查过程概述、调查的目的、调查资料的来源和收集方法、调查的结论和建议等。

3. 市场调查的方法　根据调查的基本操作方法分类，常用的调查方法有询问法、观察法和实验法三种；根据调查对象的范围来分，常用的调查方法有全面调查法、重点调查法、个案调查法、典型调查法、抽样调查法和专家调查法。在实地的市场调查研究中，应根据具体调查的要求以及目标和对象的不同而采取不同的调查方法。

（二）肉兔市场预测

肉兔企业经营管理是以经营决策为核心，而经营决策又以经营预测为前提。因此，搞好企业的经营管理，必须首先搞好经营预测。

1. 市场预测的内容

（1）*市场需求预测*　市场需求分为现实需求和潜在需求。现实需求是指产品投放市场后的零售额，表示已经满足需要的产品。潜在需求是指有货币支付能力的需求，而未满足消费的部分和随着购买力的增长，将在一定时期变成现实购买力的需求。

通过现实需求和潜在需求的预测，可以让经营者及时了解和掌握消费者的支付能力需求及其发展变化的趋势。

（2）*购买力投向情况*　购买力的投向是决定市场商品供需变化的重要因素。社会购买力的变化，必然引起社会需求在一定时期对肉兔产品消费能力以及在各种肉兔产品的消费结构上发生变化。随着人民生活水平的逐步提高，人们对肉兔产品需求量的不断增长，成为考虑市场需求量的基本出发点。

首先，要探索消费规律。不同地区、不同民族、消费习惯、季节、购买力、货源等，对消费规律的变化都会产生一定影响。例如，当猪、牛、羊肉供应紧张时，兔肉购买力则上涨，节假日兔肉的需求量上升，沿海开放城市需求旺盛等。其次，及时了解市场中的肉、乳、禽、蛋类等畜产品的成交量、成交价格、产品质量等。

（3）*主要产品需求预测*　市场需求情况、社会购买力投向的调查和预测，是研究和分析市场销售结构变化的依据。由于消费者或用户对肉兔产品的需求是具体的，所以经营者还必须对具体生产的肉兔产品进行调查和预测。

①对肉兔产品销售情况的调查和预测　同行业经营的同类产

品，在销售渠道、品种、质量、价格等方面的现状及其可能做出的经营决策，能引起肉兔产品经营上发生的变化，经营上的优劣。对肉兔产品销售情况进行调查和预测，可以充分发挥经营优势，巩固和扩大现有的经营范围，不断提高市场占有率。

②对肉兔新产品销售情况的调查和预测　主要是对新开发的兔肉产品的适销性作出预期的判断，为新产品的开发提供比较精确的数据。这就需要调查了解需求量和购买力的关系，进一步掌握新产品的品种、质量、加工、包装、贮运和销售方法以及价格等对销售额有什么影响。如果肉兔产品是国内外市场需要的，有市场容量，但用户没有购买能力和购买行为，仍旧形成不了市场的需要。肉兔场生产经营者调查清楚用户对产品的购买力，有助于对新产品的产量、质量、价格等做出正确的决策。

③研究肉兔产品的寿命周期与产品经营的关系　肉兔产品寿命周期受多种因素的影响。例如，肉兔产品的实用性、可代性、价格的稳定性等，都会对不同肉兔产品的寿命周期产生不同的影响。

一般地说，肉兔产品进入市场要经过试销、畅销、竞争、饱和、滞销等五个阶段。生产经营者应分别对肉兔产品不同阶段，在经营上提出不同的要求，并采取相应的经营措施。如果刚刚经过试销阶段，认定可以打开销路，就应着手继续组织生产，扩大销路；进入畅销阶段，应特别强调提高和保持产品质量；进入竞争阶段，则应把准备好的新产品投放市场，以代替即将走向饱和的产品，并密切注视需求变化和转向滞销阶段的时机。

2. 市场预测的方法　根据国内外情况，可选择以下三种方法：

（1）经验估计法　就是凭经验和直觉来进行调查分析和预测。它的准确性主要取决于预测人的经历和知识面、经营管理经验、业务熟练程度、心理倾向或行业专家的权威意见等。有典型调查法、全面调查法、抽样调查法、表格调查法、询问调查法和样品征询法等具体方式。经验估计法只适宜缺乏数据、无资料（如新产品），或者资料不够完备，或者预测的问题不能进行定量分析，只能采用定性分析（如对消费心理的分析）的研究对象。

（2）数学测算法　就是运用统计公式或数学模式推导未来，找出肉兔产品经营的规律性。运用肉兔产品经营的各项经济指标和原始核算资料，对生产经营活动进行细致的分析研究，用各种数据比较经营成果，提示肉兔产品经营中存在的问题，帮助决策人判断变化趋势，做出正确决策。例如，当产品销售量大时，就必须分析影响销售利润的各种因素，如成本、税金、价格和利润率的调整等。通过分析，找出原因，进而针对经营上的薄弱环节采取有效的措施。

（3）统计分析法　运用数理统计、经济学和运算学等方法，为研究生产经营活动和分析肉兔产品销售动态，提供科学依据。目前，国内许多企业都运用电子计算机进行测算，从而能够较快地测算出影响肉兔产品经营的有关因素的变化趋势。

3. 市场预测的步骤

（1）确定预测目标　主要是确定预测对象、目的及预测时期和预测范围。预测对象是指预测何种产品，预测目的是指预测的销售量（销售额）、市场总需求量或收益等，预测时间是指起止时间和每个阶段的时间及所要达到的目标，预测范围是指某一地区。

（2）搜集资料　生产经营中，要做出正确的国内外市场预测和经营决策，必须搜集大量精确的预测资料。如果单凭主观印象去决策，容易造成指挥上的失误，使企业生产经营工作失利。因此，必须采取各种办法，通过有效的途径，调查和搜集资料。

（3）选择预测方法　同一预测对象，不同的预测方法所得的预测结果可能不同，准确率也不一样。因此，对同一预测目标，应允许同时运用多种预测方法进行预测，以便相互比较、分析和修正，使得预测结果更加正确。

(4) 分析归纳资料　通过调查和搜集到的资料，要经过加工整理，对各种数据和情况做出细致分析和研究才能应用。如利用历史数据，要分析它的适用性、有效性、精确程度和时间期限等。对于那些只出现过一次而今后可能不会出现的事件，不应列入历史数据。在分析各种数据时，力求排除各种干扰因素。只有这样，才能透彻地了解国内外市场的过去。

(5) 评价预测值　对于算出的初步预测值要进行多方面的评价和检验，估计预测值的误差，误差越大，预测的可靠性越小。检验和评价预测值的方法通常采用理论检验、资料检验和专家检验等。

(6) 撰写预测报告　报告内容主要包括预测的目标、方法、预测值、对预测值的评价分析，并提出建设性意见，供决策者参考。

(三) 肉兔经营决策

经营决策是企业为了实现一定的经营目标，在市场调查和市场预测所得经济资料和市场信息的基础上，运用科学的理论和方法，拟定多个可行方案，经过分析比较，从中选择最优或合理而满意方案的过程。

1. 经营决策的内容　经营决策的领域十分广泛，其内容包括了企业的全部经营活动，概括起来主要包括经营战略决策、生产决策、营销决策、财务决策、组织和人事决策等。

2. 经营决策的程序　为了保证企业经营决策的正确性、可靠性，克服决策的主观随意性，应当按照决策的科学化过程来进行操作，一般可分为五个步骤：

(1) 发现问题，组织调查研究　决策者要在全面调查研究的基础上发现问题，并找出问题的关键要害，这样才能制定正确的决策目标。

(2) 确定决策目标　所谓决策目标是指在一定的环境和条件下，在预测的基础上所期望得到的结果。正确确定决策目标的要求是：①确定决策目标应以存在问题为前提；②决策目标应有具体内涵，实现期限必须具体；③决策目标尽可能量化，难以用数量指标表示的，应当在质的分析基础上尽可能精确描述；④决策目标是多目标时，要区分目标主次。

（3）*拟定备选方案* 备选方案是指能够解决某一经营问题，保证经营决策目标的实现，具备实施条件的经营决策方案。因此，在经营决策过程中，必须拟定多个可行方案，依靠专门机构或专家进行选择，减少决策失误。

（4）*方案的评价和选择* 方案的选择和评价是指对选出的多个可行方案进行全面、详细评价，从中选择一个最满意的方案的过程。

在已经拟定出一批备选方案后，通常采用以下三种方法从这些备选方案中选择出最优方案：①经验判断法，即根据以往的经营和资料，权衡各种方案的利弊进行决策。②数学分析法，即利用数学模型找出最优决策。③模拟实验法，即通过科学实验和实施实验进行方案选优。

（5）*决策方案的实施与反馈* 实施与反馈的有效做法是建立各种形式的目标责任制，将决策目标分解落实到各个部门和个人，明确规定他们在执行决策方案时的责任和权力。在实施的过程中，要建立跟踪检查制度，及时发现问题，及时反馈，及时迅速纠正偏差，确保决策方案的顺利实施。

三、肉兔场生产管理

1. 饲养管理方式 肉兔的饲养管理方式主要有两大类，即传统的粗放式饲养管理方式与工厂化饲养管理方式。

（1）*传统的粗放式饲养管理方式* 这种饲养管理方式简便易行，符合我国目前的养兔兼业户和专业户。它生产规模小，对基本设施要求不高，大多工序都采用手工操作，饲料主要以青、粗饲料为主，适当搭配精料。这种方式的优势是所需的资金投入量

少，技术水平较低，易于起家，便于掌握。但由于饲养时间长，受季节性影响大，其经济效益比集约化饲养管理方式差，资金周转速度慢。

（2）工厂化饲养管理方式　也称集约化半集约化饲养管理方式。这种饲养方式通常采用封闭式兔舍，从配种、繁殖、肥育到屠宰的全部程序都采用自动化管理，饲料全部使用全价颗粒饲料，自动饮水。其优势是节约了人力，缩短了肉兔的饲养周期，能够有效控制肉兔疫病，生产效率高，生产的产品能迎合市场的各种需求，但一次性投资大，对员工素质要求高。

2. 生产计划的制订　生产计划是根据兔场的经营方向、生产规模、本年度的具体生产任务，结合本场的实际情况，拟定全年的各项生产计划与措施。在制订生产计划时，必须考虑以最少的生产要素获得最大的经济效益为目标。

（1）总计划与单产计划　总计划是指兔场年度争取生产的商品总量。如肉兔场一年出售的肉兔总数，其中还包括淘汰种兔和不合格种用的只数；单产就是单产产量，如兔场每只繁殖母兔平均产仔数。总产反映了兔场的经营规模和生产水平，单产是总产的实际基础。要努力提高单产水平，以实现年度总计划的目标。

（2）利润计划　兔场的利润计划是全场全年总活动的一项重要指标，即全年的纯收入。利润计划受生产规模、生产水平、经营管理水平、饲料条件、技术条件、市场情况及各种费用开支等因素制约。兔场可根据自己的实际情况来制订利润计划，并尽可能将其分解下达到各有关兔舍、班组或个人，与他们的利益挂钩，以确保利润计划的顺利实现。

（3）兔群结构　兔群结构是由一定数量的公兔、母兔和后备兔组成。通常按自然本交方式，繁殖群公、母兔比例为1∶8～10为宜。年龄结构上，由于肉兔是多胎动物，年产胎次较多，利用年限较短，一般为2～3年。1岁以下的后备青年兔生长迅速，体质健壮，但繁殖能力差，1～2岁时为最佳利用年龄。3岁以上，繁殖等生产性能下降，应建立定期淘汰更新制度，使兔群结构保持最佳状态，每年公、母兔的更新率宜在15%～30%，具体视兔群大小而定。

下面推荐一个兔群结构数值供参考：7～11月龄为15%～20%，1～2岁为40%～50%，2～3岁为35%～40%。生产实践中应根据情况随时调整。目前，普遍存在的一个问题是没有详细的配种计划，未经严格选择的种用公兔过多，是兔群质量退化的重要原因，应予以重视。

在组织兔群结构的同时，应根据兔群结构安排生产计划、交配计划和产仔计划，做到心中有数，避免盲目性。

（4）兔群周转计划　肉兔场大多自繁自养。专业肉兔场所生产的仔兔除少数留种外，多数作为商品兔生产之用。

国外经济发达的养兔生产国，饲养商品兔实行“全进全出”的流水作业生产方式，集约化生产，要求配种、产仔、断奶、肥育等程序一环扣一环，如果在某个环节上周转失灵，就会打乱全场生产计划。为了使商品生产条件有条不紊进行，充分发挥现有兔舍、设备、人力的作用，达到全年均衡生产，实现高产稳产，保证总产计划和利润计划的完成，就必须制定好全年兔群周转计划，并保证实现。

（5）饲料计划　饲料是发展养兔业的物质基础，也是养兔生产中开支较大的一个项目，必须根据本场的经营规模、饲养方式和日常喂量妥善安排。

①传统饲养　是一种以青粗饲料为主、精料为辅的饲养方式。例如，一个种兔场常年有繁殖母兔100只，种公兔15只，后备兔45只，仔兔及幼兔500只，共660只。平均每只兔（大小兔平均）每天需青饲料0.5千克，每年共需青饲料（或由干草折成）约12万千克；每只种兔平均每天消耗混合精料0.1千克，其他兔平均每天消耗0.05千克，全年共需混合精料1.4万千克。

②集约化、半集约化饲养　这种饲养方式全部采用全价颗粒

饲料，只需供水即可。一个兔消耗的饲料数量可按以下标准估算：繁殖公兔每天需料140～150克，非配种公兔和空怀母兔每天需料120克，每只肉兔每天需料110～130克，每只带仔哺乳母兔每天需料350～380克，每只成年兔维持饲养每天需料120克。

3. 建立健全各项规章制度 科学严格的规章制度，是全体员工的行动准则，是对每个岗位责任者工作数量与质量的统一要求，也是企业信誉和生命力的保障。要保证兔场经营管理工作的顺利进行，必须建立良好的工作秩序和科学的管理制度。这些制度包括饲养管理操作规程制度、卫生防疫制度、饲养人员的培训考核与奖惩制度和成本核算与财务管理制度。

（1）卫生防疫制度 兔场必须建立严格的卫生防疫制度，以免传染病的传播与流行，降低兔群死亡率，提高兔场经济效益。兔场的卫生防疫内容主要有：定期搞好兔场、兔笼、兔舍环境卫生，定期消毒灭菌；定期预防注射各种疫苗，在饲料或饮水中添加有关预防性药物或添加剂；定期对兔群进行健康检查，特别是球虫病、疥癣病等疾病的检查，做好预防、治疗乃至隔离等工作。兔场、兔舍入口处要设有消毒设施，谢绝外场、外地人员进入场内兔群区。对于特殊进场人员或参观人员，要更换场内专用衣服，并经紫外线室消毒，方可接近兔群；发现病兔要及时隔离，死兔要及时送剖检室检验，对确诊死于传染病的尸体与内脏，应进行彻底消毒处理；防止老鼠、猫、狗等进入兔舍，严防任何传染病的发生。坚持兽医工作日志制度，及时记录兔群的淘汰、死亡、疫情等情况，以便日后查阅。

（2）饲养管理操作规程制度 饲养人员严格按照主管技术人员的配方，为种兔（含配种期、妊娠期、哺乳期）、仔兔、后备兔、商品育肥兔等配制不同的饲粮，并在饲喂时做到定时、定量、少给多餐、不浪费，并注意饲草、饲料的质量，及时喂给清洁的饮水；保证兔舍（兔笼）内外清洁、干燥、卫生、通风、透光，保持安静，避免兔群受到惊吓；对仔兔要精心管理，防止吃患乳房炎母兔的乳汁，补饲时要给予营养丰富、容易消化的饲料，少吃多餐，逐步增量；兔群变更饲草、饲料时，要逐步过渡，不能突然变更，以防患消化道疾病。

（3）*饲养人员的培训考核与奖惩制度* 兔场经济效益与饲养人员素质和责任心有着密切的关系。因此，对每个饲养人员要进行定期培训与考核，并根据每个饲养人员的技术水平、完成任务的好坏与业绩，定期给予评定，做到奖惩分明，及时兑现。坚持业务学习制度，培养一支素质高、技术硬、责任心强的饲养员队伍。

四、肉兔场的效益与经济核算

兔场的经济核算是指对生产过程中物化劳动和活劳动的消耗进行的记录、计算、控制和监督，对经营成果进行考核、对比、分析、评价，提出增收节支和改进经营管理的措施等工作的总称。经济核算的实质是对企业经济活动进行的定量分析，是以成本核算为核心，即产品成本。而产品成本是指生产一定产品所需要的全部费用，亦即总成本。包括生产过程中直接消耗的生产费用、固定资产的折旧、劳动力开支和生产管理费等。总成本又可分为可变成本和固定成本两种。可变成本主要是饲料费、低值易耗品、劳动力和医药用费等，这部分成本占产品成本比例较大，约占70%左右，其中饲料费又占可变成本的2/3以上。因此，节省饲料消耗，是降低成本、增加收益的主要措施。

1. 成本分析 成本分析是兔场财务管理的依据，是对兔场中所有费用支出进行分析对比，并找出影响成本变化的原因和解决的方法，是控制成本上升，充分利用现有的资源进行生产，节约资金，实施降低成本的措施。成本项目从另一个角度划分，可分为固定成本和可变成本。固定成本一般指购置土地和建造兔场场房费用的摊销或租赁费用，机械设备和笼器具等费用的折旧，

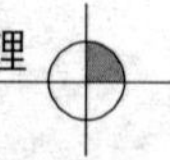

兔场管理费，基本工资等，这些费用在正常情况下兔场都必须按期支付。

可变成本是指随着产量的增减而发生相应变化的费用，如饲料、医药费、水电费、临时工工资等，但可变成本同产量不是成比例变化。由于固定成本在一定时期内是不变的，所以兔场在一定时期内成本的增加或减少主要在于可变成本的变化，因此我们要重点分析可变成本，控制可变成本。但我们不能以产量的增减或可变成本的增减作为兔场经营好坏的标志，而是应该同兔场整体效益结合起来看待。在生产中可变成本分必须支出和非必须支出，对于必须支出，我们着重研究如何提高其使用报酬，增加经济效益；对于非必须支出，要根据生产实际需求和资金能力而定，原则上是减少支出或不支出，降低生产成本。固定成本一般不会变化，但并不是说我们就不需对其分析和控制，特别是固定资产，因其一次性投资较大，所以必须有计划地提取固定资产的折旧，合理购置固定资产并加强使用、保修和管理制度，提高固定资产的利用率和利用效果。

2. 兔场盈利核算

(1) 肉兔场收入部分

第一，按配种率、产仔胎数、断奶成活率、出栏成活率等指标，计算出肉兔场全年商品肉兔总只数与总产量，即从1月1日起到年末12月31日止，统计全年出售商品肉兔的总只数与总重量。

第二，计算出全年出售商品肉兔的总收入，即从1月1日起到年末12月31日出售商品肉兔收入的总和（其中包括年末未出售商品肉兔总只数及其折款）。

第三，计算全年实际淘汰的肉兔群总只数及总重量，折算成实际收入款数（其中包括淘汰的成年种肉兔与后备种肉兔）。

第四，肥料收入，按每只成年肉兔年产肉兔粪肥料100～150千克，计算出全场肉兔群全年所产总粪尿数量，再按当时实际价格统计出总收入。

第五，年底对肉兔场所有存栏总数进行盘点，再按成年公母肉兔、后备公母肉兔、断奶育肥肉兔、哺乳仔肉兔等分类计算出存栏总只数，减去上年度各类肉兔群的存栏总只数，再分类乘以每只肉兔的折价款，即可得出本年度内全部肉兔群的增值。

上述各项收入的总和，即是本年度的总收入。

(2) 肉兔场开支　肉兔场的全年开支包括以下内容：

第一，饲料费开支：包括肉兔群全年消耗的各种饲料。即按日、月、年统计出全年各类饲料的总消耗量。上年度库存的饲料数量，要转入本年度所消耗饲料总数之内，再按实际情况，计算饲料的成本价，折算出总款数，即为当年的饲料开支。年底盘点库存饲料数量，亦应折价转入下年度的开支中。

第二，生产人员的工资、奖金、劳保福利等开支，按本年度内的实际支出计算。

第三，固定财产折旧，其中包括：①房屋折旧费，指肉兔舍、库房、饲料间、办公室和宿舍等，其中砖木结构的折旧年限为 20 年，土木结构的为 10 年。可根据当地有关规定处理。②设备折旧费，指肉兔笼、产仔箱、饲料生产与加工机械，折旧年限为 10 年，拖拉机、汽车等为 15 年。凡价值在百元以上者，均视为固定财产，列入折旧范围。

第四，燃料费、水电费：按本年度实际开支情况进行统计，列入当年总开支中。

第五，医药费、防疫费：按本年度实际执行情况进行统计，列入当年总开支中。

第六，运输费：按本年度运送饲料、种肉兔、商品肉兔等实际情况进行统计，列入当年总开支中。

第七，引种费：肉兔场为了提高兔群质量，每年有计划地引入部分优良种肉兔，按实际情况进行统计，列入当年总开支中。

第八，维修费：包括房舍维修与所用机械、运输工具等的维

修，按实际情况进行统计，列入当年总开支中。

第九，低值易耗费：指百元以下的零星开支，如购买各种用具、劳保用品等，按实际情况进行统计，列入当年总开支中。

第十，管理费：指肉兔场中非直接参加生产人员的工资、奖金、福利待遇以及差旅费等，均按实际情况列入当年总开支中。

第十一，其他开支：指上述各项以外的有关肉兔场的开支，均按实际情况进行认真统计，列入当年总开支中。

3. 经费管理 经费管理目的是合理分配资金，减少不必要的支出和浪费，提高资金的利用率，降低成本，增加兔场的利润。兔场的经费根据用途不同可分为：用于兔场继续发展的事业发展基金，用于正常生产开展和周转的流动资金，用于抵抗市场变化的风险资金，用于固定资产的维修保养基金，生产成本费用管理和利润管理。

第十章 兔场防疫体系的建立与实施

第一节 防疫体系的建立原则

肉兔的疾病种类很多，但危害最严重的是传染病，其次是寄生虫病。肉兔是一种十分娇嫩的小型动物，一旦感染这些疾病，会造成严重的甚至是毁灭性的损失。因此，兔场兽医师及经营者必须在心里牢牢树立以“预防、淘汰为主，治疗为辅”的原则。从兔场场址选择、兔舍设计开始，到消毒制度的建立、饲养管理、免疫程序制定等环节，制定一套严密防疫体系并严格执行，这样才能保证兔群健康发展，取得较高的经济效益。

防疫体系的建立原则是，根据肉兔的生物学特性，疾病发生、流行特点，本场所在的地理位置、环境、气候变化等因素，制定符合本场实际情况的安全防疫体系。

兔场防疫体系应由兽医师与畜牧师根据现有的兔病防治理论，结合本地区、本场的实际来制定，也可向国内养兔专家进行咨询、征求意见。

制定防疫体系应注意以下 3 点：其一，所制定的免疫体系要具有可操作性，不能只写在纸上，不可或不易操作。其二，尽量减少工作人员的劳动强度，如避免断奶前后注射许多不必要的药物（如预防球虫的药物等），而采取饲料中添加药物的方法完全可以预防。复杂的防疫一方面增加了肉兔应激次数、强度，同时

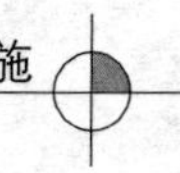

增加了工作人员的劳动量。其三，防疫体系的内容不是一成不变的，应根据兔病流行特点的变化，进行相应的改变。

第二节　防疫体系的基本内容与实施

兔场防疫体系的基本内容贯穿于兔场生产的整个过程，而其实施则涉及兔场所有部门和人员。一般由场长协调，兽医师为主，畜牧师配合，组织相关部门、相关人员，如兽医部门（包括防疫员等）、饲料采购、饲料加工、配种员以及饲养员等共同实施。各个环节都要实行责任制，落实到部门、人，实行严格的奖惩制度。

一、重视兔舍建设和兔舍环境调控

实践证明，重视兔舍建设和环境调控，兔群疾病的发生率会明显下降，即使发生一些疾病，及时采取相应措施，疾病也往往会在短期内被遏制。相反，饲养环境恶劣、疾病的发生率会明显增加，在兔病发生过程中，也会继发其他疾病，控制效果往往不理想。

（一）兔场布局和兔舍建设

兔舍是肉兔生存的基本环境，也是肉兔生产的必要基础。兔舍的小环境因素（包括温度、湿度、光照、噪声、尘埃、有害气体、气流变化等）时刻都在影响着兔体。生活在良好小环境中的肉兔生长发育良好，发病率低，生产效率高。否则，生产性能下降，严重者会患病死亡。修建兔舍时应根据肉兔的生活习性和生理特性，结合所在地区的气候特点和环境条件，同时考虑饲养的肉兔类型、品种、数量、饲养方式及投资力度等，选择、设计和建造有利于兔群健康，符合卫生条件、便于饲养管理、有利于控制疾病、能提高劳动生产率、科学实用和经济耐用的兔舍。

（二）兔舍环境调控

兔舍环境条件（如温度、湿度、有害气体、光照、噪声等）是影响肉兔生产性能和健康水平的重要因素之一。对兔舍环境因素进行人为调控，创造适合肉兔生长、繁殖的良好环境条件，是提高肉兔养殖经济效益的重要手段之一。

二、加强饲养管理，提高兔群健康水平

饲料质量的好坏直接影响兔群安全生产和兔群生产力的提高。有条件的兔场最好自行生产全价配合饲料。

1. 配方设计 饲料配方的科学、合理与否，关系到兔群稳定、成本高低，最后影响到兔场的经济效益。应根据肉兔不同生产目标和生理阶段的营养需要，设计生产全价配合饲料。配方中的主要原料尽量选择本地资源比较丰富的饲料种类，一方面减少使用过程中因饲料种类改变给兔造成应激，另一方面可以降低因运输产生的成本。

2. 严把饲料原料采购关 饲料原料质量优劣直接关系到生产出饲料质量的好坏。如果饲料原料质量出现问题，即使再科学的配方，也无济于事。采购时要注意原料是否发霉、变质或掺假。豆粕通过测定蛋白质含量检查是否有掺假，草粉要注意是否有发霉变质或掺土现象。

3. 饲料添蚀剂的选用 添加剂就是为了满足肉兔特殊需要而加入饲料中的少量或微量营养性或非营养性物质。具体地说，肉兔饲料中加入添加剂在于补充饲料营养组分的不足，防止和延缓饲料品质的劣化，提高肉兔对饲料的适口性和利用率，预防或治疗病原微生物对兔体的侵袭和干扰，促进肉兔正常发育和加速生长，改善兔产品的产量和质量，或定向生产兔产品等。添加剂的用量虽然极少，但作用极大。选择可靠的添加剂，可以达到事半功倍的效果。

目前市场上肉兔饲料添加剂种类多，要选择质量可靠、有信

誉的厂家或科研单位的产品。无论哪种添加剂，开始使用时必须进行小群试验，效果可靠方可大面积使用。

4. 饲料加工过程中的质量控制

（1）原料的称量　要求原料称量人员要有很强的责任心和质量意识。磅秤要合格有效。称定一种原料即在配方上做一记号。严禁用桶、筐来指示数量。称量微量元素时必须用灵敏度高的磅或天平，其灵敏度应达到0.1%。

（2）饲料原料的搅拌　所有饲料原料在加工过程中要充分搅拌均匀，否则就会直接影响饲料质量，影响肉兔的生产性能，甚至导致兔群发病或中毒。加入搅拌机中原料的添加顺序为：①加入用量大的原料，比重小的先加，比重大的后加；②加入微量成分，如添加剂、药物等；③喷入液体原料，如水、液体氨基酸、油；④加入潮湿原料。

搅拌时间应以搅拌均匀为限，最佳搅拌时间取决于搅拌机的类型（卧式或立式）和原料的性质（粒度、形状、形态及容重）。一般搅拌机的搅拌时间为：卧式搅拌机：3～5分钟；立式搅拌机：15～20分钟。卧式搅拌机的饲料最大装入量不高于螺带高度，最小装入量不低于搅拌机主轴以上10厘米的高度。立式搅拌机残留料较多，容易混料，更换配方时应将搅拌机中残留的饲料清理干净。

（3）饲料贮藏过程中的质量控制　贮藏是饲料加工的最后一道工序，是饲料质量控制的重要环节。贮藏饲料必须选择干燥、通风良好、无鼠害的库房放置，建立“先进先出”制度，因为码放在下面和后面的饲料会因存放时间过久而变质。不同生理阶段的饲料要分别堆放，包装袋上要有明显标记，以防发生混料或发错料。饲料水分要求北方地区不高于14%，南方地区不高于12.5%。经常检查库房的顶部和窗户是否有漏雨现象，定期对饲料进行清理，发现变质或过期的饲料应及时处理。对于小型兔场可采用当天生产、当天使用，以降低饲料在贮藏过程中发生变质的危险。

(4) 饲喂时的饲料质量检查　饲喂时应对生产的饲料进行感官检查，对饲料颜色、形状进行检查，必要时用嗅觉对饲料气味进行检查，发现饲料颜色有变化，有结块和发霉味时，要立即停止饲喂，及时与技术人员联系。不具备自行生产配合饲料的兔场，可从市场上购买全价饲料。但要选择技术力量比较雄厚、有信誉的饲料厂家，并与饲料厂家签订相关协议。协议要明确写明：因饲料质量问题造成经济损失要由饲料生产厂家负相应的责任。饲料厂家因原料短缺等原因更换配方时，必须事先通知兔场，以便兔场采取相应的饲养管理措施。

5. 配合饲料的合理使用　饲喂人员在饲养过程中必须坚持“定时、定量、定质，更换饲料逐步进行”的原则，可以说这一原则是科学养兔的精髓。“定时”就是固定每天饲喂的时间和次数，这样可使肉兔养成定时采食、排泄的习惯，从而有规律地分泌消化液，促进消化吸收。“定量”就是依据兔的生理状态、季节和饲料特点，因兔而确定每日大致饲喂量，不可忽多忽少，这样既可增强肉兔的食欲，又可提高饲料利用率，利于促进肉兔生长，减少疾病尤其是消化道病的发病率。“定质”就是肉兔的饲料配方要相对稳定。必须更换饲料时，要逐步过渡，先更换 1/3，间隔 2～3 天再更换 1/3，1 周左右全部更换完，使肉兔的采食习惯和消化功能逐渐适应变换的饲料。如突然改变饲料，易引起肉兔消化不良、腹泻或便秘，甚至诱发大肠杆菌病、魏氏梭菌病等。

三、注重选种选配，降低遗传性疾病发生率

遗传性疾病是病兔及其父母的遗传因素所决定的，并非由外界因素（如致病微生物、饲料、环境等）所致。选种时严格淘汰如牛眼、牙齿畸形、八字腿、白内障、垂耳畸形、侏儒、震颤、

脑积水、癫痫等个体。肉兔尤其是獭兔生产过程中脚皮炎发病率很高，危害非常大，选种时要选择脚毛丰厚的个体，这样其后代患本病的比例明显降低。同时制定科学繁育计划，避免近亲繁殖，提高后代生产性能和降低群体遗传性疾病的发病率。肉兔的选配应遵循如下原则。

（一）有明确的选配目的

选配是为育种和生产服务的，育种和生产的目标必须明确，这是我们要特别强调的并要贯穿于整个繁育过程，一切的选种选配工作都围绕它来进行。

（二）不近交

种兔生产和商品兔生产应避免近交，一般掌握5～7代无亲缘关系。尤其是父女、母子、兄妹之间不可交配。年龄和体重没达到标准不参加配种。

（三）优配优

优秀母兔必须用优秀公兔交配，公兔的品质等级要高于母兔。有遗传缺陷的种兔（如牛眼、八字腿、畸性齿、单睾等）不能参加配种。青年兔和老龄兔之间不宜配种。群体中应以壮年公兔为核心。有相同缺点或相反缺点的不配。否则，将使缺点变得顽固。应用优秀兔改良或性状有优有劣程度不同的公、母兔交配，以达到获得兼有双亲不同优点的后代和以优改劣的目的。

发达国家均花费巨大人力和财力培育无特定病原（SPF）群，此做法目前在我国兔场较难做到，但要创造条件，培育健康兔群，组成核心群。经常注意定期检疫与驱虫，淘汰带菌、带毒、带虫兔，保持相对无病状态。同时，加强卫生防疫工作，严格控制各种传染性病原的侵入，保证兔群的安全与健康。培育健康兔群常用的方法有人工哺乳法和保姆寄养法，其所用的兔舍、兔笼、饲料、饮水、用具及铺垫物等，均需经过消毒处理，防止污染。饲养人员应专职固定，严格管理。

四、坚持自繁自养，慎重引种

养兔场（户）应选用经培育的生产性能优良的公、母种兔进行自繁自养，这样既可以降低饲养成本，又能防止引种带入疫病。为了调换血统，必须引进新的品系、品种时，只能从非疫区购入，经当地兽医部门检疫，并发给检疫合格证，再经本场兽医师验证、检疫，在离生产区较远的地方，隔离饲养观察1个月以上，确认健康者，经驱虫、消毒（没有接种疫苗的补注疫苗）后，方可进入生产区混群饲养。由于我国一些种兔场存在兔毛癣菌病，引种时兽医师必须亲自观察，无本病方可引种。同时引种后对可疑种兔，必须隔离观察至第五胎仔兔断奶时，仔兔无本病发生，才可以混入原兔群。据观察，有些青年或成年兔外观看似无毛藓菌病，但其为带菌者，分娩后不久，仔兔迅速感染、蔓延。

兔场如果从国外进口种兔，要严格执行《中华人民共和国进出境动植物检疫法》，重点检疫兔瘟、黏液瘤病、魏氏梭菌病、巴氏杆菌病、密螺旋体病、野兔热、球虫病和螨病等。

五、减少各种应激的发生

应激因素在兔病发生上的意义应引起养兔生产者的高度重视，兔群发生疾病都与应激有因果关系。所谓应激，是指那些在一定条件下能使肉兔产生一系列全身性、非特异性的反应。常见的应激因素有密集饲养、气候骤变、突然更换饲料、更换场舍、刺号、称重、接种疫苗、炎热、长途运输、噪声惊吓、追赶、捕捉、咬架、创伤、饥饿、过度疲劳等。在应激因素作用下，肉兔机体所产生的一系列反应叫做应激反应，此时动物处于应激状态，在该状态下所表现的各种反应是肉兔企图克服各种刺激的危害。应激不仅影响肉兔生长发育，加重原有疾病的病情，还可诱发新的疾病，有时甚至导致肉兔死亡。在养兔生产中，应尽量减

少各种应激的发生，或将应激强度、时间降到最低。如仔兔断奶采用原笼饲养法，断奶、刺号间隔进行，长途调运采用铁路运输为佳，兔舍饲养密度不宜过大，饲料配方变化逐渐进行，严禁生人或野兽进入兔群等。口粮中添加维生素 C，可降低肉兔的应激反应。

六、建立卫生防疫制度并认真贯彻落实

（一）进入场区要消毒

在兔场和生产区门口及不同兔舍间，设消毒池和紫外线消毒室，池内消毒液要经常保持有效浓度，进场人员和车辆等必须经消毒后方可入内。兔场工作人员进入生产区时，应换工作服、穿工作鞋、戴工作帽，并经彻底消毒后进入，出来时脱换。在场区内不能随便串岗串舍。非饲养人员未经许可不得进入兔舍。

（二）场内谢绝参观

禁止闲杂人员和有害动物进入场内，兔场原则上谢绝入区进舍参观，必需的参观或检查者按场内工作人员对待，严格遵守各种消毒规章制度。严禁兔毛、兔皮及肉兔商贩、场外车辆、用具进入场区。已调出的兔严禁再返回兔舍，种兔场种兔不准对外配种，场区内不准饲养其他畜禽。兔场要做到人员、清粪车、饲喂等用具相对固定，不准乱拿乱用。

（三）搞好兔场环境卫生和定期消毒

饲养管理人员要注意个人卫生，结核病人不能在养兔场工作。兔笼、兔舍及周围环境应天天打扫，经常保持清洁、干燥。兔舍内温度、湿度、光照要适宜，空气清新无臭味、不刺眼。饲槽、水槽和其他器具均应保持清洁。定期对兔笼、地板、产箱、工作服等进行清洗、消毒。全场每隔半年进行 1 次大清除和消毒，清扫的粪便及其他污物等应集中堆放于远离兔舍的地方进行焚烧、喷洒化学消毒药、掩埋或做生物发酵消毒处理。生物发酵经 30 天左右，方可作为肥料使用。

（四）杀虫灭鼠，消灭传染媒介

蚊、蝇、蛇、蝉、跳蚤、老鼠等是许多病原微生物的宿主和携带者，能传播多种传染病和寄生虫病，要采取综合措施设法消灭。

七、严格执行消毒制度

消毒是预防兔病，尤其是流行性疾病的重要措施，要制度化、经常化。其目的是消灭散布于外界环境中的病原微生物和寄生虫，以防止疾病的发生和流行。在消毒时要根据病原体的特性、被消毒物体的性能和经济价值等因素，合理地选择消毒剂和消毒方法。

兔舍应先彻底清除剩余饲料、垫草、粪便及其他污物，用清水冲洗干净，待干燥后进行药物消毒。兔笼及用具应先将污物去除，用清水洗刷干净，干燥后再进行药物消毒。

场地在清扫的基础上，除用常用消毒药外，还可选用5%来苏儿等消毒。

仓库用5%过氧乙酸溶液、福尔马林熏蒸消毒。毛、皮常用环氧乙烷等消毒。

医疗器械除煮沸或蒸汽消毒外，常用的消毒药物有0.1%洗必泰、0.1%新洁尔灭等。工作服、手套可用肥皂水煮沸消毒或高压蒸汽消毒。

尸体、粪便及污物可采用烧毁、掩埋或生物热发酵等。

八、制定科学合理的免疫程序并严格实施

免疫接种是预防和控制肉兔传染病十分重要的措施。免疫接种就是用人工的方法，把疫苗或菌苗等注入肉兔体内，从而激发兔体产生特异性抵抗力，使易感的肉兔转化为有抵抗力的肉兔，以避免传染病的发生和流行。兔场应结合本场实际，制定切实可行的免疫程序，并严格按程序实施。

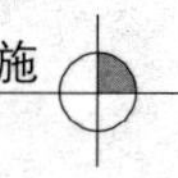

九、有计划地进行药物预防及驱虫

对兔群应用药物预防疾病，是重要的防疫措施之一。尤其在某些疫病流行季节之前或流行初期，应用安全、低廉、有效的药物加入饲料、饮水或添加剂中进行群体预防和治疗，可以收到显著的效果。如产后3天内，母兔每次服0.5克长效磺胺，每日2次，连喂3天，可预防乳房炎和仔兔黄尿病的发生。在兔群中防治球虫病是提高幼兔成活率的关键，目前在饲料中使用抗球虫药，是预防肉兔球虫病最经济、最有效、最方便的措施，如在仔兔开食至90日龄内，可用氯苯胍每千克饲料中加药150毫克，或莫能菌素每千克饲料加药3毫克，可有效预防兔球虫病、腹泻和呼吸道疾病的发生。在春、秋两季还应对全群普遍驱虫，可用高效、低毒、广谱驱虫药，如丙硫咪唑，可驱除线虫、绦虫及吸虫等；伊维菌素，可驱除线虫、疥螨等寄生虫。必须注意的是，长期使用药物预防时，容易产生耐药菌而影响药物的防治效果。因此，需经常进行药敏试验，选用有高度敏感性的药物。同时，使用的药物要详细记录名称、批号、剂量、方法、用药时间等，以便观察效果，及时处理出现的问题。

十、兔病力求早发现，及时诊治或扑灭

兔场每天早上由饲养管理人员在饲喂前和饲喂过程中注意细心观察兔的行为、采食等异常变化，并进行必要的检查。如发现异常，应由兽医师进行及时诊断和治疗，以减少不必要的损失或将损失降至最低。

生产实践中一般可通过看、摸、听、测等方法，识别和发现病兔。

看，就是经常观察兔的精神状态、体况、营养状态、姿势、被毛、眼睛、耳、口、鼻、食欲、粪便、尿液等是否有异常或发生异常变化。

摸，即对可疑病兔通过触摸检查，感知其机体肥瘦、局部温度、体表有无肿块、腹部胀满程度及腹腔内脏器官异常与否。

听，即倾听兔群中是否有异常声响，尤其是要听兔的呼吸音是否粗厉，有无打喷嚏、咳嗽及其他异常呼吸音及呻吟声、尖叫声等。

测，即测量体温、脉搏等，排除生理因素（如年龄、性别、生产性能、气候条件等）的影响后，体温升高或降低，均为患病的表现。

对通过上述方法发现的病兔，兽医师必须通过流行病学、临床症状、病理变化，必要时进行实验室诊断等方法，及时做出正确的判断。本场不能确诊的应让有关部门或有关专家帮助诊断。

病兔确诊为传染病时，要迅速采取扑灭措施。

第十一章 兔场消毒和免疫接种

兔场消毒和免疫接种工作是保证兔群健康发展的两道主要防线，作为兔场兽医师应认真组织，精心安排，扎实把这两项工作落到实处，保障兔群安全生产。

第一节 兔场消毒

一、消毒的意义

环境清洁和安全是肉兔生产能否正常进行的前提，它不仅关系到肉兔的健康和生产力，同时也是养兔生产中兽医防疫体系的基础。而维持环境卫生状况良好的重要手段就是消毒。因此，环境消毒越来越受到养兔场的高度重视。

环境消毒是指杀灭或清除被病原体污染的场内环境、兔体表面、设备、水源等的病原微生物，切断传播途径，使之达到无害化，防止疾病发生和蔓延。

二、消毒的类型

（一）经常性消毒

为预防疫病的发生，对经常接触到肉兔的人以及器物进行消毒，以免肉兔受到病原微生物的感染。经常性消毒的主要方面是人员、车辆等出入场门、舍门必须经过消毒。简单易行的办法是在场舍门处设消毒槽（池）。消毒槽（池）须定期清除污物，换新配制的消毒液。人员进场时，须经过淋浴并换穿场内消毒后的衣帽，再进入生产区。这是一种行之有效的预防措施，即使对要求极严格的种兔场，采用淋浴的办法，预防传染病的效果也很好。

（二）定期性消毒

为预防疫病发生，应定期对兔舍、兔笼、饮水、饲槽、产箱等设备和用具进行消毒。建议大型兔场每年春、秋两季至少开展一次兔场全面消毒，重点对每栋兔舍进行腾空，然后彻底消毒，包括机械清理、冲洗、喷洒消毒药、熏蒸等消毒措施，需要一栋空舍进行兔只周转。

（三）突击性消毒

当发生肉兔传染病时，为及时消灭病兔排出的病原体，应对病兔接触到或接触过的兔舍、设备、器物等进行消毒。对病兔的分泌物、排泄物以及病兔体、尸体等进行消毒处理。此外，兽医人员在防治和试验工作中使用的器械设备和所接触的物品亦应消毒。其目的是为了消灭由传染源污染的病原体，切断传播途径。

（四）终末消毒

对其所处周围环境最后进行的终末消毒，彻底杀灭和清除传染源遗留下的病原微生物。终末消毒是解除疫区封锁前的重要措施。

三、消毒方法

常用的消毒方法主要有物理消毒、化学消毒和生物热消毒等。

（一）物理消毒

物理消毒主要用于兔场设施、饲料、兽医室器械等的消毒，常见物理消毒方法有机械性消毒、通风换气、阳光及紫外线消毒、高温消毒和过滤消毒。

1. 机械性消毒 用清扫、铲除、洗刷等机械方法，清除降尘、污物及被污染的墙壁、地面以及设备上的粪尿、残余饲料、

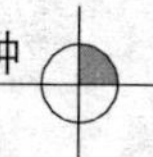

废物、垃圾等。这些工作多属于兔场的日常饲养管理内容，只要按照兔场日常管理认真执行，即可最大限度地减少兔舍内外的病原微生物。

机械性消毒可减少病原微生物的含量，但并不能达到彻底消毒的目的，必须与其他消毒方法（如化学消毒、高温消毒等）结合使用。其他多数消毒方法在机械性消毒之后，才能达到最佳消毒效果。需要指出的是，在冲洗过程中最好使用消毒剂，特别是发生过传染病的兔舍，以免冲洗的污水不经处理成为新的污染源。

2. 通风换气　可以减少空气中微粒与细菌的数量，减少经空气传播疫病的机会。在日常管理中，每日定时打开门窗或排风设备加强通风。即使在严寒季节，也要在中午气温较高的时段进行通风，既可降低兔舍有害气体的浓度，还可减少舍内病原菌的数量。

3. 阳光及紫外线消毒　直射阳光中波长在240～280纳米的紫外线具有较强的灭菌作用。一般病毒和非芽孢的菌体，在直射阳光下几分钟至几小时就能被杀死，即使是抵抗力很强的芽孢，在连续几天的强烈阳光下，反复暴晒也可变弱或杀死。生产中对使用过的产箱、料盒、底板、兔笼、饲料车等在清洗干净后，在阳光充足的条件下进行直射，消毒效果较好。注意定时把所晒物品不同界面朝向太阳，达到彻底消毒的目的。产箱垫料（刨花、柔软垫草）可直接在太阳下照射消毒。

紫外线可有效地杀灭空气、物体表面的病原体，可用于更衣室、实验室等处消毒。但其穿透能力不强，不能穿透普通玻璃、尘埃等。紫外线灯消毒效果与照射时间、距离、强度有关，一般灯管离地面约2米，照射时间1～2小时。紫外线对眼睛和皮肤有损伤作用，一般不能在紫外线灯下工作。

4. 高温消毒　高温消毒主要有火焰、煮沸与蒸汽3种形式。

（1）火焰消毒　是比较简单而又十分彻底的消毒方法，可杀死物体上的所有微生物及其芽孢。兔笼、底板、料盒、产箱等设备及用具均可采用火焰消毒。也可定时采用火焰消毒方法焚烧附着在兔笼、底板上的兔毛，防止毛球病的发生。目前，我国肉兔养殖场（户）多采用市售的液化气喷枪或火焰喷灯进行消毒，消毒彻底，费用较低。但应注意：由于火焰消毒过程中产生的噪声比较大，对于集中产仔或妊娠后期较为集中的兔舍，应尽量避开。在带兔消毒过程中，防止烧伤兔体。消毒要到位，宁可重复消毒，也要防止出现盲区，如笼底板下方等。每处火焰喷射时间不少于 3 秒。对病兔尸体可用焚烧的办法消毒。

（2）*煮沸消毒*　经煮沸 30 分钟，可杀死一般微生物。主要设备为煮锅或煮沸消毒器。适用于耐热物品消毒（注射器、金属手术器械、针头、药棉、衣帽口罩等）。在水中加入少量碱，如1%～2%的小苏打、0.5%的肥皂或氢氧化钠等，可使蛋白、脂肪溶解，防止金属生锈，提高沸点，增强杀菌作用。

（3）*高压蒸汽消毒*　类似于煮沸消毒，利用水蒸气的潜热和穿透力，使病原体蛋白质变性，从而达到消毒目的。使用的设备为高压灭菌锅，当灭菌器内压力达到 1×10^5 帕时，温度可达121.3℃，维持 30 分钟左右，即可杀死一切细菌及其芽孢。此法可用于比较耐高温的物品如玻璃器皿、金属器械等的灭菌。

5. 过滤消毒　是以物理阻留的方法，去除介质中的微生物，主要用于去除气体和液体中的微生物。其除菌效果与滤器材料的特性、滤孔大小和静电因素有关。主要有网滤阻留、筛孔阻留、静电吸附等几种方法。兔舍通风口、自动饮水的过滤系统等采用过滤消毒来净化空气和水质。

（二）化学性消毒

化学性消毒就是利用化学药品杀灭病原体的方法。其特点是使用方便，效率高，不需要专门的设备。化学消毒的效果决定于许多因素，如病原体抵抗力的强弱、所处环境的情况和性质、消毒时的温度、药剂的浓度、作用时间的长短。

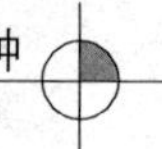

1. 消毒剂的选择原则　选择消毒剂时，应考虑选择广谱、消毒力强，对人、畜毒性小，不损害被消毒的物体，易溶于水，在消毒环境中作用比较稳定，不易失效，又要价廉易得和使用方便等。如经常性消毒可选择广谱消毒剂，突击性消毒选择对该病原特效的消毒剂，带兔消毒宜选择对兔无刺激性的消毒剂。

2. 消毒剂使用方法　常用的有喷洒（雾）消毒、浸泡消毒、熏蒸消毒和饮水消毒。

（1）喷洒（雾）消毒　将消毒剂按比例配比，用喷雾器喷雾或喷洒到所消毒的物品上，主要用于兔舍地面、墙裙和舍内固定设备（如兔笼等）等的消毒。注意要使药物均匀地喷洒在消毒对象上。由于喷洒（雾）法可增加兔舍湿度，应选择天气晴朗、温暖的中午进行，尽量避开梅雨季节和寒冷时期进行。

气雾法是把消毒液通过气雾发生器喷射出雾状消毒剂微粒，是消灭病原微生物的理想办法。用于全面消毒兔舍空间，一般用量为5%过氧乙酸溶液25毫升/米^3。

（2）浸泡消毒　将消毒剂按比例配成消毒药液，将需消毒的物品放入消毒液中，浸泡一定时间后取出，用清水洗净后晾干。浸泡法适用于笼底板、饲槽、产箱等的消毒。厂区进门处以及在兔舍进门处消毒槽内也用浸泡消毒或用浸泡消毒药物的草垫或草袋对人员的靴鞋进行消毒。器械或兽医人员手也常用浸泡消毒。

（3）熏蒸消毒　将消毒剂加热或用化学方法，使药物产生气体，扩散到各处，密闭一定时间后，通风。熏蒸法适用于密闭空间以及密闭空间的物品，如兔舍、饲料库、用具等的消毒。这种方法简便、省钱，对房舍无损害。但必须在兔舍无兔的情况下进行。常用的熏蒸消毒剂有40%甲醛、过氧乙酸、环氧乙烷、高锰酸钾等。现以甲醛和高锰酸钾为例，介绍熏蒸消毒的操作方法。首先必须对兔舍和其中设备进行清扫、清洗和干燥，然后计算出兔舍空间大小，根据兔舍状况，确定消毒药物（40%甲醛和高锰酸钾）的总使用量，先将40%甲醛放入金属容器中，面积

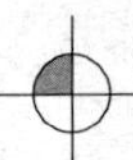

较大时，多点分放，密闭所有门窗和换气口，由里向外逐个加入高锰酸钾，迅速离开，关闭门窗 24 小时，通风换气至无甲醛气味后方可进兔。消毒兔舍时可将料车、产箱等放入舍中一同消毒。舍内温度在 18～27℃、相对湿度在 65%～80%时消毒效果最好。

(4) 饮水消毒　将消毒剂按比例加入水中，消毒一定时间后使用。

(三) 生物热消毒

生物热消毒就是利用微生物分解有机质而释放出的生物热(温度可达 60～70℃)，杀灭各种病菌、病毒及虫卵等，主要用于粪便、污水、其他废弃物及非传染病死亡尸体的消毒。

四、空舍和带兔的消毒

(一) 空舍消毒

适宜新建兔舍、全进全出制腾空兔舍的消毒。

新建兔舍安装好所有的用具包括饲槽、饮水器、承粪板等，清除各种杂物，将需要消毒的器具如料车、产箱等也可放在舍内同时消毒。采取喷洒与熏蒸消毒结合消毒方法。熏蒸消毒用药剂量按未使用的兔舍的 1 倍浓度即可。腾空兔舍消毒的药物浓度按未发疫病或已发疫病兔舍浓度使用。

(二) 带兔消毒

适用于兔群经常性消毒、兔群个别兔只感染发病或群体发病治疗期间的兔舍消毒。带兔消毒的原则是既要对病原菌达到杀灭的目的，又不损害兔群健康，因此在选择消毒剂和消毒方法上须以不影响兔群健康为前提。

1. 消毒剂的选择　宜选择那些无味、高效的消毒药，如双链季铵盐类消毒药（百毒杀等）。对于已发生疾病的兔舍，选择药物时还要注意选择对该疾病敏感的消毒药。如兔舍发生螨病，宜选择对螨虫有杀灭作用的药物，如螨净等。

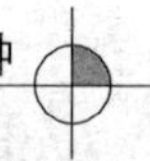

2. 药物浓度　经常性消毒药物浓度按常规浓度进行。发生疫病时应按较高浓度使用或按说明使用。

3. 消毒方法　先通过机械清理等方法，把兔舍地面、兔笼等地方污物铲除、清扫干净，然后可采取喷洒消毒，也可采取火焰消毒，但消毒必须仔细、彻底。

4. 消毒次数　兔群经常性消毒次数应根据兔舍平时卫生情况来决定，一般1～2个月进行1次，喷洒应选择天气温暖的时候进行，尽量避开阴雨天气。发生疫病进行突击性消毒则根据疫病情况及时消毒，治疗期间隔日消毒1次，等治愈后或淘汰后再进行1次终末消毒。

五、提高消毒效果的措施

影响消毒效果有很多因素，如除消毒方法和化学消毒剂本身的化学性质、作用特点外，药液用量、浓度、温度、作用时间、有机物的存在等对消毒效果都有一定影响。为了提高消毒效果，常需注意如下几点。

第一，根据消毒对象、微生物的特性，选取适宜的消毒剂，特别要注意选用高效、低毒、价廉的消毒剂，并正确使用。如有的消毒剂不能与碱接触或不耐热，有的消毒剂宜现配现用，配制日久，则效果降低或丧失。

第二，消毒前应对消毒场所、物体表面附着的灰尘、粪垢等先进行机械清除或清洗，以减少有机物的存在，否则会降低消毒剂的作用效果。

第三，适当提高消毒液浓度。一般情况下，药物的浓度与其消毒效果成正比，浓度愈高，作用愈强（酒精等除外）。

第四，在可能的情况下，提高消毒剂的温度可以增强消毒效果。如相同浓度的烧碱液，热碱液的消毒作用要强得多。

第五，使消毒剂与消毒对象有充分的作用时间。消毒液与物体有足够的接触时间，才能达到消毒的预期效果，一般不得少于

30 分钟。

第六，要根据消毒的对象确定用量。用量过少，消毒液分布不均，达不到消毒效果；用量太大，浪费药液。

六、消毒注意事项

第一，无论采取哪种方法进行消毒，都要认真、仔细、不能敷衍了事。化学消毒要轮换使用消毒剂。

第二，兔舍电源要有漏电保护器，使用高压水枪冲洗兔舍时防止打湿电源开关等连接处，保证用电安全。

第三，使用火焰消毒时注意防止烧伤兔体，同时尽量避开妊娠后期和产仔较为集中的时期。

第四，兔舍熏蒸消毒之后，必须及时通风，排除甲醛后才可进兔。

第五，消毒时要注意操作人员的安全和卫生防护。

第二节　肉兔免疫接种

免疫接种是预防和控制肉兔传染病十分重要的措施。免疫接种就是用人工的方法，把疫苗或菌苗等注入肉兔体内，从而激发兔体产生特异性抵抗力，使易感的肉兔转化为有抵抗力的肉兔，以避免传染病的发生和流行。

一、免疫接种类型

肉兔免疫接种类型有以下 2 种。

（一）预防接种

为了防患于未然，平时必须有计划地给健康兔群进行免疫接种。预防接种应按一定的免疫程序进行。不同地区、不同类型的兔场的免疫程序不同。一般来说，免疫程序的制定首先要考虑当地疾病流行情况及严重程度，据此决定需要接种何种疫苗和达到

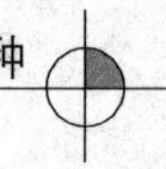

的免疫水平。

（二）紧急接种

在发生传染病时，为了迅速控制和扑灭疫病的流行，须对疫群、疫区和受威胁区域尚未发病的兔群进行应急性免疫接种。实践证明，在疫区内使用兔瘟、魏氏梭菌、巴氏杆菌、支气管败血波氏杆菌等疫（菌）苗进行紧急接种，对控制和扑灭疫病具有重要作用。

紧急接种除使用疫（菌）苗外，也常用免疫血清。免疫血清虽然安全有效，但常因用量大、价格高、免疫期短，大群使用往往供不应求，目前在生产上较少使用。

发生疫病做紧急接种时，必须对已受传染威胁的兔群逐只进行详细检查，并只能对正常无病的兔进行紧急接种。对于病兔及可能已受感染的潜伏期病兔，必须在严格消毒的情况下，立即隔离、治疗或淘汰，不能再接种疫（菌）苗，否则不但不能保护，反而促使它更快发病。通常在紧急接种后数日内兔群中发病数反而有增加的可能，但一般在注射7～8天后，发病数明显下降，并使疫病的流行很快得到控制。

紧急接种时，必须防止针头、器械的再污染，尤其在病兔群接种，必须一兔一针头，并认真对注射部位进行消毒。

二、免疫接种注意事项

（一）选购疫（菌）苗

要选购有国家正式批文的厂家生产的疫（菌）苗，这些疫（菌）苗质量有保障，如果出现问题可以及时得到妥善处理。

（二）剂量

注射剂量小，肉兔产生不了足够的抗体，无法保护机体免受病菌的感染；剂量过大，机体会产生免疫疲劳。因此，具体使用剂量要按厂家生产的疫（菌）苗说明确定。如果做紧急预防，要适当加大剂量。

（三）注射部位

肉兔疫（菌）苗以皮下注射为宜，部位一般在耳后颈部皮下。

（四）免疫后反应问题

注射后兔出现精神不佳、采食下降，多属正常现象，需要加强饲养管理。有些疫苗尤其是一次剂量超过 2 毫升，注射后往往出现化脓或吸收不良等问题。为防止此类问题的出现，一要严格对注射部位进行消毒；二要在注射针刺过皮肤后，针头一边做扇形运动，一边将疫苗注入皮下。

有时注射疫苗后则出现大批死亡的情况，其原因有两个方面：一方面是兔群已感染本病，注射后加速发病、死亡；另一方面是疫苗质量有问题。为此，大型兔场大群体注射疫苗前，应做小试，无严重不良反应时才可进行大群注射。

（五）疫苗的保存

根据疫苗说明书，妥善保管。保管的适宜温度：各种水剂疫苗、菌苗为 4～10℃，切忌结冰。冻干疫苗在 0℃以下保存。

三、免疫程序的确定

所谓兔的免疫程序，就是根据本地区、本场气候环境、肉兔疫病发生和流行的具体情况等制定防疫计划，以便在兔的不同生长时期，有步骤、有目的地进行疫病预防。由于兔传染病多，不同地区自然条件及兔病发生和流行情况均不可能相同。因此，免疫程序应因地、因场、因群而定。主要应考虑如下几方面。

1. 母源抗体的水平 新生仔兔的血清中存在有足量的母源抗体，对仔兔具有良好的抗感染保护作用。它的获得有两个途径：妊娠胎盘和初乳。随着仔兔日龄增加，母源抗体则逐渐消失，对仔兔的免疫保护作用也会随之减弱。仔兔母源抗体较高时，会抑制疫苗的免疫效力，甚至可能引起新生动物的免疫疾病；母源抗体水平过低，则对仔兔没有保护作用，使其处于极其

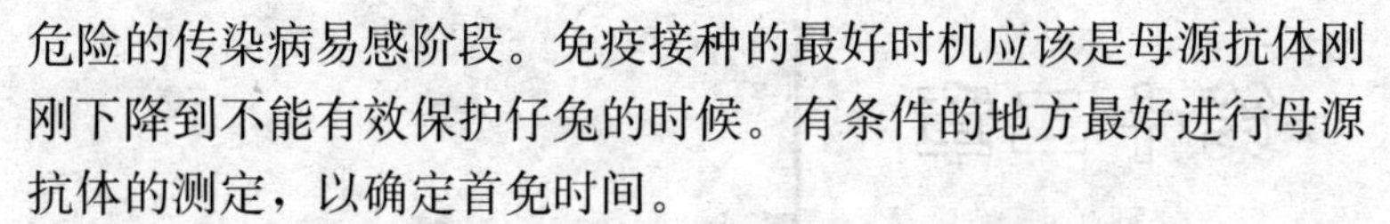

危险的传染病易感阶段。免疫接种的最好时机应该是母源抗体刚刚下降到不能有效保护仔兔的时候。有条件的地方最好进行母源抗体的测定，以确定首免时间。

2. 本地区、本场疫病发生流行情况　要根据本地区、本场传染病发生的类型、流行特点制定相应的免疫程序，重点应放在常发的、对养兔业危害较大的传染病预防上。对本地区、本场从未发生过的传染病，一般不进行免疫预防接种。值得注意的是免疫程序并非一成不变，要根据兔病流行特点变化及时进行修改。

3. 疫（菌）苗的免疫特点　目前普遍使用的疫（菌）苗有2种：灭活苗和弱毒苗。灭活苗（死苗）进入兔体后不能生长繁殖，对机体刺激时间短，因此要考虑多次重复注射，如目前对兔瘟的免疫就采取二次免疫，30～35天进行初次免疫，60天进行1次加强免疫。弱毒苗（活苗）注射后可在局部继续生长繁殖，对机体刺激时间长，一般只需免疫接种1次。某些弱毒苗毒力相对较强，安全性差，首免时间过早，有时会对仔兔产生危害。

第十二章 兔场兽医室建设及管理

兔场尤其是较大规模兔场应建立兽医室和实验室。做好兔场兽医室的建设与管理，可以为本兔场疾病诊断、防治提供服务，同时避免污染兔群和给周围造成二次污染。

第一节 兽医室和实验室的建设

兔场应建立兽医室和实验室。条件不具备的只设兽医室。

一、兽医室

兽医室主要对兔群中发病、死亡的兔只进行必要的处理、剖检、治疗。兽医室一般应设置在全场的下风口，并远离饲养区域，与饲养区设置隔离墙。兽医室一般设内外套间，外间为剖检室，主要有解剖桌，应安装紫外线消毒灯。内间放置用具、药品等。使用面积一般为 40～50 米^2。兽医室由兽医师、防疫员负责管理。

二、实验室

实验室主要是开展兔病实验室诊断，如细菌分离、培养镜检和药敏试验，寄生虫诊断，真菌检查，毒物检测。有条件的还可进行细菌生化试验和病毒分离、鉴定等工作。一般设在离兔场较

远的区域。使用面积一般为 50～100 米^2。实验室要设专职操作人员和管理员。

第二节　基本器材和试剂

一、基本设备和器材

设备和器材包括工作台、电冰箱、高压灭菌器、普通生物显微镜、离心机、干燥箱、解剖桌、搪瓷盘、刀类（手术刀、剖检刀等）、镊子类（有齿镊子、无齿镊子）、剪类（外科剪、肠剪、骨剪）、酒精灯、多功能电炉（温度可调，供加热溶液用）、缝合针、缝合线、金属卷风、电子秤、广口瓶、数码照相机或摄像机。此外，还有肥皂、药棉、纱布、桶、一次性手套和口罩等。

二、药物和试剂

（一）消毒药物

用于剖检器械、肉兔尸体及被污染的环境消毒，主要有：3%～5%来苏儿、石炭酸、臭药水、0.1%新洁尔火溶液、0.05%洗必泰等。为防止剖检人员自身感染，常用的消毒液有：3%碘酊、2%硼酸水、70%酒精、0.2%高锰酸钾液等。

（二）固定液

用于固定病变组织，可选用10%甲醛溶液或95%酒精。

（三）试剂、培养基

根据试验需要，自制或购买相关试剂、培养基。

第十三章 兔病概述

第一节 兔病病因和分类

一、兔病病因

兔病的发生原因，一般可分为2大类：一是由生物因素引起的，这一类疾病都具有传染性和侵袭性；二是由非生物因素引起的疾病，这一类疾病没有传染性。

1. 生物因素引起的疾病 是由致病性生物引起的疾病，包括由病毒、细菌、支原体、真菌等微生物引起的各种传染病和由各种寄生虫引起的寄生虫病。

2. 非生物因素引起的疾病 这类疾病又称普通病，主要包括内科病、外科病，产科病、营养代谢性疾病及中毒性疾病。这些疾病均不具传染性，但一些营养代谢性疾病和中毒性疾病常有群发的特点。

二、兔病的分类

（一）传染病

传染病是由病原微生物通过消化道或呼吸道等途径侵入兔体，并可以在个体及群体间传播的一类疾病。其特点是传播快，发病率和死亡率都很高。由病毒引起的疾病，如兔病毒性出血病（兔瘟）、传染性水疱性口炎、兔黏液瘤病、兔痘、子兔轮状病毒病等。由细菌引起的传染病，如兔巴氏杆菌病、波氏杆菌病、葡萄球菌病、泰泽氏病、土拉杆菌病、

沙门氏菌病、大肠杆菌病、李氏杆菌病、魏氏梭菌病、结核病、链球菌病等。

（二）寄生虫病

寄生虫病是各种寄生虫侵袭兔体内或体表，不断吸取机体营养，分泌毒素，造成各种机体障碍和损伤，从而扰乱正常的生理功能，使肉兔发育不良、贫血、消瘦以至死亡的一类疾病，如兔球虫病、弓形虫病、豆状囊尾蚴病、兔螨病等。

（三）内科病

内科病主要是由于长期饲养管理不当造成的。如饲料单纯，精料过多，特别是贪食过多含露水的豆科植物、腐败发霉饲料和冰冻饲料，以及运动、饮水不足等原因，常可引起肉兔的积食、大便秘结和胃肠炎等消化道疾病。

（四）营养代谢性疾病

营养代谢性疾病主要是营养物质（如维生素、矿物质等）缺乏或过多而引起肉兔的营养失衡，导致机体新陈代谢发生障碍，造成肉兔的营养不良，生产性能和抗病力下降，甚至危及生命的一类疾病，如常见的维生素A、维生素B、维生素E缺乏症，钙、磷缺乏症，以及妊娠毒血症等。

（五）中毒性疾病

肉兔的中毒性疾病总起来可分为食物中毒和药物中毒2大类。前者是采食含毒植物、霉变饲料而引起的；后者是采食含农药、灭鼠药、矿物质和重金属的饲料和饮水，以及因剂量或使用方法不当引起的药物中毒。如常见的有亚硝酸盐中毒、氢氰酸中毒、有机磷农药中毒和灭鼠药中毒等。科学地饲养管理，是肉兔健康的根本保障。饲养管理不当，往往就会造成疾病的发生与流行。在实践中病因往往不是单一的，有的一开始就是多种因素，有的是随着病情的不断发展机体抵抗力不断降低，很容易伴发或继发多种疾病。

第二节　兔病诊断和治疗技术

一、兔病的诊断

在养兔生产中，应定期检查兔群的整体健康状况，特别是当兔群发病后，及时对兔群进行认真的检查，包括流行病学调查、临床诊断、病理学诊断，必要时还要采取病料进行实验室检查，以便迅速做出确诊，采取相应的控制措施。

（一）流行病学调查

流行病学调查包括本次疾病流行的基本情况（如最初发病的时间和地点，传播蔓延情况，发病兔的数量、性别、年龄、发病率、死亡率如何等情况），本地区或本场过去是否发生过类似的疾病，发病前后的饲养管理是否有大的变动，免疫接种及药物预防情况（如兔群疫苗注射情况，是否使用过预防药物，是否驱过虫，饲料中使用过哪些添加剂，效果如何），发病后病情发展情况和治疗效果等内容。通过调查，可以初步明确所发生的疾病是普通病还是传染病，为进一步确诊提供依据和线索。

（二）临床诊断

临床诊断是一种最基本的诊断方法，它是利用人的感官或借助一些简单器械，如体温计、听诊器等直接或间接地对肉兔进行检查。对于一些具有典型症状的病例，通过仔细检查不难做出诊断。但临床诊断往往具有一定的局限性，特别是在发病的初期，尚未出现症状的病例，或者非典型和隐性感染的病例，单纯依靠临床检查则很难确诊，只能提出可疑疾病的大致范围。必须结合其他诊断方法才能确诊。在实际操作时应注意对整个发病兔群所表现的症状，综合分析判断，以防误诊。临床诊断一般包括如下内容。

1. 一般检查　包括营养及发育状况、精神状态、可视黏膜、体温、呼吸、脉搏的检查。营养发育良好的肉兔，肌肉和皮下脂

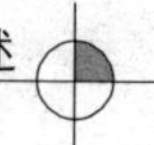

肪轮廓丰满，被毛光滑，皮肤富有弹性，体躯大，结构匀称。相反，营养、发育不良者则表现骨骼显露，被毛粗乱无光，皮肤干燥而缺乏弹性，生长缓慢。此外，对皮肤的检查还应注意其温、湿度、肿胀及外伤等。精神状态正常的肉兔，表现活泼，尾巴上翘，富有活力，对外界刺激反应灵敏；反之则表现委靡、沉郁、昏迷或兴奋不安等异常变化。健康肉兔的可视黏膜呈粉红色，当出现有苍白，黄染，发绀（蓝紫色），出血斑点时，则为有病的指征。体温的测定：一般采取肛门测温法。测温时，操作者用左臂夹住兔体，左手提起尾巴，右手持体温表慢慢插入肛门内，深度3.5～5厘米，保持3～5分钟。肉兔的正常体温为38.5～39.5℃。呼吸次数检查：观察胸、腹壁的一起一伏即是1次呼吸，计数0.5～1分钟，计算出1分钟的呼吸次数，健康肉兔每分钟为50～80次。脉搏数测定：多在兔的大腿内侧近端的股动脉上检查脉搏，也可直接触摸心脏计数。健康肉兔的脉搏数为每分钟120～150次。当患有热性病、传染病或疼痛时，脉搏数增加，而脉搏迟缓者较为少见。

2. 消化系统检查　包括采食情况、排粪次数及粪便性状、腹部检查、口腔变化等项内容。健康兔对经常吃的饲料，嗅后立即放口采食，速度很快。如果不是饲料的质量问题，而表现采食速度减慢或拒食，则是发病的前兆。根据疾病的不同，有的还可出现咀嚼、吞咽困难、异嗜、呕吐、口渴、流涎等异常表现。健康兔的粪球形成良好，如豌豆大小，光滑圆润，颜色适度。患病兔常表现排粪次数减少或增加，粪便干硬或稀薄，有的混有黏液或气泡，甚至带血（褐色或暗红色），恶臭等变化。根据所患疾病的种类不同，病兔常表现有腹痛（不安、回顾腹部或起卧），腹围增大、下垂或出现蜷缩现象。直接和间接听诊肠音有的增强、有的减弱或衰竭。口腔可出现水疱、疹块、溃疡和舌苔增厚等病理变化。

3. 呼吸系统检查　包括呼吸、咳嗽状况、肺部的听诊及鼻部的检查等项内容。健康兔呈胸、腹式（混合式）呼吸，呼吸时胸壁和腹壁的运动协调，强度一致。当出现胸式呼吸时，即胸壁运动比腹壁明显，表明病变在腹部；相反腹式呼吸时，即腹壁运动明显，表明病变在胸部。有的还表现有呼吸浅表、呼吸加深或呼吸困难等症状。当呼吸道有疾患时，病兔常有咳嗽反应，有干咳（声音干、短，为呼吸道内无渗出物或少量黏液时发生），湿咳（声音湿、长，为呼吸道内存有大量稀薄渗出液时发生）。其咳嗽的频度也不同，有单咳、连咳、痛咳（声音短而弱）、痰咳之分等。

肺部的听诊：当肺部疾患时可听到肺泡呼吸音的增强或减弱，干性啰音和湿性啰音的出现等。

鼻部的检查：健康兔的鼻孔清洁，稍湿润。当发现鼻液分泌增加（清涕、稠涕、脓涕、泡沫、带血）或鼻孔周围干燥皲裂时，则常为鼻腔、上呼吸道及肺部的炎症表现。

4. 泌尿系统的检查 正常肉兔的尿液为淡黄色，外观混浊，当尿液黏稠、清亮或发红时，均属不正常现象。排尿姿势异常主要有尿失禁（不自主地排出尿液），是排尿中枢损伤的特征。排尿困难（尿排出时表现不安，呻吟，回顾腹部，摇尾或排尿后长时间保持排尿姿势），见于尿路感染、尿道结石等。肉兔的排尿次数不定，24 小时的排尿量受多种因素的影响（如饲料、饮水、运动和环境温度等），平均为每千克体重 130 毫升。排尿量增多见于大量饮水后，慢性肾炎或渗出性疾病（渗出性胸膜炎或渗出性腹膜炎等）的吸收期；排尿量减少，次数也减少，见于急性肾炎、大出汗或严重腹泻等。

（三）病理学诊断

病理学诊断是对病死兔或濒死期扑杀的兔进行剖检，用肉眼或借助显微镜观察器官及组织细胞的病理变化，作为诊断依据之一。有些疾病单凭尸体剖检就可做出诊断，如兔瘟、A 型魏氏梭菌病、兔黏液瘤病、兔肝球虫病等。有些传染病除了肉眼观察

外，还需采取病料送检实验室，进一步做病理组织学检查才能最后确诊。

（四）实验室检查

实验室检查方法包括病原体（如病毒、细菌、寄生虫等）检查和血清学检查。病原体检查包括使用显微镜、电镜检查，病原体的分离培养鉴定和细胞、鸡胚和动物接种试验等方法。血清学检查是检测特异性抗体和抗原，常用方法有沉淀试验、凝集试验、补体结合试验、中和试验、免疫荧光试验、放射免疫试验、酶联免疫吸附试验等。随着分子生物学研究的深入，目前也开始应用分子杂交技术、聚合酶链反应（PCR）技术来检测某些疾病。

二、肉兔的给药方法

不同的用药方法，直接影响到兔体对药物的吸收速度、吸收量以及药物的作用强度。因此，养兔户应该了解常用的几种用药方法。

1. 内服给药法　此法的优点是简单易行，适用于多种剂型投药。但缺点是吸收慢、吸收不规则、药效迟等。

2. 口服给药　对于量较少又没有特殊气味的药物，可拌入少量适口的饲料中，让病兔采食；对于易溶于水又没有苦味的药物，可直接放入饮水中饮用；对于拒食的病兔，可用注射器或塑料眼药水瓶吸取药液，缓慢地注入口腔，要防止呛入呼吸道而引起异物性肺炎；对于片剂要研细，用厚纸折起，慢慢倒入病兔口腔，然后喂水服下。

3. 胃管给药　对于有异味、毒性较大的药物，或拒食的病兔，可采用胃管给药，即将开口器置入病兔口腔，由上颚向内转动直到兔舌被压于开口器与下颚之间为止，可把导尿管作为胃管，前端涂石蜡润滑油，沿开口器中央小孔置入口腔，再沿上颚后壁轻轻送入食道约 20 厘米以达胃部，将胃管另一端浸入水杯中灌药，若有气泡冒出，应立即拔出重插。为了避免胃管内残留药物，需再注入5毫升生理盐水，然后拔出胃管。

4. 直肠给药 对于便秘的病兔，可用一根适当粗细的橡皮管涂上凡士林润滑，缓缓插入病兔肛门内7～8厘米，再把吸有药液的注射器接在橡皮管上，把药液注入直肠，可软化并排除直肠积粪。

5. 外部给药法 对于外伤、体表寄生虫病、皮炎、皮癣等需要从外部施药。对这种病兔要单笼饲养，以防止其他兔误食药中毒。

6. 洗涤法 将药物制成适宜浓度的溶液，清洗局部皮肤或鼻、眼、口及创伤部位等。

7. 涂擦法 将药物制成软膏或适宜剂型，涂于皮肤或黏膜的表面。

8. 浸泡法 将药物制成适宜浓度的溶液，浸泡去除病兔被毛的患部。

9. 注射给药法 此法的优点是药物吸收快且完全，剂量和作用确实，但要严格消毒，注射部位要准确。

（1）皮下注射 在耳根后面、腹下中线两侧或腹股沟附近等皮肤松弛、容易移动的部位注射，先剪毛，再用酒精或碘酊消毒，然后用左手将皮肤提起，右手将针头刺入被抓皮肤的三角形基部，大约皮下0.8厘米左右，将药物注入。注意针头不能垂直刺入，以防进入腹腔。拔出针头后要对注射部位重新消毒。

（2）肌内注射 选择颈侧或大腿外侧肌肉丰厚、无大血管和神经的部位注射。剪毛消毒后垂直、迅速地将针头刺入肌肉，如果有回血，证明针头刺入血管，应拔出针头，更换部位，消毒后重新注射，无回血时，再将药物注入。一次药量不能超过10毫升，若药量多应更换注射部位。

（3）静脉注射 适用于急性的严重病例，通常选择两耳外缘的耳静脉或股静脉注射。剪毛后，若耳静脉太细不易注射时，可

用手指弹击耳廓边缘，或用酒精棉球用力擦，使血管怒张，用左手捏住耳尖，食指在耳下支撑，右手持注射器，将针头顺静脉平行刺入耳静脉内，见有回血，迅速放开被压迫的耳基部，将药物慢慢注入。做股静脉注射时，将病兔仰卧，四肢用绳固定，用食指、中指在髂窝处摸到搏动最强地方稍靠外侧进针，针头与皮肤成 30°角刺入 1.5 厘米左右抽回血，若回血为暗红色即可推药，若为鲜红色则误入动脉内，立即拔出针头按压 3～5 分钟，换另一侧重新注射。

第十四章 传染性疾病

第一节 病毒性传染病

一、兔病毒性出血症

兔病毒性出血症俗称兔瘟，又称兔坏死性肝炎、兔出血性肺炎、兔传染性出血病、兔病毒性猝死病，是由兔出血症病毒引起的兔的一种急性、烈性、致死性传染病。本病具有潜伏期短、传播迅速、发病率与病死率均很高等特点。临床上以呼吸系统出血、实质性器官水肿、瘀血及出血性变化为特征，是兔的一种毁灭性传染病，严重危害养兔业。

（一）病原

该病病原体为兔出血症病毒，该病毒属于杯状病毒科杯状病毒属。病毒粒子呈球形，直径 32～36 纳米。对乙醚、氯仿和低 pH 有抵抗力，能够耐受 50℃经 1 小时的处理。

（二）流行特点

自然感染只发生于肉兔，各品种肉兔均易感，品种和性别间差异不大。病兔、隐性感染兔和康复兔是主要的传染源。通过粪便、皮肤、呼吸和生殖道排毒，除病兔和健康兔直接接触传染外，也可通过污染的饲料、饮水、用具、兔毛、灰尘以及配种、剪毛和饲养人员等间接接触传播。消化道是主要传染途径，也可经呼吸道、交配及损伤的皮肤而感染。在自然条件下，年龄较大的肉兔易感染发病，3 月龄以下的仔兔感染时一般不发病，3 月龄以上的青壮年兔发病率和死亡率高达 100％。该病的发生无明

显的季节性，但以冬、春季节多发，夏季少见。一般呈暴发性流行。传染性极强。

（三）临床症状

临床表现因发病过程的不同而不同，感染初期多为最急性型、急性型经过，感染后期为亚急性经过。

1. 最急性型　常见于流行初期，一般在感染后10～12小时，体温升高到41℃，稽留6～8小时，病兔未表现任何症状而突然倒地、抽搐、惨叫而死亡。死亡时两鼻孔流出血样的泡沫或鲜血。俗称“突发快死”型。

2. 急性型　病兔体温升高达41℃以上，精神沉郁，食欲不振或废绝，饮欲增加。数小时后体温急剧下降，呼吸急促。可视黏膜发绀，两耳潮红甚至发紫，部分病兔腹部膨胀、便秘，有的腹泻，排血尿，于出现症状后1～2天死亡。临死前病兔表现短期兴奋、惊厥、狂奔、咬笼架，最后倒地抽搐，四肢不断划动，角弓反张并发出悲惨的尖叫而死亡。俗称“热紫叫”型。

3. 亚急性型　多见于3月龄以内的幼兔、疫苗免疫兔和老龄兔。病兔体温升高到40℃左右，表现为精神沉郁，食欲减退，被毛杂乱无光泽，迅速消瘦。多预后不良，康复兔带毒。

（四）病理变化

病死兔外观可见兔尸营养良好，外观呈角弓反张状，鼻孔发绀并流出鲜红色分泌物，肛门周围有淡黄色黏液，肛门中常夹有未排出的硬粪粒。脏器病变主要为广泛性实质器官和管腔器官的瘀血、出血、水肿和坏死。鼻腔、喉头和气管黏膜有小点状或弥漫性出血，气管内充满大量的白色或淡红色带血泡沫状液体，气管出血呈现“红气管”外观。肺脏一侧或两侧水肿，有数量不等、大小不一的散在或成片的出血点（斑），切开肺叶流出多量红色泡沫状液体。心包水肿，心内外膜乳头肌周围有小点状出血，以心房和冠状血管附近的肌肉最为严重。肝脏瘀血、肿大，有出血点或出血斑，呈淡黄色或土黄色，肝脏表面有灰白色坏死灶，质脆，切开可见暗红色区与土黄色变性区间杂而呈“槟榔状”。胆囊充满暗绿色浓稠胆汁，黏膜脱落。脾脏高度瘀血，肿大1～2倍，质脆，呈紫黑色。肾脏瘀血、肿大，呈暗紫色，表面有散在针尖大小出血点。膀胱充盈，内有黄褐色较浓稠的尿液。十二指肠和空肠黏膜有点状出血。肠系膜淋巴结、腘淋巴结多肿大，有针尖大出血点。胸腺肿大，有出血点。脑和脑膜血管瘀血。

（五）诊断

根据传染性极强，呼吸系统出血，实质器官水肿、瘀血、坏死及出血性变化和感染兔年龄较大等流行特点、临床症状及病理变化可作出初步诊断。确诊应采取病死兔的肝脏、肾脏和淋巴结等材料做动物接种、病毒学检查及血清学试验。血凝和血凝抑制试验是目前最常用的血清学诊断方法。注意与兔败血型巴氏杆菌病相区别。

（六）防治措施

该病目前尚无特效药物治疗。关键在于建立和落实科学合理的免疫接种制度，严格按程序进行免疫接种即可有效预防该病发生。

根据生产实际，可参考以下免疫程序：仔兔25～30日龄首免，每只兔皮下注射1毫升兔瘟组织灭活苗，60日龄再次免疫，每只兔皮下注射1毫升疫苗，以后每6个月免疫一次。成年兔每年免疫2次，每次注射疫苗2毫升。

坚持自繁自养，不从疫区购买兔，防止病原传入。

引进种兔要严格检疫，并需要隔离饲养观察2周，无病时方可入群饲养。

加强对兔群的饲养管理，提高兔群抗病力，保持兔舍的清洁卫生，并对兔舍、兔笼、用具及周围环境进行定期消毒。

兔群发生该疫病时，隔离病兔，病死兔一律销毁。

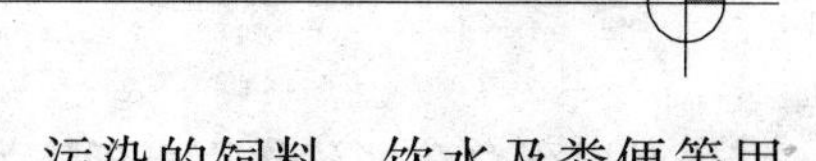

兔笼、用具、场地、兔舍、污染的饲料、饮水及粪便等用2%火碱水或3%过氧乙酸消毒。

对未发病的肉兔，用该场病死兔的肝脏、脾脏、肺脏等组织制成兔病毒性出血症组织灭活苗，每只兔皮下注射2毫升，具有一定的保护作用。

发病初期症状较轻的病兔，选用兔病毒性出血症高免血清进行对症治疗，每只兔每天肌内注射2～3毫升，连用2天有一定的效果。同时，兔饮水改饮凉开水，青饲料用0.5%高锰酸钾水洗涤后晾干喂给。

为了防止细菌并发症，对全场兔按每千克体重20毫克注射氟苯尼考，2次/天，连用5天；同时在饲料中添加氟苯尼考，并在饮水中添加维生素C、葡萄糖，连续饲喂10天。

疫区和受威胁地区可用兔病毒性出血症灭活苗进行紧急接种，能有效控制疫情的蔓延。

二、兔黏液瘤病

兔黏液瘤病是兔黏液瘤病毒引起的一种高度接触性、致死性传染病。其特征为全身皮下尤其是颜面部和天然孔、眼睑及耳根皮下发生黏液瘤性肿胀。本病主要流行于大洋洲、美洲、欧洲一些国家，在我国尚未见报道。在首次发病地区，发病率和死亡率都在90%以上。

（一）病原

本病的病原是黏液瘤病毒，属于痘病毒科，野兔痘病毒属。病毒粒子呈砖形，对干燥有较强的抵抗力，在干燥的黏液瘤结节中保持毒力达3周，8～10℃潮湿环境中的黏液瘤结节可保持毒力3个月以上。对热灭活较为敏感，在26～30℃时能存活10天，但50℃经30分钟即被灭活。对石炭酸、硼酸、升汞和高锰酸钾有较强的抵抗力，但0.5%～2.2%的甲醛1小时内能杀灭病毒。病毒对乙醚敏感，pH4.6以下不稳定，而病毒粒子的中

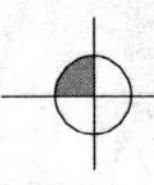

心体对胃蛋白酶消化作用有抵抗力。

（二）流行特点

本病有高度的宿主特异性，只发生于肉兔和野兔。各种年龄兔都易感，但成年兔比1月龄以上的幼兔更易感，公兔比母兔易感。主要的传染源是病兔和带毒兔，在自然界中该病的主要传播方式是以节肢动物为媒介，特别是蚊子（伊蚊与按蚊）、跳蚤、虱、疥螨等吸血昆虫。病兔通过眼、鼻分泌物或渗出液向外排毒，健康兔与病兔及其污染的饲料、用具、饮水等接触也可感染。由于病毒株毒力差异，发病率与病死率差异较大，强毒株可引起90%以上的发病率与死亡率。但随着流行持续年数的延长，病死率可逐年下降。本病一年四季均可发生，但以潮湿凉爽初夏季节多见。

（三）临床症状

黏液瘤病的临床症状因被感染兔的易感性、致病毒株的强弱有很大差异。潜伏期通常为2～8天，有时则长达14天以上。临床表现为最急性和急性病例。最急性型病例呈现耳聋，体温升高至42℃，眼睑水肿，随后出现脑机能低下症状，48小时内死亡。急性病例先在病毒侵入部位皮肤出现小的脓肿，发病后5～7天结膜浮肿，眼睑水肿、下垂，鼻腔有黏液性鼻分泌物，耳朵皮下水肿而引起耳下垂。口、鼻孔周围和肛门、外生殖器周围发炎和水肿。接着出现全身皮下组织黏液性水肿，头部皮下水肿严重时呈“狮子头”状外观，故有“大头病”之称。随后浮肿部位出现皮下胶冻样肿瘤。在第9～10天出现皮肤出血。呼吸困难，摇头，喷鼻，发出呼噜声。少数活至10天以上则出现脓性眼结膜炎、羞明流泪和出现耳根部水肿等症状，最后全身皮肤变硬，死前常出现惊厥，但濒死前仍有食欲。弱病毒株感染兔则出现轻度浮肿，鼻汁、眼垢排出量少，形成局灶性小肿瘤，病死率仅为50%左右。康复的公兔因睾丸和外生殖器受侵害而丧失受精能力。

(四) 病理变化

最显著的病变是皮肤特征性肿瘤结节和皮下胶冻样浸润，特别是颜面部和天然孔周围皮肤和皮下充血、水肿及脓性结膜炎和鼻漏。有的毒株感染兔引起皮肤出血，胃肠浆膜下有出血点和瘀血斑，心内、外膜出血，肺脏肿大、充血，脾脏肿大，淋巴结肿大、出血，外生殖器和阴唇部发炎。

(五) 诊断

根据流行特点、典型的临床症状和病理变化，可作出初步诊断。确诊应采取病变组织用触片或切片，用姬姆萨氏溶液染色，镜检可见到紫色的细胞浆包含体。同时，可选用兔肾脏、兔心脏细胞膜培养分离病毒，并用琼脂扩散试验和蚀斑中和试验进行鉴定。注意与兔病毒性出血症和兔痘相区别。

(六) 防治措施

应严禁从有本病的国家进口活兔和未经消毒、检疫的兔产品，以防本病传入。从国外引进种兔，要严格检疫，严防带进有病原的种兔。要坚持各项兽医卫生防疫制度，消灭吸血昆虫，定期进行消毒，有条件的地区可接种黏液瘤灭活疫苗，以控制本病的发生。发生本病时，应坚决采取扑杀病兔、烧毁尸体、封锁现场、彻底消毒等措施。对假定健康群，立即用灭活疫苗进行紧急预防注射，以控制疫情蔓延。目前本病尚无有效的治疗方法。

三、兔痘

兔痘是由兔痘病毒感染引起的一种急性、烈性、高度接触性传染病，其特征是皮肤痘疹和鼻、眼内流出多量分泌物。

(一) 病原

兔痘病毒为痘病毒科正痘病毒属的成员，对乙醚或去氧胆酸钠有抵抗性，可以被氯仿灭活。对热有一定抵抗力，在干燥条件下，可耐受100℃5～10分钟，但在潮湿的环境中，60℃经10分钟即可被破坏。耐受pH5～9环境，对紫外线和碱敏感，常用消

毒药可将其杀死。

（二）流行特点

本病在兔群中传播极为迅速，各种年龄肉兔均易感，但以4～12周龄幼兔和妊娠母兔致死率较高。病兔为主要传染源，其鼻腔分泌物中含有大量病毒，污染环境，通过呼吸道或消化道感染，也可通过皮肤及黏膜伤口和交配直接传染。该病潜伏期2～14天，自然发病率、死亡率均很高。14周龄以下幼兔发病率在70%以上，成年兔死亡率可达30%～40%。病兔康复后无带病毒现象，康复兔可与易感兔安全交配，不发生再次感染。

（三）临床症状

特急性病例几乎不表现症状而死亡。在典型病例中，病初体温明显升高，达40.5～41.5℃，流鼻液，呼吸困难，极度衰弱和畏光。全身淋巴结特别是咽淋巴结和腹股沟淋巴结肿大、坚硬，这是本病的一个特征性症状。皮肤和口腔黏膜的病变通常在感染后第5天出现，即出现在淋巴结肿大后约1天出现。临床上最初可见皮肤和口腔黏膜红斑性疹，而后发展成为丘疹或直径1厘米左右的结节（脐状痘疱），最后结节干燥，形成浅表的痂皮。皮肤的病变可能不规则地分布于全身，但最常见于耳部、唇部、眼睑部、躯干以及阴囊和阴唇的皮肤，也常见于肛门及其周围。病兔大多伴有对眼睛的损伤，患兔轻者出现眼睑炎和流泪，严重者发生化脓性眼炎或弥漫性、溃疡性角膜炎，最后发展成为角膜穿孔、虹膜炎和虹膜睫状体炎。有些病例眼的变化是唯一的临床症状。有些病例出现神经症状，主要表现为运动失调，痉挛，眼球震颤，局部麻痹等现象。母兔伴发流产、死胎、泌乳停止等。

（四）病理变化

皮下、口腔及其他天然孔的水肿是兔痘的常见病变。红斑和丘疹可分布整个皮肤、鼻腔和口腔黏膜上。颜面部和口腔出现水肿，硬腭和齿龈常发生灶性坏死。重病兔皮肤可出血。在腹膜和网膜上出现灶性斑疹，心脏有灶性损害。肺脏有灰白色结节，呈

弥漫性肺炎及灶性坏死。肝脏、脾脏肿大，呈黄色，有许多灰白色粟粒大的结节和小的坏死区。有的胆囊也有小结节。公兔睾丸发生明显水肿和坏死，阴囊水肿，包皮和尿道也出现丘疹。母兔卵巢和子宫布满白色结节，子宫有时发生灶性脓肿。尿生殖道也出现丘疹、水肿和坏死。导致公、母兔出现尿潴留。

（五）诊断

根据临床症状和病理变化，不难做出初步诊断。确诊需分离鉴定病毒，或血凝抑制试验等血清学诊断。

（六）防治措施

坚持兽医卫生制度，严格做好防疫、消毒和隔离检疫工作，加强日常饲养管理。严禁引进病兔，发现病兔及时隔离处理，对受本病威胁的兔群用牛痘疫苗作紧急预防接种，防止传播。对病兔可试用利福平或中药治疗。

四、传染性水疱性口炎

兔水疱性口炎是由水疱性口炎病毒引起的以口腔黏膜水疱性炎症为主并伴有大量流涎的一种急性传染病，又名“流涎病”。

（一）病原

水疱性口炎病毒属于弹状病毒科水疱病毒属，病毒粒子呈子弹状或圆柱形，有囊膜，该病毒主要存在于病兔的水疱液、水疱膜、口腔黏膜坏死组织、唾液及局部淋巴结中。病毒的抵抗力很弱，58℃经 30 分钟，可见光、紫外线均可将其灭活，氯仿、乙醚、脱氧胆酸钙或钠以及胰蛋白酶都可杀死病毒。

（二）流行特点

该病多发于夏、秋两季，潜伏期为 3～6 天。主要危害 3 月龄以内的幼兔，尤其是断乳 1～2 周的幼兔，成年兔感染的较少。病兔是主要传染源，口腔分泌物及坏死黏膜内含有大量的水疱性口炎病毒，随着被污染的饲料或饮水经唇、舌、齿龈和口腔黏膜侵入健康兔体内。厩蝇、虻、白蛉、库蚊、埃及伊蚊等吸血昆虫的叮咬也可以传播该病。饲喂霉烂变质和带有棘刺的饲料，及其他原因引起的口腔损伤等也可诱发该病。

（三）临床症状

发病初期口腔黏膜潮红、充血，随后，唇舌和口腔黏膜发炎，出现一层粟粒大至黄豆大小的白色小节和小水疱，不久水疱糜烂形成烂斑和溃疡。同时有大量恶臭的唾液顺着口角流出，而使嘴、脸、颈、胸部被毛和前爪被唾液所沾湿。经常被唾液浸湿的皮肤发生炎症和脱毛。当口腔损伤严重时，病兔体温可升至40～41℃。由于不断流涎，丧失了大量水分、黏液蛋白以及某些代谢产物，致使病兔精神沉郁，食欲不振或废绝。并常发生腹泻，病兔日渐消瘦、衰弱，拖延5～10天后死亡。病死率常在50%以上。

（四）病理变化

病兔尸体常十分消瘦，兔的舌、唇和口腔黏膜发炎，舌部和口腔黏膜有白色的小水疱，有的出现糜烂和溃疡；咽部有泡沫样口水聚集，唾液腺肿大、发红；胃内常有不少黏稠的液体，肠黏膜常有卡他性炎症变化。有时外生殖器可见到溃疡性病变。

（五）诊断

根据病兔舌部和口腔黏膜的小水疱、糜烂和溃疡、特征性流涎等症状和病理变化，可以做出初步诊断。组织病理学观察肝细胞核内有病毒包含体，可以进一步加以证实。同时，要排除念珠菌感染、兔痘、化学刺激和有毒植物引起的口炎。取口腔糜烂溃疡处刮取物作组织触片，姬姆萨染色，显微镜下观察，未发现念珠菌感染即可排除念珠菌感染引起的口炎。兔痘的病兔口腔和唇黏膜上也发生丘疹和水疱，但显著的变化是皮肤的损害。丘疹多见于耳、口、眼、腹部、背部及阴囊等处皮肤，尤其是眼睑发炎、肿胀，羞明流泪。

（六）防治措施

该病目前尚无特效治疗方法，只有采取综合防治措施。防止

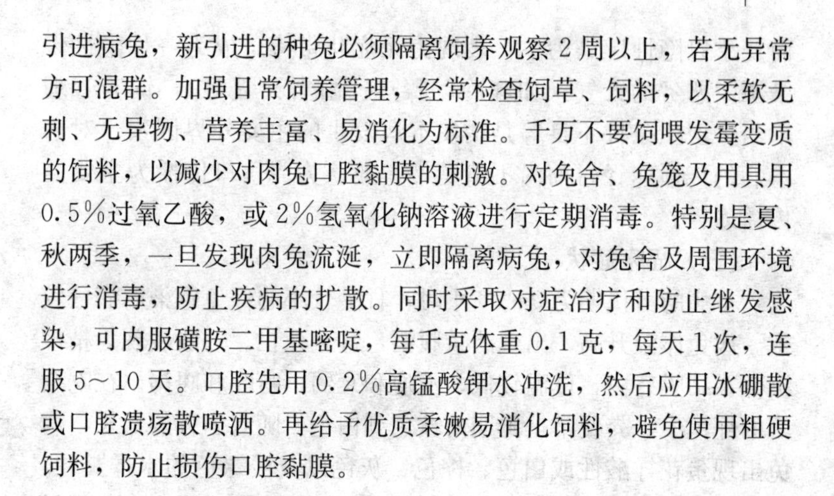
引进病兔，新引进的种兔必须隔离饲养观察2周以上，若无异常方可混群。加强日常饲养管理，经常检查饲草、饲料，以柔软无刺、无异物、营养丰富、易消化为标准。千万不要饲喂发霉变质的饲料，以减少对肉兔口腔黏膜的刺激。对兔舍、兔笼及用具用0.5%过氧乙酸，或2%氢氧化钠溶液进行定期消毒。特别是夏、秋两季，一旦发现肉兔流涎，立即隔离病兔，对兔舍及周围环境进行消毒，防止疾病的扩散。同时采取对症治疗和防止继发感染，可内服磺胺二甲基嘧啶，每千克体重0.1克，每天1次，连服5～10天。口腔先用0.2%高锰酸钾水冲洗，然后应用冰硼散或口腔溃疡散喷洒。再给予优质柔嫩易消化饲料，避免使用粗硬饲料，防止损伤口腔黏膜。

五、兔轮状病毒病

兔轮状病毒病是由兔轮状病毒引起的30～60日龄仔兔以脱水和水样腹泻为特征的传染病，感染率和发病率较高，有时可以造成很高的死亡率，给养兔生产带来很大的损失。本病目前已经在世界上许多国家发生，我国也不例外。

（一）病原

兔轮状病毒属于呼肠孤病毒科轮状病毒属，病毒呈车轮状，完整的病毒颗粒直径70～75纳米。兔轮状病毒对各种理化因子具有较强的抵抗力，耐酸碱。

（二）流行特点

轮状病毒引起的腹泻一般在兔群中突然发生并迅速传播，主要侵害幼兔，尤其是刚断奶的仔兔。仔兔发病后2～3天内脱水死亡，死亡率约60%，有的高达90%以上。在地方性流行的兔群中，通常呈散发性暴发，往往发病率高，死亡率低。成年兔多呈隐性感染。并且在许多情况下，轮状病毒常与隐孢子虫、球虫、大肠杆菌、冠状病毒等肠道致病因子混合感染，往往造成更大的伤害。兔轮状病毒感染多发生于冬、春两季，而夏季以隐性感染为主，表现为无症状带毒，成为一种隐性传染源。恶劣的天气（如骤冷、骤热、雨雪天气等），饲养管理不当，卫生条件不良等是诱发本病发生的主要外界因素。对于本病的传播途径目前尚不清楚，一般认为粪—口传播为主要的传播途径。

（三）临床症状

本病的潜伏期为 9～96 小时，日龄较小的仔兔感染后病情较重。病兔体温升高，出现严重腹泻，甚至死亡。一般表现为精神沉郁，结膜苍白，体温较低，消瘦和衰弱，呕吐和腹泻。在吃全奶的仔兔中，粪便常呈鲜明的黄色到白色，随着病程的延长，病兔出现蛋花样酸性或白色、棕色、灰色以及浅绿色的水样粪便，有恶臭，或出现黏液或血样腹泻。病兔最后因严重脱水和酸碱平衡失调，在腹泻后 2～4 天死亡。

（四）病理变化

轮状病毒主要侵害小肠黏膜上皮细胞，在小肠黏膜上皮细胞内繁殖，以细胞裂解的方式将病毒释放，引起细胞变性、坏死，黏膜脱落，使肠道的吸收功能发生紊乱，造成病兔脱水死亡。尸体剖检，小肠明显充血，膨胀，绒毛萎缩，结肠瘀血，盲肠扩张，内有大量液体内容物。病程较长者，有眼球下陷等脱水表现。其他脏器无明显变化。

（五）诊断

对于初发兔群，根据兔群的发病率和死亡率，结合发病年龄、临床症状和病理变化，可做出临床诊断。由于兔感染轮状病毒后大多呈隐性感染，并且临床症状和病理变化均不太明显，故通过流行病学、临床症状和病理变化只能作出初步诊断。要确诊，需要借助实验室诊断的方法，即通过检测肠道中的病毒，或用 ELISA 方法检测血清中的抗体来进行。

（六）防治措施

目前，该病尚无有效的疫苗预防与药物治疗措施。

在实际生产中，主要采取综合预防和治疗的办法加以控制。加强饲养管理，防止传染或并发感染其他疾病。一旦发病后及早隔离病兔，并对发病兔及时补液，添加抗菌药物防止继发感染，增强机体的抵抗力等。本病毒的血清型太多，增加了预防接种的复杂性，而且本病多发生于出生后不久的幼兔，主动免疫不可能在短时间内产生坚强的免疫力。因此，目前多采取母源抗体被动免疫。保证种兔质量，并及早喂给母乳，断奶应采取循序渐断的原则。

六、兔肖普氏纤维瘤病

兔肖普氏纤维瘤是由兔肖普氏纤维肉瘤病毒引起的肉兔和野兔的一种良性肿瘤性传染病。特征是在皮下和黏膜下结缔组织发生良性肿瘤，瘤体由纺锤形的结缔组织细胞组成。

（一）病原

本病病原是兔纤维肉瘤病毒。其形态与痘苗病毒相似，本病毒不能凝集红细胞。在甘油盐水中低温可长期保存，对乙醚敏感。磷乙酸对本病毒有抑制作用，给易感兔接种病毒 24 小时内，向接种部位注射 10 毫克的磷乙酸，可完全抑制病毒的致瘤作用，55℃数分钟可使病毒灭活。病毒在患病组织、鸡胚、肉兔组织的细胞培养中能繁殖并产生细胞病变，可发现包含体。本病毒与兔黏液瘤病毒、欧洲野兔纤维瘤病毒及北美灰色松鼠的纤维瘤病毒抗原相关。尤其与兔黏液瘤病毒关系密切，给兔接种肖普氏纤维瘤病毒，可使其产生对黏液瘤病毒的免疫保护力。本病毒仅存在于肿瘤组织内，血液、内脏器官、分泌物及排泄物中极少含有病毒。

（二）流行病学

本病只发生于兔，其他动物不感染。东方白尾棕兔是本病毒的天然宿主。简单的自然接触不能使病毒从一只兔传到另一只兔，也不能通过胎盘和乳汁传给其子代，但人工接种可引起感染。蚊虫、跳虱、臭虫或其他吸血昆虫的叮咬是本病的主要传播方式。接触被病毒污染的饲料、饮水、用具等也可受到感染，本病一般呈良性经过。

（三）临床症状

自然感染的病例，多在四肢或脚上的皮下发生一个或几个肿瘤，有时也发生在口部和眼周围。肿瘤呈球形，最大直径有7厘米，厚1～2厘米。质地坚硬，因其不与结缔组织牢固接触，触摸时可在皮下移动，能保持数月甚至一年。病兔精神、食欲正常。

（四）病理变化

局部皮下组织轻微增厚，继而变为界限清楚的软肿，随肿瘤增大而逐渐变硬。肿瘤由纺锤样的结缔组织细胞组成，一般无炎性变化和坏死性变化。

（五）诊断

本病主要根据流行特点和症状进行诊断，如精神、食欲正常，一般无死亡，皮下出现触摸时移动的肿瘤等。必要时可做病理组织学检查、易感兔接种实验等进行确诊。

（六）防治措施

由于本病呈良性经过，尚未有疫苗预防。主要依靠消灭吸血昆虫，消灭传播媒介以控制本病。同时，加强兔群检查，及时隔离、处理病兔，定期做好环境、用具等消毒，也是预防本病的重要内容。

七、兔纤维瘤病

（一）病原

本病由兔纤维瘤病毒引起某些品种肉兔和野兔的纤维瘤病，呈地方流行性。尤其可引起新生的欧洲肉兔和白尾灰兔患严重的全身性疾病，造成大批死亡。

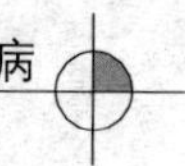

（二）流行特点

纤维瘤病毒的自然宿主是东方白尾灰兔（佛罗里达白尾灰兔），欧洲肉兔和美洲野兔对本病也有易感性，成年兔易感性较低。本病发病的主要传播方式是直接与病兔以及排泄物接触，或与污染有病毒的饲料、饮水和用具等接触。在自然界最主要的传播方式是通过节肢动物媒介，最常见是伊蚊、库蚊、跳蚤和臭虫等吸血昆虫的叮咬。

（三）临床症状

在自然发生的东方白尾灰兔所发生的肿瘤，主要在腿和脚的皮下形成1个或几个坚实、球状、可以移动的肿瘤块，最大直径可达7厘米，厚一般为1～2厘米。肿瘤只限于皮下，不附着于深层组织。在病兔的口部和眼睛周围偶有肿瘤病灶。肿瘤可保持几个月，个别病例可保持1年。

（四）病理变化

东方白尾灰兔病皮下组织轻度增厚，接着出现界限清楚的软肿。人工接种后第6天软肿已很明显，至第12天肿瘤达最大，约为4厘米×6厘米，厚约2厘米。肿瘤可持续数月之久，但病兔全身机能正常。除新生白尾灰兔和新生欧洲肉兔人工接种可能发生全身性纤维肿瘤外，成年欧洲肉兔多呈局部良性反应，而自然情况下则不见这种类型的感染。由于压迫性缺血，覆盖在肿瘤上的表面物变性，接着上皮和肿瘤可发生坏死和腐烂，但在大多数情况下出现肿瘤消退。

（五）诊断

诊断方法与黏液瘤病相同。

（六）防治措施

本病目前还没有有效的治疗方法，重在预防。已发生本病就必须严格控制传染来源和媒介，进行全场普查，检出的病兔和可疑病兔应隔离饲养2个月以上，待完全康复后才能解除隔离。兔笼、用具以及场地必须彻底消毒。

第二节 细菌性传染病

一、兔巴氏杆菌病

兔巴氏杆菌病又称兔出血性败血症，是由多杀性巴氏杆菌引起的兔的传染病。肉兔对多杀性巴氏杆菌十分敏感，常引起大批发病和死亡，给肉兔养殖业造成了很大的损失。根据该病的临床症状和病理变化的不同，分为败血症、地方流行性肺炎、传染性鼻炎、中耳炎、结膜炎、生殖器官感染和脓肿等7型。

（一）病原

本病病原为多杀性巴氏杆菌，属巴氏杆菌属，是需氧或兼性厌氧菌。无芽孢，无鞭毛，菌体呈两端钝圆的短杆菌，大小为（1～1.5）微米×（0.25～0.5）微米，革兰氏染色阴性，美蓝染色呈两极着色。在兔体内可形成荚膜。在血液培养基上生长良好，但在普通培养基和麦康凯培养基上不生长。该菌的抵抗力不强，对消毒药、高温、阳光的抵抗力很低。阳光照射数分钟就可以把它杀死，在干燥的空气中2～3天即可死亡，60℃加热10分钟可杀菌。3%石炭酸1分钟可杀菌。

（二）流行特点

本病一年四季均有发生，但多发于春、秋两季，散发或呈地方性流行，不同品种、年龄兔均易感，尤其以2～6月龄兔发病率和死亡率较高。巴氏杆菌常存在于健康肉兔的上呼吸道黏膜和扁桃体中，但不发病。引进带菌种兔是本病流行的重要原因。当饲养管理和卫生条件不好、气候剧变、过分拥挤、长途运输等应激因素存在时，兔体抵抗力降低，巴氏杆菌乘机大量繁殖，造成内源性感染，引发本病。呼吸道、消化道及皮肤、黏膜损伤是本病的传播途径。病兔的分泌物、排泄物及其污染的饲料、饮水、用具以及吸血昆虫，均是本病的传播媒介。

（三）临床症状

潜伏期为1～6天，临床上有几种不同病型，各型有不同的表现。

1. 败血症型　分急性和亚急性型。急性者精神沉郁，食欲废绝，呼吸急促，体温升高至41℃以上，鼻流清涕或脓汁，有时下痢，一般1～3天死亡。死前体温下降，抽搐、颤抖。流行初时呈最急性，常不显症状就突然死亡。

亚急性型原发或由其他类型转化而来，主要表现为肺炎和胸膜炎。病兔呼吸困难、急促，鼻腔有黏液性或脓性分泌物，常打喷嚏。体温稍有升高，精神委靡，废食，有时腹泻。关节肿大，眼结膜发炎，眼睑红肿，结膜潮红。病程1～2周或更长，最后衰竭而死亡。

2. 传染性鼻炎型　此病型一般传播很慢，但常成为本病的传染源致兔群大规模暴发。病兔流浆液性、黏液性鼻涕，甚至黏液脓性鼻液，经常打喷嚏，咳嗽，发出异常鼻塞音。病兔常用前爪搔抓外鼻孔，鼻部与前爪的被毛潮湿并缠结，甚至脱落，上唇和鼻孔皮肤红肿、发炎。鼻孔有时堵塞或鼻孔周围形成结痂。此外，病兔还常伴发化脓性结膜炎、角膜炎、中耳炎、皮下脓肿等。病程很长，可长达1年，最后消瘦衰竭而死亡。

3. 地方流行性肺炎型　该病型多见于成年兔。病初精神沉郁，食欲不振，临床上难以见到明显的呼吸困难等肺炎症状，常因败血症而导致死亡。往往在晚上还健康如常，第二天早晨就死亡了。

4. 中耳炎型　又称斜颈病，是病菌感染蔓延到内耳和脑部的结果。病兔出现斜颈，严重的就会向一侧转圈、翻滚，一直斜倾到围栏侧壁为止，并反复发作。如果鼓膜破裂，会有白色分泌物流出。如果感染扩散到脑膜或脑侧，可出现运动失调和其他的神经症状。病兔的饮水与采食受到严重影响，逐渐消瘦，最后衰竭死亡。

5. 结膜炎型 该病型多发生于幼兔。表现为眼睑肿胀，结膜潮红，有脓性分泌物。眼睛闭合，呈微闭状态。当炎症转为慢性时，红肿消退，但仍流泪不止。

6. 生殖器官感染型 该型主要表现为母兔子宫炎和子宫积脓，公兔睾丸炎和附睾炎。此病主要发生于成年兔，母兔的发生率高于公兔，交配是主要的传染途径。大部分表现为慢性经过。母兔表现阴道分泌物增多，流出浆液性、黏液性或脓性分泌物。急性表现为败血症死亡，慢性通常不显临床症状，不断排脓性分泌物，不孕。公兔睾丸有不平硬块，肿大坚硬，内有分泌物。阴囊肿大，尿道有淋漓分泌物，由它交配的母兔可能有阴道分泌物排出和发生急性死亡，同时受胎率降低。

7. 脓肿型 全身各部皮下都可发生脓肿。体表的脓肿易查出，内脏的脓肿不易检测，外表无症状，容易发生脓毒败血症死亡。

（四）病理变化

1. 败血症型 急性型，鼻黏膜充血，鼻腔内有黏性—脓性分泌物。喉、气管黏膜充血、出血，并有大量红色泡沫。肺脏水肿、充血、出血。心脏内外膜充血，有出血斑点。肝脏变性，有灰白色点状坏死灶。皮下淋巴结肿大、出血，肠道黏膜充血、出血，胸腹腔有淡黄色积液。

亚急性型，肺脏充血、出血，有些病例有脓肿。胸腔积液，胸膜和肺脏常有乳白色纤维素性渗出物附着。鼻腔和气管黏膜充血、出血，并有黏稠的分泌物。淋巴结肿大，有些病例肠黏膜充血、出血。

2. 传染性鼻炎型 鼻黏膜发红，水肿，鼻窦和副鼻窦内黏液性、脓性分泌物。

3. 地方流行性肺炎型 通常表现为急性纤维性肺炎和胸膜炎。病变可发生于肺脏的任何部位，常见于肺脏的前下部，有实变，膨胀不全，脓肿，灰白色小节结病灶等，严重时肺炎叶可出

现空洞。胸膜、肺脏、心包膜上有纤维素覆盖，有的病例胸腔内充满浑浊的积液。

4. 中耳炎型 一侧或两侧鼓室有奶油状脓性渗出物。鼓膜或鼓室腔内壁变红、增厚，有时鼓膜破裂，脓性渗出物流出外耳道。如果感染扩散到脑，可出现化脓性脑膜炎的病变。

5. 生殖器官感染型 母兔一侧或两侧子宫扩张。急性感染时，子宫仅轻度扩张，腔内有灰色水样渗出物。慢性感染时，子宫高度扩张，子宫壁变薄，呈淡黄褐色，子宫腔内充满黏稠的奶油样脓性渗出物，常附着在子宫内膜上。公兔则表现一侧或两侧睾丸肿大，质地坚实，有些病例伴有脓肿。

6. 脓肿型 脓肿内有充满白色、黄褐色奶油样渗出液，随病程的延长，有厚的结缔组织包围，与周围组织有明显的界限。

（五）诊断

根据临床症状、病理变化和流行病特点，可作出初步判断。确诊需用病变部位组织涂片镜检，找到两极浓染的巴氏杆菌。必要时可进行细菌分离鉴定。对慢性病例和健康带菌者，可采取血清学方法（凝集法）进行诊断。取被检血清0.1毫升（约2滴）加在玻片上，随后加入等量抗原，摇动玻片使抗原和被检血清混合均匀。在1～3分钟内出现絮状物，液体透明的为阳性反应。

（六）防治措施

1. 预防 建立无多杀性巴氏杆菌种兔群，是防治本病的最好方法。

可通过选择无鼻炎症状的兔，并连续进行鼻腔检菌的方法净化兔群。兔场应坚持自繁自养，对引入的种兔进行严格的检疫。新引进的兔，必须隔离观察1个月，并进行细菌学和血清学检查，检查健康者方可引进兔场。平时加强饲养管理，改善卫生条件，提高肉兔抵抗力。发现本病应及时隔离治疗，进行严格消毒。死兔要深埋或焚烧，兔舍、用具等可用1%～2%的烧碱或

10%～20%的石灰水或3%的来苏儿消毒。加强检疫，及时淘汰病兔，防止本病的蔓延和流行。同时严禁其他畜、禽进入兔场，杜绝病源的传播。兔场要定期进行疫苗的免疫接种。在每年的发病季节前，可用兔巴氏杆菌氢氧化铝菌苗或兔病毒性出血症—巴氏杆菌二联苗或兔巴氏杆菌—波氏杆菌灭活油佐剂二联苗等进行预防接种。也可以定期接种，每年2～3次。

2. 治疗 选用具有抑制杀灭巴氏杆菌的抗菌药物，并结合对症治疗，早治疗效果好。

（1）对急性病兔，可用抗禽霍乱和抗猪出血性败血病的双价血清进行皮下注射。每千克体重6毫升，10小时左右再重复注射1次。

（2）每只兔青霉素、链霉素各10万单位，肌内注射，每天2次，连用3～5天。

（3）磺胺嘧啶，每千克体重0.1～0.2克，口服，每天2次，为提高疗效，第1次口服剂量要加倍，连用5～7天。

（4）庆大霉素，每千克体重2万单位，肌内注射，每天2次，连用5天为一疗程。或用抗菌灵肌内注射。此外，饲料内增加多种维生素和兔速灵，增强兔的抗病力。

（5）鼻炎病例可用青霉素、链霉素滴鼻，按每毫升各2万单位配制后使用，每天2次，连用5天。有条件的兔场可分离病原作药敏试验，选用高敏药物防治，效果更佳。

（6）局部巴氏杆菌病兔需进行外科治疗。切开成熟的脓肿排脓，用3%的过氧化氢、0.1%的新洁尔灭冲洗，再涂上消炎用药膏。

二、兔沙门氏菌病

兔沙门氏菌病又名兔副伤寒。是由鼠伤寒沙门氏菌和肠炎沙门氏菌引起的，以发生败血症、急性死亡、腹泻和流产为主要特征的一种传染病。主要侵害妊娠25日龄以上的母兔。

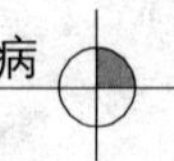

（一）病原

病原为鼠伤寒沙门氏菌和肠炎沙门氏菌，属沙门氏菌属。该菌为革兰氏阴性菌，卵圆形小杆菌，有鞭毛，不形成芽孢，无荚膜，需氧。本菌抵抗力中等，在干燥环境中能存活 1 个月以上，60℃加热 15～20 分钟灭活，一般的消毒剂均可将其杀灭。

（二）流行特点

本菌可寄生在多种哺乳动物体内，病兔是最主要的传染源。本病感染方式有两种，一种是外源性感染，因摄入污染本菌的饲料、饮水等而发病。另一种是内源性感染，当各种原因导致兔体抵抗力下降时，寄生在兔体内的沙门氏菌乘机大量繁殖，增强毒力而引起发病。消化道是本病主要的传播途径。幼兔也可经子宫和脐带感染。本病传染性比较强，兔不分年龄、性别和品种都会发病，但以断奶幼兔和妊娠母兔最易感，尤其是妊娠 25 日后的母兔。其他兔很少发病死亡。本病一年四季均可流行，尤其是晚冬和早春更为普遍。

（三）临床症状

本病潜伏期 3～5 天。

1. 最急性型病兔常不表现任何症状而突然死亡。

2. 急性型精神沉郁，体温升高，食欲废绝，渴欲增加。多数病兔腹泻，粪便稀，有黏性，内含泡沫，身体消瘦，3～5 天死亡。母兔从阴道排出黏、脓性分泌物，阴道黏膜潮红、水肿、流产，孕兔常于流产后死亡，康复兔不能再妊娠。早产胎儿体弱，皮下水肿，很快死亡。哺乳仔兔常由带菌母兔传染而突然死亡。

（四）病理变化

1. 最急性型无特征病变，一些脏器充血、出血，胸腹腔有浆液或纤维素性渗出物。

2. 急性型可见肠黏膜充血、出血，黏膜下层水肿，局部坏死形成溃疡，溃疡表面附着淡黄色纤维素坏死物。圆小囊和盲肠

蚓突黏膜有粟粒大的灰白色坏死结节，肠系膜淋巴结肿大。肝脏有弥漫性或散在性淡黄色针头至芝麻粒大的坏死灶。胆囊肿大，充满胆汁。脾肿大 1～3 倍，呈暗红或蓝紫色。肾脏肿大，有散在性针头大的出血点。流产病兔的子宫粗大，子宫腔内有脓性渗出物，子宫壁增厚，浆膜、黏膜充血，部分黏膜覆盖有淡黄色纤维素性污秽物。有的子宫黏膜出血或溃疡。未流产病兔的子宫内有木乃伊或液化的胎儿。阴道黏膜充血，表面有脓性分泌物。

（五）诊断

根据临床症状、病理变化和流行特点，可以作出初步诊断。确诊需做细菌学检查，用直接涂片镜检，分离培养鉴定沙门氏菌而确诊。

（六）防治措施

1. 预防

（1）搞好饲养管理和环境卫生，增强兔体抵抗力，消除兔场各种应激因素。严格兽医卫生制度，防止孕兔及幼兔与传染源接触。

（2）严格引进兔的检疫工作，坚持自繁自养，不随便从外界引种，引进时应进行隔离观察，并进行血清学检查，阴性者方可混群。

（3）定期检疫，用鼠伤寒沙门氏菌诊断抗原普查兔群，淘汰感染兔，建立健康兔群。

（4）接种，对妊娠初期母兔皮下或肌内注射鼠伤寒沙门氏菌灭活苗，每兔 1 毫升。疫区兔场也注射这种菌苗，每年免疫 2 次。

2. 治疗

（1）链霉素每千克体重 3 万～5 万单位，肌内注射，每天 2 次，连用 3 天。

（2）磺胺二甲基嘧啶每千克体重 100～200 毫克，口服，每天 1 次，连用 3～5 天。

(3) 土霉素每千克体重20～25毫克，口服，每天2次，连用3天。

(4) 大蒜汁（1份大蒜加5份清水，制成20%蒜汁）每次口服5毫升，每天3次，连用5天。

三、兔大肠杆菌病

兔大肠杆菌病又名黏液性肠炎。本病是由一定血清型的致病性大肠杆菌及其毒素引起的一种暴发性、死亡率很高的仔兔的肠道传染病，以水样或胶冻样粪便和严重脱水为特征。

(一) 病原

病原为大肠杆菌的某些致病性血清型。该菌为革兰氏染色阴性的杆状菌，有运动性，无荚膜，无芽孢，周身有鞭毛。在普通培养基上生长良好，菌落圆整、突起，表面光滑、不透明。需氧或兼性厌氧。能发酵乳糖和其他许多糖类，不产生硫化氢，不液化明胶，不水解尿素，能还原硝酸盐为亚硝酸盐，产生吲哚，甲基红（MR）试验阳性，乙酰甲基甲醇（V-P）试验阴性，不利用枸橼酸盐。对外界抵抗力中等，在水中能存活数周到数月，60℃加热15分钟即可灭活，一般消毒药也能将其迅速杀死。

(二) 流行特点

大肠杆菌是兔肠道内的常在菌，一般不引起发病。当气候环境突变、饲养管理不当和患有某些传染病、寄生虫病引起仔兔抵抗力降低时而发病。本病一年四季均可发生，冬、春多发。各种年龄和性别都有易感性，但以20日龄到4月龄仔兔易感性高，其中20日龄到断奶前后仔兔发病率最高。第一胎仔兔发病率、死亡率较高于其他胎次的仔兔，这可能与母兔免疫力有一定关系。该菌在病兔体内增强了毒力，排出体外引起兔笼、场地、饲料和用具的污染，经消化道传播引起暴发流行，造成大批死亡。

(三) 临床症状

潜伏期4～6天，以下痢和流涎为主要特征。病兔体温一般正常或低于正常，精神沉郁，被毛粗乱，食欲减少。腹部膨胀，剧烈腹泻，初为黄色软粪，后转为棕色粥样稀粪。病程稍长者，粪便细小，两头发尖或成串，外包透明胶冻状黏液。肛门周围、后肢等部皮毛常因腹泻而被粪便污染。病兔脱水消瘦严重。最急性病例不见任何症状就突然死亡。急性者常于1～2天死亡，很少能康复，随病程的延长，病兔四肢发凉，磨牙，流涎，一般经7～8天死亡。该病的死亡率很高。

（四）病理变化

病变主要在消化道。胃膨大，充满多量液体和气体，十二指肠通常充满气体和沾有胆汁的液体。空肠扩张，肠腔内充满着半透明胶冻样液体。回肠内容物呈黏液胶样半固体，也有粪便细长、两头尖呈鼠便样，有的外面还包有黏稠液或包有一层灰白色胶冻样黏液。结肠扩张，有透明样黏液。回肠、结肠的病变具有特征性。部分的盲肠、直肠内也有胶冻样液体。胃、肠黏膜充血、出血、水肿。胆囊扩张，黏膜水肿。肝脏及心脏有小点状坏死灶。若出现败血症，可见肺部充血、瘀血，局部肺实变。仔兔胸腔有灰白色液体，肺实变，纤维素性渗出，胸膜与肺粘连。

（五）诊断

根据临床症状、病理变化和流行特点，可作出初步诊断。确诊必须作细菌学检查，用麦康凯培养基从结肠和盲肠内容物分离到纯大肠杆菌，同时检查小肠和盲肠粪便或肠黏液，查看是否有大量球虫的卵囊或球虫裂殖子的存在。

（六）防治措施

1. 预防　本病与饲料和环境卫生有直接关系，所以预防应加强饲养管理，减少应激因素，搞好兔舍卫生，提高肉兔的抵抗力。要注意消除发病诱因，断奶前后饲料应逐步加量和改变，在其饲料中可加入一定的药物，如喹乙醇等；或者加入0.5%～0.1%的微生态制剂，连用5～7天。严禁从经常发本病的兔场或区域引进仔兔。发现病兔应立即隔离治疗或淘汰，死兔应焚烧深

埋。兔舍、兔笼和用具用0.1%新洁尔灭或2%的烧碱水，或用20%的石灰水消毒。常发本病的兔场，可用本场分离的大肠杆菌制成灭活苗预防，20～30日龄的小兔每只肌内注射1毫升，可有效控制本病的发生。

2. 治疗

(1) 5%诺氟沙星每千克体重0.5毫升，肌内注射，12小时1次。

(2) 庆大霉素每千克体重1万～2万单位，肌内注射，12小时1次。

(3) 螺旋霉素每千克体重10毫克，肌内注射，12小时1次。

(4) 卡那霉素每千克体重5～15毫克，肌内注射，12小时1次。

(5) 氟苯尼考每千克体重20毫克，肌内注射，12小时1次。

(6) 多黏菌素每只兔每次2.5万单位，肌内注射，12小时1次。

(7) 土霉素每千克体重20～50毫克，口服，12小时1次。最好用前做药敏试验，选择最敏感药物，连用3天。

(8) 促菌生制剂口服，每千克体重50毫克，每天1次，连用3～4次。

(9) 大蒜酊口服，2～3毫升/只，每天2次，连用3天。同时要结合补液及电解质疗法。此疗法是降低死亡率，提高治愈率十分重要的辅助疗法，必须配合对抗病原疗法一起使用。可用口服补液盐溶液任病兔自由饮用。如病兔已无饮欲，可用葡萄糖生理盐水腹腔注射20～50毫升/次，每天1～2次。

四、兔布鲁氏菌病

本病是由布鲁氏菌引起的急、慢性传染病。又称马耳他热或波状热。潜伏期1～3周，临床特点是缓慢起病，长期发热、多汗、虚弱、全身痛和关节痛。

（一）病原

布鲁氏菌属是一类革兰氏阴性的短小杆菌，该菌属初次分离培养时多呈小球杆状，多为长0.6～1.5微米、宽0.5～0.7微米的球杆菌或短杆菌。布鲁氏菌无鞭毛，不运动，无菌毛，无芽孢，不形成真正的荚膜。布鲁氏菌革兰氏染色阴性，一般不发生两极着染。

（二）流行特点

病兔是本病的主要传染来源，该菌存在于流产胎儿、胎衣、羊水、流产母兔的阴道分泌物及公兔的精液内，多经接触流产时的排出物及乳汁或交配而传播。本病呈地方性流行。

（三）临床症状

本病潜伏期短者两周，长者可达半年，病兔表现乏力、出汗、口渴口干、食欲减退、头痛、大便干燥、流产、睾丸炎、腱鞘炎和关节炎。母兔流产是本病的主要症状，产出死胎或弱胎。患病公兔常发生睾丸炎或附睾炎。

（四）病理变化

本病病理变化广泛，受损组织不仅为肝、脾、骨髓、淋巴结，还累及骨、关节、血管、神经、内分泌及生殖系统；不仅损害细胞，而且还损伤器官的实质细胞。其中以单核-吞噬细胞系统的病变最为显著。病灶可见渗出性变性、坏死。肝、脾、淋巴结、心、肾等处浆液性炎性渗出，夹杂少许细胞坏死。单核-吞噬细胞增生，疾病早期尤著。常呈弥漫性，稍后常伴纤维细胞增殖；肉芽肿形成病灶里可见由上皮样细胞、巨噬细胞及淋巴细胞、浆细胞组成的肉芽肿。肉芽肿进一步发生纤维化，最后造成组织器官硬化。3种病理改变可循急性期向慢性期依次交替发生和发展。如肝脏，急性期内可见浆液性炎症，同时伴实质细胞变性、坏死，随后转变为增殖性炎症，在肝小叶内形成类上皮样肉

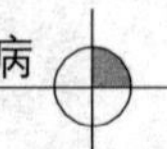

芽肿，进而纤维组织增生，出现混合型或萎缩型肝硬化。

（五）诊断

本病之流行特点、临床症状和病理变化均无明显特征。流产是最重要的症状之一，流产后的子宫、胎儿和胎膜均有明显病变。因此，确诊本病只有通过细菌学、血清学、变态反应等实验室检测。

（六）防治措施

防治本病主要是保护健康兔群、消灭疫场的布鲁氏菌病，措施如下：

1. 加强检疫 引种时检疫，引入后隔离观察1个月，确认健康后方能合群。

2. 定期预防注射 如布鲁氏菌19号弱毒菌苗或冻干布鲁氏菌羊5号弱毒菌苗可于成年母兔每年配种前1～2个月注射，免疫期1年。

3. 严格消毒 对病兔污染的圈舍、运动场、饲槽等用5%克辽林、5%来苏儿、10%～20%石灰乳或2%氢氧化钠等消毒，粪便发酵处理。

五、伪结核病

伪结核病由伪结核耶尔森氏杆菌所引起的一种消耗性疾病，许多哺乳动物、禽类和人尤其是啮齿动物都能感染发病。

（一）病原

伪结核耶尔森氏杆菌为革兰氏阴性、多形态的杆菌。无荚膜，不产生芽孢，有鞭毛。在内脏涂片中多呈两级染色的细菌。

（二）流行特点

传染途径主要是消化道（通过污染的饲料和饮水），也可经皮肤伤口、交配和呼吸器官而感染。病原体侵入机体内后，可使消化道受害，然后经淋巴管到肠系膜淋巴结，接着发生菌血症，而肝脏、脾脏和肺脏是最常受害的部位。随着向其他部位的血源性扩散，可见扁桃体感染。病原菌在自然界中广泛存在，感染动物和啮齿类是本病原的贮藏所。除了兔和豚鼠外，牛、马、绵羊、猪、山羊、狐、毛丝鼠、禽、猴和人也能受害。

（三）临床症状

慢性型较常见，起初食欲不振，运动迟缓，腹泻，眼有脓性结膜炎，进行性消瘦，腹部触诊时可摸到肿大的淋巴结和硬块，病兔最后衰竭死亡，病程可达 1 月或更长。急性败血症较少见，患兔体温升高，精神高度沉郁，停食，呼吸急迫，多在 21 天内死亡。

（四）病理变化

尸体消瘦，圆小囊肿大，触感较硬，浆膜下有大量针尖大、黄白色结节，浆膜增厚；蚓突肿大似小香肠，变硬，其浆膜下有无数灰白色乳脂样大的小结节；脾肿大呈现紫红色，较正常肿大约 5 倍左右。上有多量黄白色、针尖至粟粒大结节，肝脏肿大、质粗。胆囊肿大，充盈胆汁。肠系膜淋巴结肿大，有干酪样坏死灶。肝脏、肺脏、肾脏等也可能有同样的干酪样小结节，结节内多含乳状物。

（五）诊断

本病多为散发性，以长期缓慢消瘦和衰弱为主，腹部触诊时可触到肿大的淋巴结。死后在肠道和各器官发现干酪样小结节和肿大的肠系膜淋巴结。注意和结核病的区别。结核病的结核结节一般不发生在盲肠的蚓突和圆小囊的浆膜下；取圆小囊或蚓突病料涂片镜检，做细菌培养或生化试验。伪结核耶尔森氏杆菌为革兰氏阴性、不抗酸杆菌，而结核杆菌为革兰氏阳性、具有抗酸染色特性。一般依靠发现典型的病变和分离病原菌来作出诊断。对临床病例，可用粪便做培养。在许多慢性干酪样坏死结节中，细菌的培养结果是阴性。可再用凝集反应和血凝反应作辅助诊断。但要注意不要与沙门氏菌、布鲁氏菌等之间的交叉反应混淆。还要注意与结核病、球虫病的区别诊断。

（六）防治措施

1. 预防　本病在生前不易确诊，故对病兔难以治疗。主要加强预防，发现可疑兔应立即淘汰，做好消毒卫生工作。平时应搞好兔舍消毒卫生与饲养管理工作，加强灭鼠措施。发现可疑病兔应及时隔离或予以淘汰。引入新兔时，应隔离饲养，用间接血凝试验进行检疫，淘汰阳性兔。对本病常发饲养场，可制备自家菌苗进行预防接种。消毒兔舍和用具，改善卫生条件，注意人身保护。应用伪结核耶尔森氏杆菌多价灭活苗进行预防注射，每只兔颈部皮下或肌内注射1毫升，免疫期达4个月以上。每只兔每年注射2次，可控制本病的发生。

2. 治疗　可应用链霉素，肌内注射10万单位，每天2次。内服四环素片，每次1片（0.25克），每天2次。

六、兔结核病

兔结核病是由结核分支杆菌引起的多种动物的一种慢性传染病，以多种组织器官形成肉芽肿和干酪样、钙化结节病变为特征。

（一）病原

结核分支杆菌是直或微弯的细长杆菌，无荚膜和鞭毛，不产生芽孢，革兰氏阳性。该菌分为三个主型，即人型和禽型、牛型结核杆菌。患病兔中最常分离到的病原是牛型结核分支杆菌。

（二）流行特点

本病在世界范围内广泛存在，其主要传播途径是呼吸道和消化道。多种动物可感染此种细菌，易感动物的种类视病原菌菌型而异。健康兔可因接触病兔的飞沫、鼻液、粪便、生殖道分泌物、乳汁等感染。另外，也可经交配、皮肤创伤、脐带、子宫内感染。

（三）临床症状

病兔食欲不振或拒食，逐渐消瘦，被毛粗乱，咳嗽，呼吸困难，黏膜苍白，虹膜变色，体温升高。患肠结核的病兔出现腹泻。有些病例出现四肢关节肿大，骨骼变形，甚至后躯麻痹。

（四）病理变化

病死兔剖检可见到多种组织、器官出现淡黄色或灰白色的坚硬结节。结节外包裹纤维素组织膜，中心有干酪样物质。肺结核较多见，肺实质有粟粒或黄豆大的结节。肠结核病例中，肠系膜淋巴结肿大、坚实、大小不一，病灶肠黏膜常常脱落或形成溃疡，周围肠壁上有干酪样坏死假膜。

（五）诊断

本病生前没有特殊症状，难以诊断，若从可疑病兔的分泌物或排泄物中用抗酸染色检测到或分离到病原菌即可确诊。

（六）防治措施

1. 预防 由于本病生前难以确诊，因而难以实施有效的治疗方法。防治的重点应放在加强饲养管理和改善卫生条件的措施上。兔舍应远离其他动物如牛、猪和鸡等。对新引进的肉兔应事先隔离观察，健康者方可混群。防止其他动物进入兔舍。一旦发现可疑的病兔，及时隔离，进行全面消毒。

2. 治疗 对病兔可试用链霉素、异烟肼等药物进行治疗。

七、类鼻疽

类鼻疽是由细菌引起的以各组织的干酪样结节及鼻、眼出现分泌物，呼吸困难，甚至死亡为特征的一种传染病。

（一）病原

伪鼻疽杆菌主要存在于热带地区的水和土壤中，是一种常在菌，无芽孢及荚膜，有鞭毛，革兰氏染色阴性。

（二）流行病学

本菌对啮齿类、狗、猫、猪、山羊、马和人类皆有致病力，兔和豚鼠对本病高度易感。病畜及带菌动物是传染源，病原体随

粪便排出，污染环境，通过消化道感染，也可通过皮肤创伤、昆虫叮咬而感染。肉兔机体抵抗力降低时可暴发。

（三）临床症状

体温升高，鼻腔内流出大量分泌物，眼内流出浆液性和脓性分泌物，精神不振，呼吸急促，甚至窒息死亡。颈部和腋窝淋巴结肿大，公兔睾丸红肿、发热，母兔可出现子宫内膜炎或造成孕兔流产。

（四）病理变化

以各组织干酪样结节为特征。鼻黏膜潮红并形成结节及溃疡。肺出现弥散性斑点或结节，慢性病例可见肺实变，胸腹腔浆膜上有许多点状坏死灶。睾丸及附睾有干酪样坏死区。全身淋巴结，特别是颈部和腋窝淋巴结内有干酪样小结节。

（五）诊断

由于本病无特征性症状，诊断本病主要依靠病原的分离和鉴定。

（六）防治措施

加强卫生消毒和饲养管理，淘汰病兔，消灭鼠类。治疗用卡那霉素、四环素和磺胺制剂均有一定效果。

八、兔坏死杆菌病

兔坏死杆菌病是由坏死杆菌引起的以皮肤和皮下组织，尤其是面部、头部和颈部的坏死、溃疡和脓肿为特征的一种散发性传染病。

（一）病原

病原菌为坏死杆菌，革兰氏阴性，为多形性菌，小者呈球杆状，大的或从病灶新分离的为长丝状，染色时因原生质浓缩而呈串珠状。无鞭毛，无荚膜，不形成芽孢。本菌对外界的抵抗力不强，60℃加热 30 分钟即可杀灭。5%的氢氧化钠、5%的来苏儿、4%的醋酸在 15 分钟内就能将其灭活。

（二）流行特点

本病原菌在自然界分布广泛，多种畜禽和野生动物都易感。幼龄兔比成年兔易感。本病常为散发，偶呈地方性流行或群发。病兔的分泌物、排泄物所污染的外界环境是主要的传染源。病原菌主要通过损伤的皮肤、口腔和消化道黏膜侵入机体，然后随血流到全身而引起病变。乳兔可经脐带感染。

（三）临床症状

病兔食欲消失，流涎，唇、口腔黏膜和齿龈等处发生硬结，继而坏死，恶臭。肿块有时发生在颈部或胸部、面部或胸前等处，形成脓肿或溃疡。病灶破后流出恶臭分泌物，并且体温升高，身体消瘦，经2～3周或数周后衰竭死亡。

（四）病理变化

口腔黏膜、齿龈、舌面、颈部、胸前皮肤及其深层组织有坏死、溃疡与化脓等病变。淋巴结尤其是颌下淋巴结肿大，并有干酪样坏死灶。肝脏、脾脏、肺脏多有坏死或化脓灶，还可出现胸膜炎、腹膜炎、心包炎甚至乳房炎。坏死组织有特殊臭味。

（五）诊断

根据临床症状和剖检变化，可做出初步诊断。进一步确诊须进行微生物学诊断，可从病变组织和新鲜组织的交界处取样，进行涂片染色、细菌分离和鉴定，并用分离到的细菌接种健康兔，进行本病的复制。

（六）防治措施

1. 预防

（1）严格引进兔的检疫工作，坚持自繁自养，不随便从外界引种，必须引进时应进行隔离观察，并进行血清学检查，阴性者方可混群。

（2）加强饲养管理，保持兔舍卫生，兔笼应避免存有尖锐异物，防止咬斗，防止皮肤黏膜损伤，如有损伤应及时治疗，病情严重者做淘汰处理，并消毒笼舍和用具。

2. 治疗

(1) *局部治疗*　首先除去坏死组织，以0.1%高锰酸钾溶液冲洗患部，然后涂擦碘甘油，每天2次。在皮肤炎症的肿胀期，可用5%来苏儿或3%双氧水冲洗，然后涂擦5%鱼石脂酒精溶液或鱼石脂软膏。如局部有溃疡形成，清理创面后涂以抗生素软膏（如土霉素软膏、青霉素软膏）。

(2) *全身治疗*　磺胺二甲基嘧啶：每千克体重0.15～0.20克，肌内注射，每天2次，连用3天。青霉素：每千克体重4万单位，腹腔注射，每天2次，连用3天。土霉素：每千克体重20～40毫克，肌内注射，每天2次，连用3天。

九、野兔热

野兔热又称兔土拉杆菌病，是由土拉杆菌引起的急性、热性、败血性传染病，以体温升高，淋巴结肿大，脾脏有出血点为特征。

(一) 病原

本病病原为土拉杆菌，属弗朗西斯菌属。革兰氏染色阴性，但着色不良，用美蓝染色呈明显的两极着色、无鞭毛、不产生芽孢、需氧的多形态杆菌。在患病动物血液中为球形，在培养基上则呈多形性，如球形、杆状、长丝状等，在病料中可看到荚膜。本菌对外界抵抗力较强，在土壤、水、肉、毛皮中可存活数十天，但60℃以上高温和常用消毒剂能很快将其杀死。

(二) 流行特点

本病的易感动物较多，是肉兔、人及其他动物共患病之一。病菌通过污染的饲料、饮水、用具以及吸血昆虫而传播，并通过消化道、呼吸道、伤口及皮肤与黏膜入侵。本病常呈地方性流行，多发生于春末夏初啮齿动物与吸血昆虫繁殖孳生的季节。一般多发生在夏季。

（三）临床症状

本病的潜伏期一般为1～9天。急性病例多无明显症状而呈败血症死亡。多数病例病程较长，机体消瘦、衰竭，颌下、颈下、腋下和腹股沟淋巴结肿大、质硬，有鼻液，体温升高至41℃。发病率较高，死亡率高。

（四）病理变化

急性死亡者无特征病变。如病程较长，淋巴结显著肿大，色深红，切面可见如大头针头大小、淡黄灰色坏死点。淋巴结周围组织充血、水肿。脾脏肿大、色深红，表面与切面有灰白或乳白色的粟粒至豌豆粒大的结节状坏死。肝脏、肾脏肿大，有散发性针尖至粟粒大的坏死结节。肺脏充血，可见斑驳实质区。

（五）诊断

根据剖检变化，结合体表淋巴结肿胀、化脓，可作出初步诊断。但要确诊需要做细菌学和血清学检查。取肝脏、脾脏、淋巴结涂片镜检，有革兰氏阴性多形态的小球杆菌。采血清与土拉杆菌抗原作凝集反应呈阳性即可。

（六）防治措施

1. 预防

（1）自繁自养，不随便从外界引种，必须引进时应进行隔离观察，并进行血清学检查，阴性者方可混群。

（2）加强饲养管理和卫生，经常灭鼠、杀虫，消灭疫源和传播媒介。对可疑病兔应及早隔离治疗或扑杀，兔舍、用具要彻底消毒。病兔的肉、皮毛等不可利用，以防传染给人、畜。剖检病尸时要注意防止感染人。

2. 治疗　对病兔进行早期用药治疗。以链霉素效果最佳，可参考下列方法：

（1）链霉素每千克体重20毫克，肌内注射，每天2次，连用3天。

（2）金霉素每千克体重20毫克，以5%葡萄糖溶解后静脉

注射，每天2次，连用3天。

(3) 土霉素每千克体重20毫克，肌内注射，每天2次，连用3~4天。

(4) 氟苯尼考每千克体重20~30毫克，口服，或每千克体重20毫克肌内注射，每天2次，连用3~4天。

十、李氏杆菌病

李氏杆菌病是由李氏杆菌引起的一种散发性传染病，侵害多种动物和人。由于病兔的单核细胞增多，因此又称为单核细胞增多症。病兔的头常偏向一侧，所以本病又称为歪头疯。病兔主要表现为突然发病，死亡，流产和脑膜炎。本病呈散发性，发病率低，但死亡率高。

(一) 病原

病原为单核细胞增多性李氏杆菌，革兰氏阳性，呈平直或稍弯曲的细小杆菌，多单个存在或呈5字形或栅状，有时呈链状或丝状。本菌无荚膜，不形成芽孢，能运动，在鲜血琼脂培养基上，呈三型溶血，且经过48小时培养后可染成革兰氏阴性，两端染色较深。本菌对热抵抗力较强，65℃经30~40分钟才能杀灭，常用消毒药为石炭酸和酒精2分钟、苛性钠和福尔马林3分钟均可杀死。

(二) 流行特点

本病为多种动物包括鸟和鼠类共患，都可能成为传染源。啮齿类特别是鼠类、野兽、野禽等的隐性感染，常是本菌的自然贮存库。被该菌污染的饲料、饮水、用具、土壤及吸血昆虫都可成为传播媒介。通过消化道、眼结膜、损伤的皮肤以及交配而传播。本病多散发，有时呈地方性流行，发病率较低，但死亡率极高。幼兔和孕兔易感性高。

(三) 临床症状

潜伏期2~8天。可分为急性、亚急性和慢性三种类型。

1. 急性型 多见于幼兔，病兔体温可达40℃以上，精神沉郁，食欲废绝，伴有结膜炎和鼻炎，流浆液性或黏液分泌物，几小时或1～2天死亡。

2. 亚急性型 精神委顿，不吃，呼吸加快，主要表现脑炎和子宫炎，如病兔嚼肌痉挛，全身震颤，眼球突出，作转圈运动，头颈偏向一侧，运动失调，怀孕母兔流产或胎儿干化。一般经4～7天死亡。

3. 慢性型 主要表现为子宫炎，分娩前2～3天或稍长发生，精神委顿，停食，很快消瘦，流产，从阴道内流出红色或棕色的分泌物，也有脑炎症状出现，病程可长达几个月。病兔流产后很快恢复，但长期不孕，且可从子宫内分离出李氏杆菌。

（四）病理变化

病变在急性和亚急性病例，可见肺脏出血性梗死和水肿，肝脏、脾脏、肾脏和心肌有散在的或弥漫性针头大黄白色或灰白色坏死灶，颈部淋巴结和肠系膜淋巴结肿大或水肿，体腔内有多量透明渗出液，皮下水肿。慢性死亡病例除有上述共同变化外，脾脏和淋巴结尤其是肠系膜淋巴结和腹股沟淋巴结显著肿大。子宫有积脓或血色液体，有的有变性胎儿或白色凝乳块状物，子宫内膜出血、增厚、坏死。有脑炎症状病例，可见脑膜和脑组织充血、水肿。病兔的单核细胞显著增加，可达白细胞总数的30%～50%。

（五）诊断

1. 幼兔鼻炎，死亡迅速，成兔有神经症状和子宫炎变化。

2. 死后脑膜充血、水肿，子宫炎，肝脏、脾脏、心脏有坏死灶。

3. 生前血液检查，单核细胞显著增加，可达白细胞总数的1/2。

4. 进一步确诊，可结合细菌学诊断、涂片、培养和生化鉴定。

（六）防治措施

1. 预防　本病多呈散发性，目前尚无有效的防治方法。应严格执行兽医卫生制度，搞好环境卫生，消灭老鼠。由于此病可传染人，且危害较大。因此，发现病兔立即隔离治疗或淘汰，并对兔笼、用具及场地全面消毒，死亡兔深埋或烧毁，并应注意防止人被感染。

2. 治疗　早期应用大剂量药物可以治愈，但对出现神经症状病兔疗效不好。可用药物为：磺胺嘧啶按每千克体重 0.3 克，青霉素按 10 万单位/只，同时分别肌内注射，每天 2 次，连用 3～5 天。青霉素、链霉素各 10 万单位联合肌内注射，每天 2 次，连用 3～5 天。病兔群可用新霉素或青霉素，按 2 万～4 万单位/只混饲喂服，每天喂 3 次，能有效地控制本病在兔群中的流行。

十一、兔波氏杆菌病

兔支气管败血波氏杆菌病又名兔波氏杆菌病。本病是由支气管败血波氏杆菌所引起的一种以慢性鼻炎、支气管肺炎为主要特征的呼吸道疾病。本病在兔很常见，并且广泛传播。

（一）病原

本病病原为支气管败血波氏杆菌，革兰氏阴性，多形态，由卵圆形至杆状，美蓝染色常呈两极浓染。有鞭毛，不形成芽孢，严格嗜氧菌。本菌的抵抗力不强，一般消毒药物均可杀灭。

（二）流行特点

本菌常寄生在兔的呼吸道、患病兔的鼻腔和分泌物中，以及病变器官。其传染途径主要通过呼吸道传染，并常与巴氏杆菌病、李氏杆菌病并发。鼻炎型常呈地方性流行，而支气管肺炎型多呈散发性。成年兔常为慢性，仔兔与青年兔多为急性。本病多发于春、秋两季，秋末、冬季、初春的寒冷季节为本病的流行期。任何使机体抵抗力下降的因素都能引发本病的发生，如寄生虫侵入、气候骤变、感冒、环境变化或灰尘和某些气体的刺激等。

（三）临床症状

1. 鼻炎型 从鼻孔流出浆液性或黏液性鼻漏，但一般不变为脓性。鼻腔黏膜充血，并附有浆液和黏液。病程较短，消除诱发因素后易康复。

2. 支气管肺炎型 较少见，呈慢性散发。病兔从鼻孔流出黏液性或脓性分泌物，长期不愈，鼻孔如形成堵塞性痂皮，则引起呼吸困难，张口呼吸，常呈犬坐姿势。食欲减退，逐渐消瘦。病程可达 2 个月死亡，也有经数月不死的。

（四）病理变化

1. 鼻炎型 鼻黏膜潮红，附有浆液性或黏液性分泌物质，鼻甲骨变形。

2. 支气管肺炎型 支气管黏膜充血、出血，管腔内有黏液性或脓性分泌物。肺脏表面凹凸不平，有小如粟粒、大如乒乓球大小不等、数量不一的脓肿，外有致密包膜，内积奶油状黏稠脓液。有些病例在肝脏表面形成如黄豆至蚕豆大的脓疱。有时胸腔浆膜及肾脏、睾丸等也出现脓肿。此外，尚可见化脓性胸膜炎、心包炎。

（五）诊断

根据流行特点、临床症状和病理变化，特别是肺脏的脓肿，可初步诊断。确诊可作细菌学检查和血清学检查。取肺脓肿的脓液直接涂片，美蓝染色，可见多形态、两极浓染的小杆菌。取病料接种于改良麦康凯琼脂培养基分离，将分离物接种豚鼠和小鼠，在 48 小时内呈现肺炎、胸膜炎而死亡。或用已知抗 K 血清与分离的菌株和已知菌抗原与人工发病康复血清作凝集反应，如果产生凝集现象，证明血清型和抗原性是一致的，即可作出确诊。

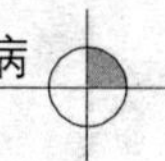

（六）防治措施

1. 预防

（1）坚持自繁自养，尽量不从外地引进，如需引进种兔时，则应隔离观察1个月以上，并进行细菌学、血清学检查，阴性者方可入群。

（2）加强饲养管理，注意清洁卫生，做好日常兽医卫生防疫工作，消除一切不良的外界环境的刺激，提高肉兔的抵抗力。

（3）对兔场要经常进行检疫，及时检出有鼻炎症状的可疑兔，给予治疗或淘汰，兔舍、兔笼、用具可用5%甲醛溶液进行消毒。

（4）接种常发病或邻近发病区域，用兔波氏杆菌灭活苗或多联苗进行预防接种。

2. 治疗

（1）卡那霉素每千克体重10～30毫克，肌内注射，每天2次，连用3～4天。

（2）庆大霉素每次1万～2万单位，肌内注射，每天2次，连用3～4天。

（3）链霉素每千克体重0.5万～1万单位，肌内注射，每天2次，连用3～4天。

（4）磺胺嘧啶每千克体重0.05～0.2克，肌内注射，每天2次，连用5天。

（5）酞酰磺胺噻唑每千克体重0.2～0.3克，口服，每天2次，连用5天。

（6）青霉素80万单位加蒸馏水5毫升稀释后，加3%麻黄素1毫升滴鼻，每天3～4次。但肺脓肿病例一般疗效不良，故应及时淘汰。

十二、兔绿脓杆菌病

绿脓杆菌是广泛分布于土壤、水和空气中的一种细菌，为条件性致病菌。绿脓杆菌感染可引起兔皮下脓肿和败血症，还有幼兔的暴发性肺炎和腹泻。

（一）病原

病原为绿脓杆菌，又称为绿脓假单胞菌。大小为（1.5～3.0）微米×（0.5～0.8）微米，革兰氏阴性杆菌。菌体一端一般有一根鞭毛，运动活泼。无芽孢，具有抗吞噬作用。在普通培养基上生长良好，专性需氧。菌落形态不一，多数直径2～3毫米，边缘不整齐，扁平湿润。在血琼脂平板上形成透明溶血环。液体培养呈混浊生长，并有菌膜形成。绿脓杆菌能产生两种水溶性色素：一种是绿脓素，为蓝绿色的吩嗪类化合物，无荧光性，具有抗菌作用。另一种为荧光素，呈绿色。绿脓素只有绿脓杆菌产生，故有诊断意义。但广泛使用有效抗生素后筛选出的变异株常丧失其合成能力。

（二）流行特点

本菌分布于水、土壤和动物的粪便中，为条件性致病菌。当动物在创伤或手术后造成防御能力降低、营养不良和免疫抑制等条件下可促使感染；当卫生恶劣、气温偏低、阴雨连绵或饲料不当，都容易造成本病的发生。本病可感染牛、羊、猪、马、犬和兔等多种动物。一般通过消化道、呼吸道和创伤感染，可发生在任何部位和组织，常见于烧伤或创伤部位、中耳、角膜、尿道和呼吸道。也可引起心内膜炎、胃肠炎、脓胸，甚至败血症。

（三）临床症状

发病突然，病兔食欲不振和废绝，精神沉郁，嗜睡，体温上升，从鼻腔和眼睛流出不同性状的分泌物，呼吸困难，有腹泻现象。最急性病例在数小时内死亡，慢性病例的病程一般在1周左右。

（四）病理变化

全身可见广泛性瘀血，胸腔、腹腔存在透明或血样液体，胃和小肠内充满血样内容物。大肠内充满褐色胶样或纤维素性内容

物，肠黏膜充血、出血。脾脏肿大，表面出血。肝脏颜色变浅、质脆，表面有出血点。肺脏出血、实质和脓肿。心肌质脆，心内膜出血。肾脏肿大，表面瘀血、水肿。

（五）诊断

在初步诊断的基础上，可取病兔渗出物、脓汁、尿、血或心脏、肺脏、肝脏、脾脏等，分离培养，根据菌落特征、色素以及生化反应予以鉴定。必要时可用血清学试验确诊。

（六）防治措施

1. 预防　绿脓杆菌是感染的常见病原菌，所以消毒措施对预防感染有重要作用。

2. 治疗　选用青霉素类、氨基苷甙类、头孢类等抗生素。联合用药可减少耐药菌株的产生。治疗此病宜选用多黏菌素，每天每千克体重1万单位，分2次肌内注射。联合应用羧苄青霉素和丁胺卡那霉素，对绿脓杆菌有协同作用。据报道，加味郁金散的治愈率达91%，对养兔场的预防保护率达到99%。加味郁金散：郁金2份，白头翁、黄柏、黄芩、栀子各2份，黄连、白芍、大黄、诃子、甘草各1份，研磨备用。治疗用每天每千克体重2克，预防用量减半。用法：开水冲后再焖30分钟，拌入饲料；煎汤，纱布过滤，加蔗糖灌服。

十三、兔葡萄球菌病

葡萄球菌病是由金黄色葡萄球菌引起的兔的一种常见病。其特征是致死性脓毒败血症和各器官各部位组织的化脓性炎症。在幼兔称为脓毒败血症，在成年兔称为转移脓毒血症。在成年兔和大体型兔引起“脚板疮”，在哺乳母兔引起乳房炎，在成年兔引起外生殖器炎症，在初生兔引起急性肠炎。

（一）病原

病原为金黄色葡萄球菌。革兰氏染色阳性，无鞭毛、无芽孢，不形成荚膜，常不规则排列成葡萄串状。该菌对外界环境抵抗力较强，在干燥脓汁或血液中可生存数月，80℃经30分钟才能杀灭。常用消毒药以3%～5%石炭酸溶液消毒效果最好，70%酒精数分钟内可杀死本菌。

（二）流行特点

金黄色葡萄球菌广布于自然界中，空气、饮水、饲料及动物的皮肤、黏膜、肠道、扁桃体等处都有其存在。在正常情况下一般不能致病，但当皮肤、黏膜有损伤时，或从呼吸道、消化道大量感染时，或机体抵抗力降低时可引起发病。多种动物和人都有易感性，以兔最为敏感。笼具不光滑，卫生条件差时多发。

（三）临床症状

1. 转移性脓毒败血症　在头、颈、背、腿等部位的皮下或肌肉、内脏器官形成1个或几个脓肿，手摸时感到柔软而有弹性，脓肿的大小不一，一般由豌豆粒大至鸡蛋大小。病兔精神和食欲不受影响。皮下脓肿经1～2个月自行破裂，流出浓稠、乳白色乳酪状或乳油样的脓液，伤口经久不愈。由伤口流出的脓液沾污并刺激皮肤，引起肉兔搔痒而损伤皮肤，脓液中的葡萄球菌又侵入抓伤处，或通过血流转移到别的部位形成新的脓肿。

2. 化脓性腿皮炎　绝大多数发生于后肢腿掌心。病初表皮充血、发红、稍肿胀和部分脱毛，继而出现脓肿，形成大小不一、经久不愈的出血性溃疡面和褐色脓性结痂皮，并不断排出脓液。病兔食欲减退，精神委顿，消瘦，弓背，腿不愿移动，很小心换腿休息，跛行。脓灶不断扩大并往上移行，最后衰竭死亡。

3. 乳房炎　初期乳房皮肤局部红肿，敏感，皮温升高，继而皮肤呈蓝紫色，并迅速蔓延至所有乳区和腹部皮肤。患兔体温升高至40℃以上，精神委顿，食欲下降或停食，饮水量增加，发病后2～3天死亡。

4. 外生殖器炎症　母兔的阴户周围和阴道溃烂，形成溃疡面，形状如花椰菜样。溃疡面呈深红色，部分呈棕色结痂。有少

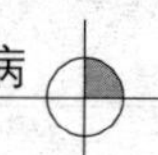

量淡黄色黏性—黏液脓性分泌物；或阴户周围和阴道有大小不一的脓肿，从阴道内可挤出黄白色黏稠脓液。患病公兔包皮有小脓肿、溃烂或棕色结痂。

5. 仔兔脓毒败血症　仔兔生后2～6天在腹部、胸部、颈、颌下和腿部内侧的皮肤引起炎症。表皮上出现粟粒大白色的脓疱，多数于2～5天内呈败血症死亡。较大的乳兔（10～21日龄）可在上述部位皮肤上出现黄豆至蚕豆大白色脓疱，高出于表皮，最后消瘦死亡。不死的患兔，脓疱慢慢变干、消失而痊愈。

6. 仔兔急性肠炎　病兔以急性肠炎为主，一般同窝仔兔全部发生，仔兔肛门周围和四肢被毛潮湿、腥臭。患兔昏睡，停止吸乳，全身发软，病程2～3天，死亡率高。

（四）病理变化

1. 转移性脓毒败血症　肉兔和死兔的皮下、肌肉、心脏、肺脏、肝脏、脾脏、睾丸和关节等处有脓肿。内脏脓肿常有结缔组织构成包膜，脓汁呈乳白色乳油状。有些病例引起骨膜炎、脊髓炎、心包炎和胸膜炎。

2. 化脓性脚皮炎　患部皮下有较多乳白色乳油状脓液。

3. 乳房炎　全部乳腺呈紫红色结缔组织，质地较硬，无脓性分泌物，乳腺内无乳汁分泌。

4. 外生殖器炎症　脾脏呈草黄色、质脆，肝脏质脆，膀胱内积有多量的块状脓液，阴道内充血并积有白色黏稠的脓液。

5. 仔兔脓毒败血症　患部的皮肤和皮下出现小脓疱，脓汁呈乳白色乳油状，多数病例的肺脏和心脏上有很多白色小脓疱。

6. 乳兔急性肠炎　患兔肠黏膜充血、出血，肠腔充满黏液。膀胱极度扩张并充满尿液。

（五）诊断

根据皮下和肌肉的化脓灶，可作出初步判断。但内脏器官的化脓灶易与多杀性巴氏杆菌病和支气管败血波氏杆菌病混淆。确诊需做细菌学检查。细菌学检查，在病变脓肿部位取病料（脓肿中的脓汁或急性败血症的心血）做菌检，可检测到金黄色葡萄球菌，革兰氏染色阳性、大小不一，在普通培养基生长良好，以凝固酶阳性并有溶血的金黄色葡萄球菌居多。

（六）防治措施

1. 预防 葡萄球菌病多是由卫生不良和机械损伤引起。因此，应搞好环境卫生，消除舍内，特别是笼内的一切锋利物，防止肉兔之间的互相咬斗。预防乳房炎，可在母兔产仔后每天喂服1片（分2次）复方新诺明，连续3天。产后最初几天可减少精料的喂量，防止乳腺分泌过盛；脚皮炎型应在选种上下功夫，选脚毛丰厚的留种。笼底踏板材料对于脚皮炎有直接关系，平整的竹板比铁丝网效果好。对于大型品种，可在笼内放一块大小适中的木板，对于缓解本病有较好效果。

2. 治疗 母兔乳房炎可用青霉素肌内注射，每天2次，每次10万单位。严重患兔可用2%普鲁卡因2毫升，加注射用水8毫升，稀释10万～20万单位的青霉素，做乳房密封皮下注射。已形成脓肿的，可切开排脓，用双氧水冲洗，最后涂一些抗菌消炎药物。腿皮炎型目前没有好的治疗方法，应以保护为主，同时结合抗菌药物外用。严重者，可肌内注射青霉素；对于轻症黄尿症患兔，可往口腔滴注庆大霉素，每天3～4次。若全身治疗时，可用磺胺类药或抗生素。对耐青霉素金黄色葡萄球菌的感染，应选用苯甲异𫫇唑青霉素钠（新青霉素Ⅱ），内服或肌内注射，每千克体重10～15毫克，每天2～4次；乙氧萘青霉素钠（新青霉素Ⅲ），内服，每千克体重10～15毫克，每天2～4次。局部治疗按外科常规处理，涂擦的药物以5%龙胆紫酒精溶液、3%石炭酸溶液、碘酊、青霉素软膏等效果较好。

十四、兔链球菌病

链球菌病是由溶血性链球菌引起的肉兔的急性败血症，特征

为高热、呼吸困难、发病急、死亡快、主要危害幼兔。

（一）病原

病原为溶血性链球菌，为革兰氏染色阳性球菌。本菌对热和消毒药抵抗力不强，常用消毒药很快能将其杀死。

（二）流行特点

链球菌在自然界中分布很广。溶血性链球菌存在于健康肉兔体内，当饲养管理不当，天气剧变，长途运输等应激因素使机体抵抗力降低时，可诱发本病。病兔和带菌兔还可作为传染源，污染饲料、饮水、用具及环境等，经上呼吸道黏膜或扁桃体传染健康兔。本病一年四季均可发生，但以春、秋两季多见；各年龄兔都可发生，但对幼兔的危害更大。

（三）临床症状

病兔初期出现精神沉郁，食欲下降，体温升高。随着时间的延长，后期病兔俯卧地面，四肢麻痹，伸向外侧，头贴地，强行运动呈爬行姿势，重者侧卧。流白色浆液性或黄色脓性鼻液，鼻孔周围被毛潮湿，沾有鼻液，重者呼吸困难，时有明显呼吸音。兔主要表现为间歇性腹泻，排带黏液或血液的粪便，经1～2天死亡。有的可见中耳炎、歪头、滚转、鼻漏、眼结膜化脓、生殖道肿胀等症状。

（四）病理变化

病理变化剖检可见喉头、气管黏膜出血，肝脏肿大、瘀血、出血、坏死，切面模糊不清，有血水渗出。有的病兔肝脏出现大量淡黄色索状坏死灶，坏死灶连成片状或条状，表面粗糙不平，病程较长者坏死灶深达肝脏实质。肝脏、肾脏出血，心肌色淡，质地软，肺脏轻度气肿，有局灶性或弥漫性出血点，有的肠黏膜出血。

（五）诊断

本病与其他急性败血症引起的死亡不易区分，确诊需依靠细菌学检查。采取肝脏、脾脏病料直接涂片、染色、镜检，发现单在、成对、少数3～5个聚集的球菌，有荚膜。也可以分离菌涂片，分别进行美蓝和革兰氏染色，镜检可见蓝色或革兰氏阳性圆形球菌，多数成双，少数单在或3～7个连成链状。无菌采取病兔的肝脏、脾脏病料，分别接种普通肉汤、普通琼脂、麦康凯琼脂、鲜血琼脂，37℃培养24小时，分离细菌。

(六) 防治措施

1. 预防 加强饲养管理，防止受凉感冒，减少应激因素。发现病兔应立即隔离，全面消毒。对未发病兔可用磺胺类药物预防，按100～200毫克/只，分2次口服，连用5天。

2. 治疗 可用青霉素10万单位/只，磺胺嘧啶钠每千克体重0.2～0.3克，同时分别肌内注射，每天2次，连用3～4天。或先锋霉素Ⅱ，按每千克体重20毫克，肌内注射，每天2次，连用5天。如有脓肿，应切开排脓，用2%洗必泰冲洗，涂碘酒或碘仿磺胺粉，每天1次。

十五、兔肺炎球菌病

兔肺炎球菌病又称肺炎双球菌病，是由肺炎链球菌引起的一种呼吸道传染病，以体温升高、咳嗽、流鼻液和突然死亡为特征。

(一) 病原

病原为肺炎链球菌，革兰氏染色阳性，常成双排列，两个菌体细胞宽端平面相对，尖端朝外。本菌对外环境抵抗力不强，热和常用消毒药能很快将其杀死。

(二) 流行特点

本病发生有明显的季节性，以春末夏初、秋末冬季多发。不同品种、年龄、性别的兔对本病均有易感性，但仔兔和妊娠兔发病严重。幼兔为地方性流行，成兔为散发。本菌为呼吸道的常在菌，一旦兔的抵抗力下降，气候突变，长途运输，兔舍卫生条件恶劣，密度过大，拥挤等均可诱发此病。

（三）临床症状

病兔呼吸困难，鼻孔扩大，咳嗽，体温升高，精神沉郁，拒食，流黏性或脓性鼻液，肺部听诊有啰音或捻发音，幼兔常突然死亡，呈败血症变化。孕兔流产，或产出弱仔，成活率低。母兔产仔率和受孕率下降。有的病兔发生中耳炎，出现恶心、滚转等神经症状。

（四）病理变化

病变主要在呼吸系统，肺部有大片出血斑或水肿，可见纤维素性或大叶性肺炎变化，或有脓肿和肺实变，严重的病例整个肺脏化脓坏死。气管及支气管水肿、充血、出血，有血色或纤维素性分泌物。部分病例有胸膜炎及心包炎。有的肝脏、脾脏肿大、变性。子宫和阴道出血，见有纤维素性胸膜炎、心包炎，心包与胸膜粘连。两耳发生化脓性炎症。新生仔兔为败血症变化。

（五）诊断

1. 根据发病情况、临床症状、剖检变化，可初步确诊。

2. 采取脓性分泌物涂片，革兰氏染色、镜检，如见有革兰氏染色阳性的矛状双球菌和短链状球菌即可确诊。

3. 本病应与支气管败血波氏杆菌病、多杀性巴氏杆菌病、溶血性链球菌病、肺炎克雷伯氏杆菌病进行鉴别诊断。

（六）防治措施

1. 预防　一旦发生本病，可用本场分离的肺炎链球菌制成灭活苗全面预防注射，或使用磺胺、氟哌酸类等药物全群预防性投药，同时彻底消毒。冬季做好兔舍的防护工作，减少应激刺激。经常观察兔群，发现病兔马上隔离和治疗。

2. 治疗

（1）青霉素10万单位/只，肌内注射，每天2次，同时用磺胺二甲基嘧啶，按0.03～0.1克/天，口服，连用4天。

（2）抗肺炎双球菌血清按10～15毫升/只，加入4万～8万单位新生霉素，皮下注射，每天1次，连用3天。

十六、兔棒状杆菌病

本病是由鼠棒状杆菌和化脓棒状杆菌所引起的一种传染病，其特征为实质器官及皮下或关节等部位形成小化脓灶。

（一）病原

本病的病原体为革兰氏阳性、正直或微弯曲、多形态的棒状杆菌。本菌对外界环境的抵抗力不强，在57℃可迅速将其杀死，对一般消毒剂敏感。

（二）流行特点

本菌广泛分布于自然界中，肉兔易感性强。主要通过污染的土壤、垫草与剪毛或其他原因发生的外伤接触感染，或通过污染的饲料、饮水等经消化道感染。本病常为散发。

（三）临床症状

病兔常无明显症状而逐渐消瘦，食欲不佳，皮下发生脓肿和变形性关节炎等。

（四）病理变化

剖检可见病兔的肺和肾脏有小脓肿病灶，皮下也有脓肿病灶，切开脓肿后流出淡黄色、干酪样脓液，关节肿胀，化脓性或增生性炎症。

（五）诊断

实验室检查以脓液涂片，革兰氏染色镜检，可见有多形态的一端较粗大、呈棒状的革兰氏阳性杆菌。病料接种于鲜血琼脂培养基和亚硝酸钠琼脂培养基，于37℃培养24～48小时，前者的菌落呈细小，后者则为微黑色小菌落。必要时还可进一步做生化鉴定及动物试验，予以确诊。与兔波氏杆菌病的区别：兔波氏杆菌病和本病均能引起肺出现化脓病灶，但波氏杆菌病的脓肿不发生于四肢和关节，应注意鉴别诊断。如将脓液做涂片，革兰氏染色镜检，支气管败血波氏杆菌为革兰氏阴性、多形态小杆菌。本病则为粗大棒状的革兰氏阳性杆菌。病料接种于麦康凯琼脂平板

培养基和鲜血琼脂培养基，支气管败血波氏杆菌在上述两种培养基均能生长，呈灰白色菌落。必要时可进一步作生化鉴定予以区别。

（六）防治措施

1. 预防　主要是加强饲养管理，严格执行兽医卫生防疫制度，搞好卫生，定期消毒，防止发生外伤感染。一旦发生外伤，应立即涂碘酊或龙胆紫，以防伤口感染。

2. 治疗　病兔用青霉素、链霉素、新胂凡纳明（九一四）等治疗均有效。青霉素，每千克体重2万～4万单位，肌内注射，每天2次，连用5～7天。链霉素，每千克体重295单位，肌内注射，每天2次，连用5～7天。新胂凡纳明每千克体重40～60毫克，用灭菌蒸馏水或生理盐水配成5%溶液，耳静脉注射，疗效也很好。

十七、兔魏氏梭菌病

兔魏氏梭菌病又名产气荚膜梭菌病、兔魏氏梭菌性肠炎，是由A型产气荚膜梭状芽孢杆菌分泌的外毒素引起的一种急性消化道传染病。其发病率达90%，死亡率高达100%。

（一）病原

本病病原为A型魏氏梭菌，属梭状芽孢杆菌属，为厌氧菌，革兰氏染色阳性，为两端钝圆的粗大杆菌，单个或成双存在，无鞭毛，不能运动，在动物体内能形成荚膜，其产生的外毒素能引起肠毒血症。

（二）流行特点

本病一年四季都可发生，以冬、春两季最为常见。不同年龄、品种、性别的兔均有易感性，其中毛用兔和1～3个月的兔发病率最高，并且死亡率高。本病是通过消化道进入兔体而传播的。此外，长途运输，饲养管理不当，青饲料短缺，粗纤维含量低，饲料突然更换，饲喂高蛋白成分的饲料，饲喂劣质鱼粉，长期饲喂抗生素或磺胺类药物，气候骤变等，均可诱发本病的暴发。

（三）临床症状

本病发病急，主要症状为急剧下痢。开始时爱蹲伏，弓背蜷缩，精神沉郁，食欲废绝，很快出现拉稀症状。最初排灰色软便，并带有胶冻样黏状物，随后出现黄褐色水样腹泻，有特殊的腥臭味，臀部和后腿有粪便污染，腹部外观胀满。有的病例粪便中带血。病兔迅速衰竭，卧地不起，如将其提起，会从其肛门流出黄色粪水。病兔体温在37℃以下，一般出现水泻后1～2天死亡，少数可拖至5～7天才死亡。

（四）病理变化

尸体脱水，腹腔有腥臭味，胃底黏膜脱落，出现大小不一的溃疡灶。小肠充满胶冻样液体，有时混有大量气体，肠壁变薄呈透明状，大肠内积有大量气体和黑色水样粪，肠黏膜有弥漫性出血，肝脏质脆，膀胱内常有血样尿液。心脏表面血管怒张，呈树枝状。

（五）诊断

根据本病的流行特点、特征性症状（下痢和水泻）及剖检时消化道的特殊病变，可作出初步诊断。但确诊需要通过实验室病菌分离鉴定及血清学检查。

1. 细菌学检查　取病料接种鲜血琼脂平板，厌氧培养24小时，菌落周围出现双重溶血圈。取菌落做镜检可见到两端钝圆的革兰氏阳性大杆菌。

2. 动物试验　取病死兔回肠内容物，用灭菌生理盐水稀释后，离心，上清液用滤器过滤，进行小鼠腹腔注射，小鼠可在24小时内死亡。

（六）防治措施

1. 预防

（1）加强饲养管理，消除发病原因，增加粗饲料的喂给量，

少喂高蛋白饲料和谷类饲料，不要滥用抗生素。尽量减少应激，搞好卫生。

（2）坚持自繁自养，严禁从疫区引种，引入种兔时，应隔离观察1个月，只有确定健康兔才能混群饲养。

（3）病兔及时隔离、淘汰。兔舍、兔笼、用具用3%热碱水消毒，尸体及排泄物和垫草要焚烧深埋。注意灭鼠、灭蚊。对受威胁的兔，用魏氏梭菌灭活菌苗进行预防接种，每年2次（孕兔后期不注射），仔兔断奶前7天皮下注射2毫升，成年兔再注射1次。用金霉素按每千克体重40毫克拌料，连喂5天，可预防本病。

2. 治疗 本病尚无良好的治疗药物。对发病兔可使用抗A型魏氏梭菌高免血清进行紧急治疗，当发现症状时，在病兔皮下注射高免血清0.5～1毫升，经5～10分钟，再用5毫升高免血清、5%的葡萄糖生理盐水10～15毫升，静脉注射，每天注射2次，连用2天，可显著提高疗效。本病流行地区的健康兔，可用A型魏氏梭菌与兔巴氏杆菌灭活二联菌进行预防接种。

（1）卡那霉素每千克体重20～40毫克，肌内注射，每天2次，连用3天。

（2）喹乙醇每千克体重5毫克，口服，每天2次，连用3天。

（3）红霉素每千克体重20～30毫克，肌内注射，每天2次，连用3天。

（4）调整肠胃功能可用食母生、鞣酸蛋白口服。

十八、兔泰泽氏病

兔泰泽氏病是由毛样芽孢杆菌引起的兔的一种以严重下痢、脱水并迅速死亡为特征的消化道传染病。本病的死亡率极高，是养兔业的一大威胁。

（一）病原

本病病原为毛样芽孢杆菌，是严格的细胞内寄生菌，在人工培养基上不能生长。形体细长，革兰氏阴性，周身有鞭毛，能形成芽孢。过碘酸锡夫氏（PAS）染色，着色清楚。该菌对外界抵抗力较强，在土壤中能存活1年以上，但在56℃条件下1小时即可被杀灭。本菌在体外迅速失去感染力。

（二）流行特点

本病不仅存在于兔，而且存在于多种实验动物及家畜中。6～12周龄的兔最易受害，但断奶前的仔兔和成年兔也可患病。本病以秋末至春初多发。病兔是本病的主要传染源。病原从粪便排出，污染用具、环境及饲料、饮水等，健康兔经消化道感染本病。兔感染后不马上发病，而是侵入肠道中缓慢增殖，当机体抵抗力下降时发病。应激因素，如拥挤、过热、气候剧变、长途运输及饲养管理不当等，往往是本病的诱因。

（三）临床症状

发病急，严重腹泻，粪便呈褐色糊状或水样，臀部及后肢被粪便污染。急剧脱水，精神沉郁，食欲废绝，通常在出现症状后12～48小时死亡。耐过的病例食欲不佳，生长停滞，成为僵兔。

（四）病理变化

尸体严重脱水、消瘦，后肢污染大量粪便。盲肠、回肠后段、结肠前段黏膜弥漫性充血、出血，肠壁水肿，黏膜坏死，粗糙或呈细颗粒状。盲肠内充满气体和褐色糊状或水样内容物，蚓突肿大、变硬，有暗红色坏死灶，回肠也有类似变化。慢性病例，肠壁因严重坏死与纤维化而增厚，肠腔狭窄。肝脏肿大、质脆，表面和切面有许多针尖至米粒大的灰黄色坏死灶。胆囊肿大，胆汁充盈。心肌有灰白色条纹、斑点或片状坏死灶。

（五）诊断

根据流行特点、临床症状，尤其是剖检时出现特征性的盲肠、肝脏、心肌变化，可作出初步诊断。但确诊需要作细菌学检

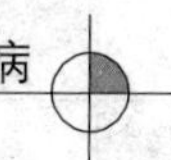

查，如用肝脏坏死区组织或肠病变部黏膜涂片，经姬姆萨染色或PAS染色，在细胞浆中发现毛样芽孢杆菌，则可确诊。或用补体结合试验和琼脂扩散试验筛选种兔血清，以确定某一兔群是否已感染这一病菌。

（六）防治措施

1. 预防　加强饲养管理，减少应激因素，定期进行消毒。一旦发病及时隔离治疗病兔，全面消毒兔舍，防止病原菌扩散。并对未发病兔在饮水或饲料中加入土霉素进行预防。

2. 治疗　发病初期用抗生素治疗有一定疗效，可选用以下药物治疗：

（1）土霉素用0.006%～0.01%浓度饮水。

（2）青霉素按每千克体重2万～4万单位，肌内注射，每天2次，连用3～5天。

（3）链霉素按每千克体重20毫克，肌内注射，每天2次，连用3～5天，若与青霉素联合应用，效果更好。

（4）金霉素按每千克体重40毫克兑入5%葡萄糖中，静脉注射，每天2次，连用3天。

十九、兔密螺旋体病

兔密螺旋体病是由兔密螺旋体引起的成年肉兔的一种慢性传染病。临床特征为外生殖器和面部的皮肤及黏膜发生炎症、结节、溃疡和淋巴结炎症。除兔对本病易感外，其他动物均不感染本病。

（一）病原

病原为兔密螺旋体，呈纤细的螺旋状构造，通常用姬姆萨或石炭酸复红染色，但着色力差，通常用暗视野显微镜检查，可见到旋转运动。主要存在于病兔的外生殖器官及其他病灶中，目前尚不能用人工培养基培养。螺旋体的致病力不强，一般只引起肉兔的局部病变而不累及全身。抵抗力也不强，有效的消毒药为

1%来苏儿、2%氢氧化钠溶液、2%甲醛溶液。

（二）流行特点

主要发生于性成熟的成年兔，以交配经生殖道感染为主。病兔污染过的垫草、饲料、用具等也可成为传播媒介。本病发病率高，但死亡率低，有时仅引起局部淋巴结感染，外表看似健康，但长期带菌成为危险的传染源。本病潜伏期2～10周。不传染给其他动物和人。育龄母兔比公兔易感，但少数未成年兔也会感染。

（三）临床症状

本病潜伏期2～10周。一般无全身反应，病兔的精神、食欲等无明显变化。本病也可自然康复，但可重复感染。进展缓慢，可持续数月。母兔失去配种能力，受胎率下降，所生仔兔活力差。而患病公兔的交配能力一般不受影响。

（四）病理变化

主要在公、母兔的外生殖器和肛门周围发红、肿胀，并形成小结节。后期肿胀部位有浆液性、脓性渗出物，病变部位变得湿润并形成棕色或紫色痂，剥去痂皮，下边是湿润、稍凹下的溃疡面，边缘不整齐并易出血。有的病例在阴囊、鼻、眼睑、唇和爪等部位出现疣状物，并可长期存在。腹股沟淋巴结和咽淋巴结肿大。慢性感染部位多呈干燥鳞片状，稍有突起。

（五）诊断

病兔多为成年肉兔，母兔受胎率低。临床检查无全身症状，仅在生殖器官等处有病变。有条件的兔场可作显微镜涂片，用姬姆萨染色检查兔密螺旋体。

（六）防治措施

1. 预防 应坚持自繁自养和严格检疫，严防引进病兔。引入肉兔应做好生殖器官检查，种兔人工授精或自然交配要认真进行健康检查，发病兔场应停止配种。可疑兔隔离饲养，治疗观察，对病重者应淘汰。污染的笼舍、用具用1%来苏儿溶液彻底

消毒。

2. 治疗　患部用硼酸水或高锰酸钾溶液或肥皂水洗涤后，再涂擦青霉素软膏或碘甘油；或者涂青霉素花生油（食用花生油22毫升加青霉素钠33万单位拌匀即可），每天1次，20天可痊愈。芫荽2克、枸杞根3克，洗净切碎，加水煎10分钟，再加少许明矾洗患处，每天1次，12天好转。

二十、放线菌病

兔放线菌病是由放线菌引起的兔的一种散发性传染病，以骨髓炎和皮下脓肿为特征。

（一）病原

主要为牛放线菌，不运动、不形成芽孢。在动物组织中呈现带有辐射状菌丝的颗粒性聚集物，外观似硫黄颗粒，质软或坚实，呈灰色、灰黄色或微棕色，制片经革兰氏染色后，中心菌体呈紫色，周围辐射状菌丝呈红色。本菌在自然环境中可长期生存，对消毒剂敏感，一般消毒剂均能达到消毒的目的。对青霉素及碘化合物敏感，其次是金霉素和土霉素。

（二）流行病学

在污染的土壤、饲料和饮水中，以及动物口腔和上呼吸道中，广泛存在本菌。只要皮肤和黏膜发生损伤，便有可能感染。特别饲喂粗硬饲草时，发病的机会增加。肉兔仅为散发。

（三）临床症状

本菌可侵害下颌、鼻骨、足、跗关节、腰椎骨，造成骨髓炎。受侵害部位的骨骼肿胀，皮下组织也出现炎症，甚至形成脓肿或囊肿。病程长者，结缔组织内出现致密的肿瘤样团块。有的脓肿破溃形成瘘管。病变多见于头部及颌部。

（四）病理变化

受侵害的组织出现单纯性骨髓炎，周围组织形成化脓性炎。脓汁黏液样，无特殊臭味，脓汁中含有硫黄颗粒。

（五）诊断

根据临诊症状和病变特征，可做出初步诊断。确诊本病可挑出脓汁中的硫黄颗粒，作压片镜检，或进行分离培养、生化反应鉴定等。

（六）防治措施

目前尚无预防本病的菌苗，主要依靠平时加强饲养管理。如饲喂柔软饲草，防止口腔及皮肤创伤，发现伤口及时进行外科处理等。治疗本病时，软组织病灶经治疗可以恢复，一旦病变侵入骨质，则难以痊愈。对组织局限性病灶，只要体积不大，与健康组织界限清楚，可应用外科方法切除，切除后的新创用碘酊纱布填塞，每天更换1次。也可应用烧烙法将深层病灶烧烙干净。药物治疗可用碘化钾口服或静脉注射治疗。碘剂疗法对舌、咽部、皮肤及皮下的放线菌肿胀有显著效果。青霉素、链霉素与碘化钾联合应用效果更好。

第三节　真菌性传染病

一、兔体表真菌病

兔体表真菌病又称皮肤霉菌病、毛癣病，是由致病性真菌感染皮肤表面及其附属结构毛囊和毛干所引起的一种真菌性传染病。病的特征是感染皮肤出现不规则的块状或圆形的脱毛、断毛及皮肤炎症。人和其他动物也可感染发病。

（一）病原

本病的病原为毛癣菌和大小孢霉菌。这些真菌广泛生存于土壤中，在一定条件下可感染肉兔。病原对外界具有很强的抵抗力，耐干燥，对一般消毒药耐受性强，对湿热抵抗力不太强。一般抗生素及磺胺类药物对本菌无效。

（二）流行特点

各种年龄与品种的兔均能感染，幼龄兔比成年兔易感。经健

康兔与病兔直接接触，相互抓、舔、吮乳、摩擦、交配与蚊虫叮咬等而感染，也可通过各种用具及人员间接传播。本病一年四季均可发生，多为散发。肉兔营养不良，污秽不洁的环境条件，兔舍与兔笼、用具卫生条件差，多雨、潮湿、高温，采光与通风不良，吸血昆虫多等，有利于本病的发生。

（三）临床症状

发病开始多见于头颈部、口周围及耳部、背部、爪等部位，继之在四肢和腹下呈现圆形或不规则形的被毛脱落及皮肤损害。患部以环形、突起、带灰色或黄色痂皮为特征。3 周左右痂皮脱落，呈现小溃疡，造成毛根和毛囊的破坏。如并发其他细菌感染，常引起毛囊脓肿。另外，在皮肤上也可出现环状、珍珠状、灰色的秃毛斑，以及皮肤炎症等症状。

（四）病理变化

病理组织学变化特征为表皮过度角质化，真皮有多形白细胞弥漫性浸润。在真皮和毛囊附近，可出现淋巴细胞和浆细胞。

（五）诊断

1. 实验室检查　将患部用 75%酒精擦洗消毒，用镊子拔下感染部被毛，并用小刀刮取皮屑。将病料放在载玻片上，加 10%氧化钾液数滴，加温 3～5 分钟，以不出现气泡为度，盖上盖玻片压紧后镜检，可见分支的菌丝与在菌丝上呈平行的链状排列的孢子。紫外线灯检查，小孢霉感染的毛发呈绿色荧光，而毛癣霉感染的毛发无荧光反应。

2. 鉴别诊断

（1）与兔疥癣病的区别　兔疥癣病由疥螨引起，主要寄生于头部和掌部的短毛处，而后蔓延至躯干部。患部脱毛、奇痒，皮肤发生炎症和龟裂等。从深部皮肤刮皮屑可检出疥螨。

（2）与营养性脱毛病的区别　此病多发生于夏、秋季节，呈散发，成年兔与老年兔发生较多。皮肤无异常，断毛较整齐，根部有毛茬。发生部位一般在大腿、肩胛两侧和头部。

（六）防治措施

1. 预防 坚持长年消灭鼠类及吸血昆虫，兔舍、兔笼、用具与兔体保持清洁卫生，注意通风、换气与采光。经常检查兔体被毛及皮肤状态，发现病兔立即隔离治疗或淘汰。加强对兔群的饲养管理，不喂发霉的干草和饲料，增加青饲料，并在日粮中添加富含维生素A的胡萝卜。消灭体外寄生虫，定期对兔群用配制的咪康唑溶液进行药浴。病兔停止哺乳及配种，严防健康兔与病兔接触。病兔使用过的笼具及用具等用福尔马林熏蒸消毒，污物及粪便、尿用10%～20%石灰乳消毒后深埋，死亡兔一律烧毁，不准食用。本病可传染给人，工作人员及饲养员接触病兔与污染物时，要注意自身的防护。

2. 治疗 首先将患部剪毛，用软肥皂、温碱水或硫化物溶液洗擦，软化后除去痂皮，然后选择10%木馏油软膏、碘化硫油剂等，每日外涂2次。灰黄霉素制成水悬剂内服，每日2次，连用14天；或在每千克饲料中加入0.75克粉状灰黄霉素，连喂14天，有良好的疗效。另外，也可选用以下几种方法治疗：①用石炭酸15.0克，碘酊25.0毫升，水合氯醛10.0克，混合外用，每天1次，共用3次，用后即用水洗掉，涂以氧化锌软膏。②水杨酸6.0克，苯甲酸12.0克，石炭酸2.0克，敌百虫5.0克，凡士林100.0克，混合外用。体质瘦弱兔可用10%葡萄糖溶液10～15毫升，加维生素C2毫升，静脉注射，每天1次。

二、兔深部真菌病

本病又称曲霉菌病，是由曲霉菌属的真菌引起的一种人畜共患的真菌病。临床上以在呼吸器官组织中发生炎症，并形成肉芽肿结节为特征。

（一）病原

本病主要由烟曲霉引起，本菌的形态特点是气生菌丝一端膨大形成顶囊，上有放射状排列的小梗，并分别产生许多分生孢

子，形如葵花状。曲霉菌的孢子抵抗力很强，煮沸5分钟才能杀死。消毒使用5%甲醛、5%石炭酸、0.4%过氧乙酸为好。

（二）流行特点

曲霉菌及其孢子广泛分布于自然界，如存在于土壤、稻草、谷物、木屑、霉变饲料、墙壁、地面、用具及空气中。兔常因接触发霉饲料及垫料等经呼吸道、消化道和皮肤的伤口而感染。各种品种、各种年龄的肉兔都可感染，但以幼龄兔多发，成年兔少发。本病一年四季均可发生，但以梅雨季节多发。兔舍阴暗、潮湿、闷热、通风不良，饲料、垫草、饮水、用具、兔笼发霉，易引发本病。

（三）临床症状

病兔表现为精神不振，饮食减退，被毛粗乱，无光泽，逐渐消瘦。体温39～40℃，呼吸困难。有的病兔眼结膜肿胀，有分泌物，眼球发紫。最后因消瘦衰竭而死亡。病程2～7天。轻度感染者症状不明显。

（四）病理变化

剖检可见肺脏表面、肺组织内及胸膜有大小不等的黄白色、圆形结节，有的结节扁平，中心凹陷，边缘有锯齿状的坏死，结节的内容物呈黄色、干酪样。肺与胸膜粘连，气管内有黏液性分泌物和泡沫。心包膜有炎症，肝肿大，边缘有黄白色结节。胃黏膜脱落，底部有出血，结肠和盲肠浆膜出血，肠系膜充血等。

（五）诊断

1. 实验室诊断　本病可根据有饲喂发霉饲料或垫草发霉的经过做出初步诊断。确诊需作实验室检查，取病变组织（以结节中心为好）置载玻片上，加生理盐水1～2滴或2%氢氧化钾少许，用细结节弄碎，10～20分钟后，盖上盖玻片，于弱光下镜检，见到特征性的菌丝体和孢子，即可确诊。也可将病料接种于马铃薯培养基及其他真菌培养基上，进行分离培养和鉴定，予以确诊。

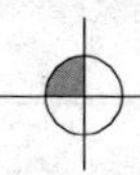

2. 鉴别诊断

(1) 与兔结核病的区别　结核病除进行性消瘦、呼吸困难外，还表现有明显的咳嗽喘气，有的出现腹泻，四肢关节变形等。结核结节可发生在除肺脏和肝脏以外的其他脏器如胸膜、腹膜、肾脏以及全身淋巴结等部位。采取病料涂片，用抗酸染色法染色镜检，可见细长丝状、稍弯曲的红色结核杆菌。

(2) 与兔肺炎的区别　肺炎除呼吸困难、精神不振、少食外，还表现出明显的咳嗽，呼吸浅表，听诊有湿性啰音，体温升高等。该病多发于气候突变，见于个别幼兔，没有传染性。剖检肺部没有黄白色的结节。

(六) 防治措施

1. 预防　加强对兔群的饲养管理，兔舍、兔笼及用具保持干燥、清洁、卫生，并定期进行全面消毒。通风保温，不使用发霉的饲料和垫草。发现病兔，及时查明原因，隔离治疗，彻底消毒。病兔及死亡兔要及时处理，不准食用。

2. 治疗　抗霉菌素，每千克体重 10～20 毫克，拌入料中喂服，连用 8～10 天。两性霉素 B，用注射用水配成溶液，按每千克体重 0.125～0.5 毫克，缓慢静脉注射，1 周 2 次。灰黄霉素，每千克体重 25 毫克内服，每天 2 次。同时，饮用 0.5%碘化钾溶液水，连用 3～4 天。或者饮用 0.59%硫酸铜溶液 3～4 天。此外，5-氟胸腺嘧啶与双氯苯咪唑等药物，也可用于本病的治疗。

第十五章 寄生虫病

第一节 原虫病

一、球虫病

本病主要是由艾美耳属的多种球虫引起兔的一种为害极其严重的体内寄生虫病，其临床特征是腹泻、消瘦、贫血。

（一）病原及生活史

侵害肉兔的球虫约有 17 种。主要有兔艾美耳球虫、穿孔艾美耳球虫、大型艾美耳球虫与无残艾美耳球虫，其卵囊见图 15-1，形态特征和生物学特征见表 15-1。除斯氏艾美耳球虫寄生在胆管上皮引起肝球虫病外，其余各种都寄生于肠上皮细胞，引起肠球虫病，但往往为混合感染引起混合型球虫病。

兔艾美耳球虫的发育需要 3 个阶段：①无性繁殖阶段。球虫在寄生部位（上皮细胞）以裂殖生殖进行增殖。②有性繁殖阶段。以配子生殖法形成雌性细胞（大配子）和雄性细胞（小配子），雌雄两性细胞融合而成合子。这一阶段也是在宿主上皮细胞内完成。③孢子生殖阶段。合子变为卵囊，卵囊内原生质团分裂为孢子囊和子孢子。前两个阶段是在胆管上皮细胞（斯氏艾美耳球虫）或肠上皮细胞（小肠和大肠寄生的各种球虫）内进行的，后一发育阶段是在外界环境中进行的。

肉兔在采食或饮水时，吞食了成熟的孢子化卵囊。卵囊进入肠道后，在胆汁和胰酶的作用下，子孢子从卵囊逸出，并主动侵

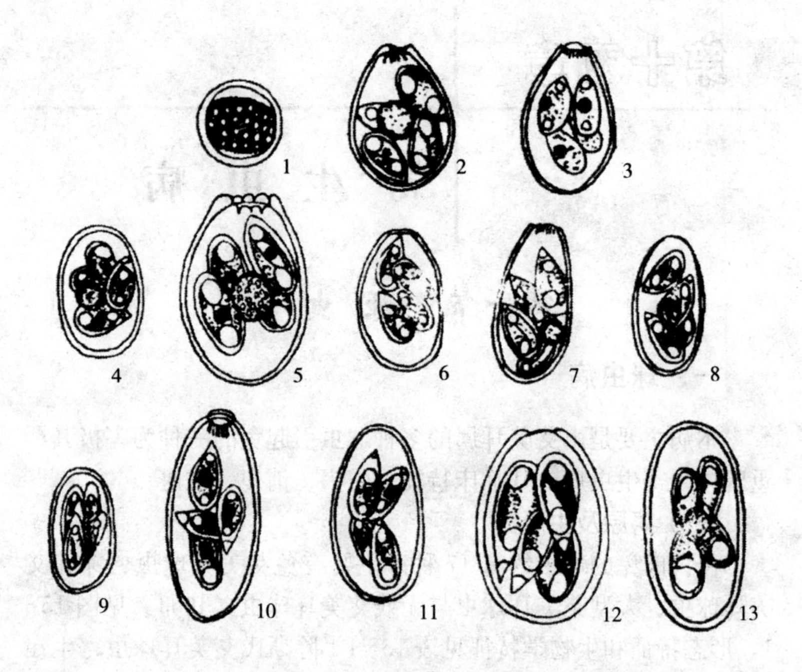

图 15-1　各种兔球虫卵囊

1. 小型艾美耳球虫　2. 肠艾美耳球虫　3. 梨形艾美耳球虫
4. 穿孔艾美耳球虫　5. 大型艾美耳球虫　6. 松林艾美耳球虫
7. 盲肠艾美耳球虫　8. 中型艾美耳球虫　9. 那格浦尔艾美耳球虫
10. 长形艾美耳球虫　11. 斯氏艾美耳球虫　12. 无残艾美耳球虫
13. 新兔艾美耳球虫

入肠（或胆管）上皮细胞，开始变为圆形的滋养体。进一步生长后，细胞核进行多次分裂变为多核体，最后发育成球形的裂殖体。裂殖体内含许多香蕉形的裂殖子。这个过程为第 1 代裂殖生殖。这些裂殖子胀破裂殖体和上皮细胞后，再侵入新的上皮细胞进行第 2 代、第 3 代，甚至是第 4 代或第 5 代裂殖增殖。如此反复多次，大量破坏上皮细胞，致使肉兔发生严重的肝炎或肠炎。在裂殖生殖之后，部分裂殖子侵入上皮细胞发育成雌性的大配子体，大配子体内发育有许多的大配子。部分裂殖子侵入上皮细胞

表 15-1 肉兔各种球虫的特征

种类	卵囊						残体		从子孢子进入宿主体内至卵囊出现的时间（天）	寄生部位	致病性
	大小（微米）		形状	颜色	卵膜孔	孢子需要的时间（小时）	外部	内部			
	范围	平均									
斯氏艾美耳球虫	36.1～41.8×17.4～24.7	38.4×20.5	长、卵圆或椭圆	淡黄或带橘红色	有，明显	52	缺	有	14	肝脏、胆管	+++
穿孔艾美耳球虫	19.0～30.4×13.3～17.1	25.5×15.5	椭圆	无色或略带淡红色	不明显或无	24～48	缺	有	6	空肠、回肠	±
兔艾美耳球虫	28.5～29.4×18.9～26.6	37.3×24.1	卵圆	无色透明	无	44	有	缺	9	肠道	±
大型艾美耳球虫	33.2、41.8×22.2～36.6	37.3×24.1	卵圆	橘黄或褐色	明显	28	有	有	8	回肠、盲肠	++
中型艾美耳球虫	24.7～36.4×15.2～20.5	28.9×17.9	椭圆	淡红色	明显	36	有	有	8	空肠、十二脂肠	++
无残艾美耳球虫	32.5～41.8×20.9～26.6	38.9×24.9	椭圆	黄色或褐色	明显	52	缺	有	8	空肠	+
梨形艾美耳球虫	28.5～36.1×19.0～24.0	31.9×19.3	梨形	黄褐色	明显	44	缺	有	9	小肠、大肠	±
肠艾美耳球虫	24.7～36.1×19.0～26.8	31.3×20.7	卵圆形	橘黄或黄褐色	明显	36	有	有	9	小肠（十二脂肠除外）	+++

（续）

种类	卵囊						残体		从子孢子进入宿主体内至卵囊出现的时间（天）	寄生部位	致病性
	大小（微米）		形状	颜色	卵膜孔	孢子需要的时间（小时）	外部	内部			
	范围	平均									
盲肠艾美耳球虫	28.4～41.8×15.8～22.8	32.5×18.6	圆筒或卵圆形	橘黄或黄褐色	明显	36	有	有	8	盲肠	＋
新兔艾美耳球虫	38.0～47.8×19.0～22.8	40.6×21.3	长椭圆	淡黄色	明显	44	缺	有	10	回肠、盲肠	±
松林艾美耳球虫	23.5～30.4×14.5～22.8	27.8×19.5	宽卵圆形	淡黄色	明显	36	有	有	8	回肠	＋＋＋
那格浦尔艾美耳球虫	20.25～26.5×10～15	23×13	圆筒形	无色或淡黄色	无	36～48	缺	有		肠道	±
雕斑艾美耳球虫	36.1～43.7×19.0～25.0	39.2×21.8	宽梨形或卵圆形	深褐色	明显	52	缺	有	11	肠道	±
黄色艾美耳球虫	23.5～34.2×20.8～22.8	31.9×22.2	宽卵圆形	黄色	明显	36	缺	有	8	肠道	±
小型艾美耳球虫	11.8～22.8×10.3～19.0	15.1×12.7	球形	无色	无	28	缺	缺	7	肠道	±
大孔等孢球虫	34.8～38.79×18.96～20.66	36.59×19.82	椭圆形	黄色	大而明显		缺	有		肠道	±

注：＋＋＋致病性强，＋＋致病性中等，＋有致病性，±致病性可疑。

发育成雄性的小配子体，小配子体内发育有许多的小配子。大配子与小配子结合形成合子。合子周围迅速形成一层较厚的、对外界不利因素有较强抵抗作用的卵囊壁，即发育成卵囊。卵囊进入肠腔随粪便排出体外，在适宜的温度（20～28℃）和相对湿度（55%～60%）条件下进行孢子生殖，即在卵囊内形成4个孢子囊，每个孢子囊内形成2个子孢子。这种发育成熟的卵囊称为孢子化卵囊。

（二）流行特点

各种品种兔均易感染，断奶至3月龄的幼兔最易感，死亡率高达80%左右。成年兔因抵抗力强，即使带虫也能耐过。球虫病耐过者或治愈者，可成为长期带虫者和病原的传播源。本病主要通过消化道传染。母兔乳头沾有卵囊，饲料和饮水被病兔粪便污染，都可传播球虫病。也可通过兔笼、用具及苍蝇、老鼠传播。本病多发生在温暖潮湿多雨季节，南方多发于开春和梅雨季节，北方一般在7～8月份。若兔舍保持在10℃以上，则随时均可发生，一般呈地方流行性。

（三）临床症状和病理变化

患兔精神不振，食欲减退或废绝，喜卧，贫血，消瘦，腹胀，眼、鼻分泌物及唾液增多，眼结膜苍白，腹泻。尿频或常呈排尿姿势。肝区压痛。后期可见痉挛或麻痹、头后仰、抽搐等神经症状，终因衰竭而死亡。剖检时，肝型见肝肿大，表面有粟粒至豌豆大的圆形白色或淡黄色结节病灶，切面胆管壁增厚，管腔内有浓稠的液体或有坚硬的矿物质。胆囊肿大，胆汁浓稠、色暗。腹腔积液。肠型见小肠、盲肠黏膜发炎、充血甚至出血，内容物含有大量卵囊。慢性病例肠黏膜呈淡灰色，可见小的灰白色结节（内含卵囊），尤其是盲肠蚓突黏膜。

（四）诊断

温暖潮湿环境易发。断奶至3月龄幼兔易感，死亡率高。主要表现腹泻、消瘦、贫血等症状。肝脏、肠道有特征病变。检查粪便卵囊，或用肠黏膜、肝结节内容物及胆汁做涂片，检查卵囊、裂殖体与裂殖子等。

（五）防治措施

1. 预防　实行笼养，大小兔分笼饲养，定期消毒，保持室内通风干燥。兔粪尿要堆积发酵，杀灭粪中卵囊。病死兔要深埋或焚烧。兔青饲料地严禁用兔粪作肥料。定期对成年兔进行药物预防。17～90日龄兔的饲料或饮水中添加抗球虫药物。

2. 治疗　目前常用抗球虫药物的使用方法、效果及注意事项介绍如下。

（1）磺胺类药物　对治疗已发生的感染优于别的药物，临床上主要做治疗用，不以连续方式做预防用。该类药中的两种合用，尤其是磺胺药和二氨嘧啶类药合用，对球虫产生协同作用。该类药物易产生耐药性，故应与其他抗球虫药交替使用。

①磺胺喹噁啉（SQ）　预防剂量为0.05%饮水，治疗量为0.1%饮水。二甲氧苄胺嘧啶（DVD）有促进磺胺喹噁啉的作用，磺胺喹噁啉和二甲氧苄胺嘧啶以4∶1比例按每千克体重0.25克剂量使用，能取得满意效果。该药使用时间过长，可引起肉兔循环障碍，肝脏、脾脏出血或坏死。

②磺胺二甲氧嘧啶（SDM）　是一种新型最有效的磺胺类药物，特别适合于哺乳或妊娠兔。加入饮水中使用时，治疗剂量为0.05%～0.07%，预防剂量为0.025%；按体重使用时，第1天每千克体重0.2克，以后为每千克体重0.1克，间隔5天重复1个疗程。药品与饲料比例为：第1天以0.32%浓度拌料，而以后4天以0.15%浓度拌料。本药和增效剂二甲氧苄胺嘧啶按3∶1配合，推荐剂量：0.25%拌于饲料中，抗球虫效果更好，用于治疗兔球虫病的程序为用药3天，停药10天。

③磺胺对甲氧嘧啶（SMD）　是一种相当好的抗球虫药物，不溶于水。预防剂量：每千克饲料中添加0.3～0.5克；治疗剂量：每千克饲料中添加0.5～0.8克。

④磺胺二甲嘧啶（SM） 一般用药宜早，饲料加入本品0.1%，可预防兔球虫病，以0.2%饮水治严重感染兔，饮用3周，可控制临床症状，并能使兔产生免疫力。

⑤磺胺嘧啶钠 应用剂量为每千克体重0.1～0.5克，对肝球虫病有良效。

⑥复方磺胺甲基异噁唑 即复方新诺明。预防时饲料中加入0.02%本品，连用7天，停药3天，再用7天为1个疗程，可进行1～2个疗程；治疗时，饲料中添加0.04%本品，连用7天，停药3天，必要时再用7天，能降低病兔死亡率。

⑦磺胺氯吡嗪（SCP，ESb3） 又名三字球虫粉，是一种较好的抗球虫药。预防时，按0.02%饮水或按0.1%混入饲料中，从断奶至2月龄，有预防效果。治疗时，按每日每千克体重50毫克混入饲料中给药，连用10天，必要时停药1周后，再用10天，该药宜早用。

（2）氯苯胍 又名盐酸氯苯胍或双氯苯胍，属低毒高效抗球虫药。白色结晶粉末，有氯化物特有的臭味，遇光后颜色变深。饲料中添加0.015%氯苯胍，从开始采食连续喂到断奶后45天，可预防兔球虫，紧急治疗时剂量为0.03%，用药1周后改为预防量。此外，氯苯胍还有促进肉兔生长和提高饲料转化率的功效。由于氯苯胍有异味，可在兔肉中出现，所以屠宰前1周应停喂。值得注意的是：由于兔球虫抗药性的产生非常快，长期使用该药易产生抗药性。因此，在有些地区或兔场预防效果不理想，故应注意药剂的交替使用。

（3）莫能霉素 也称莫能菌素，按0.002%混合于饲料中拌匀或制成颗粒饲料，饲喂断奶至60日龄幼兔，有较好的预防作用。在球虫严重污染地区或兔场，用0.004%剂量混于饲料中饲喂，可以预防和治疗兔球虫病。

（4）乐百克 即Lerbek的中文名，由0.02%氯羟吡啶和0.00167%苄氧喹甲酯配合组成。预防剂量为0.02%，治疗剂量为0.1%。

(5) 甲基三嗪酮　商品名百球清（BayCox），主要含甲基三嗪酮，对肉兔所有球虫有效。作用于球虫生活史所有细胞内发育阶段的虫体，可作为治疗兔球虫病的特效药物。治疗剂量：每日饮用药物浓度为0.002 5%的饮水，连喂2天，间隔5天，再服2天，即可完全控制球虫病，卵囊排出为零，对增重无任何影响。预防剂量：0.001 5%饮水，连喂21天，但应注意，若本地区饮水硬度极高和pH低于8.5的地区，饮水中必须加入碳酸氢钠（小苏打），以使水的pH调整到8.5～11的范围内。

(6) 扑球　其主要活性成分是氯嗪苯乙氰，商品名有克利禽、伏球、杀球灵、地克珠利、威特神球等。0.000 1%的浓度（饲料或饮水）连续用药是最佳选择，对预防肉兔肝球虫、肠球虫均有极好的效果。

(7) 球痢灵　学名二硝甲苯酰胺，为广谱抗球虫药，对球虫的裂殖体有强烈的抑制作用，不影响肉兔对球虫的自身免疫力，是良好的预防球虫病的药物，疗效也较高。按每千克体重50毫克内服，每天2次，连用5天，可有效防止球虫病暴发。

(8) 常山酮　商品名为速丹，是广谱、高效、低毒抗球虫药，是从中草药"常山"中提取出的生物碱，肉兔饲料中添加0.000 3%本药，可杀死全部球虫卵囊。

(9) 中草药

①海带粉　海带中含有碘，对球虫具有较强的杀灭和抑制功能。海带先用水浸泡5～6小时去腥味，晒干后再上锅焙炒，磨成粉剂，饲料中添加剂量为2%，可有效预防兔球虫病。

②马蔺叶　每兔每日添喂100克马蔺叶，可有效治疗兔球虫病，肉兔因球虫病引起的死亡率可由71.8%下降到2%。

③球虫九味散　白僵蚕32克，生大黄16克，桃仁泥16克，地鳖虫16克，生白术10克，桂枝10克，白茯苓10克，泽泻10克，猪苓10克，混合研末，内服，每天2次，每次3克，病初

服用效果显著。

④四黄散　黄连6克，黄柏6克，大黄5克，黄芩15克，甘草8克，混合研末，内服，每天2次，每次2克，连服喂5天，可防兔球虫病。

⑤常胡散　常山40%，柴胡40%，甘草20%，共研细末，每兔日喂5克，连喂5天，可防治兔球虫病。

(10) 其他类抗球虫药

①碘合剂　碘1份、碘化钾3份、蒸馏水30份，将此液以1∶8比例与牛奶混合，给病兔饮水有良好效果，15～20天后球虫卵囊消失。

②鱼石脂合剂　鱼石脂2.5份、碳酸氢钠4份、茴香油10滴、水2 500份，每次取药液300～400毫升，注入饮水中，服用3天。

③克辽林合剂　克辽林25份、碳酸氢钠4份、糖浆400份、水2 000份，每日取药液25毫升，加入饮水中喂给。

(六) 诊疗注意事项

注意球虫引起的肝结节与囊尾蚴、肝毛细线虫等引起的肝病变鉴别。预防用药要经常轮换使用或交替使用，以防产生抗药性。

二、弓形虫病

本病是由龚地弓形虫引起的人兽共患的原虫病，呈世界性分布。

(一) 病原及生活史

龚地弓形虫寄生于细胞内，按其发育阶段有5种形态：滋养体、包囊—裂殖体、配子体和卵囊。滋养体和包囊位于中间宿主（人、家畜、鼠等）体内，其他形态只存在于终末宿主（猫）体内。肉兔食入被含有弓形虫卵囊的猫粪污染的饲料而感染，其生活史见图15-2。

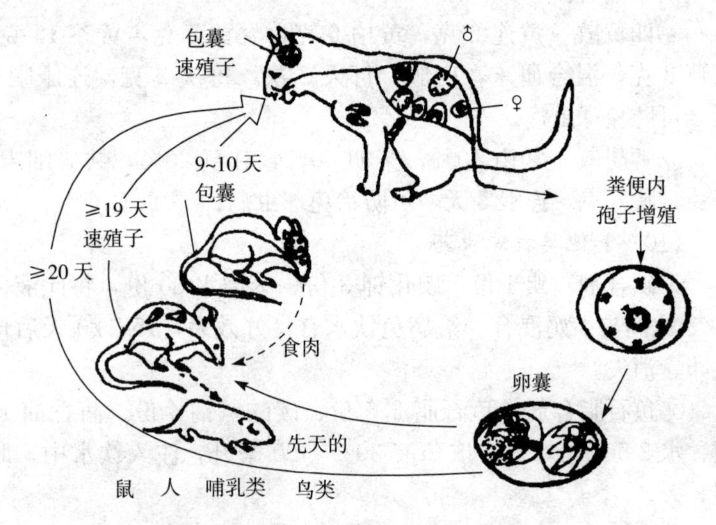

图 15-2 弓形虫生活史

（二）流行特点

猫是人和动物弓形虫病的主要传染源。卵囊随猫粪便排出后发育成具有感染能力的孢子化卵囊，卵囊通过消化道、呼吸道与皮肤等途径侵入体内。也可通过胎盘感染胎儿。

（三）临床症状和病理变化

急性主要见于仔兔，表现突然不食，体温升高，呼吸加快，眼、鼻有浆液性或黏脓性分泌物，嗜睡，后期有惊厥、后肢麻痹等症状，发病后 2～9 天死亡。慢性多见于老龄兔，病程较长，食欲不振，消瘦，后躯麻痹。有的会突然死亡，但多数可以康复。剖检见坏死性淋巴结炎、肺炎、肝炎、脾炎、心肌炎和肠炎等变化。慢性病变不大明显，但组织上可见非化脓性脑炎和细胞中的虫体。

（四）诊断

1. 诊断要点 兔场及其附近有养猫史。特征性病理变化为胸、腹腔积液。非化脓性脑炎，小胶质细胞、血管内皮与外膜细

胞增生。发现虫体即可确诊。

2. 实验室诊断

（1）涂片检查　采取兔胸、腹腔渗出液或肺脏、肝脏、淋巴结等做涂片，姬姆萨或瑞氏染色后镜检。弓形虫速殖子呈橘子瓣状或新月形，一端较尖，另一端钝圆，胸浆呈蓝色，中央有一紫红色的核。

（2）小鼠腹腔接种　取兔肺脏、肝脏、淋巴结等病料研碎后加10倍生理盐水（每毫升加青霉素1 000单位和链霉素100毫克），在室温中放置1小时。接种前振荡，待重颗粒沉淀后取上清液接种于小鼠腹腔。每次接种后观察20天，小鼠发病死亡，或以其腹腔液及脏器做涂片镜检，查出虫体，可确诊。

3. 鉴别诊断

（1）与兔巴氏杆菌病鉴别　巴氏杆菌病除有鼻炎及肺炎症状外，还有中耳炎、结膜炎、子宫脓肿、睾丸炎及全身败血症等病型。

病理变化除肺部病变外，还可见到其他实质脏器充血、淤血、变性与坏死等。采取病料涂片，染色镜检，可见两极着色的卵圆形小杆菌，即为多杀性巴氏杆菌，故可与兔弓形虫病相区别。

（2）与兔波氏杆菌病鉴别　波氏杆菌病的兔除有鼻炎与支气管肺炎症状外，还可出现脓疱性肺炎。剖检可见肺部有大小不一的脓疱，肝脏表面有黄豆至蚕豆大的脓疱，还可引起心包炎、胸膜炎、胸腔蓄脓等。采取病料，涂片镜检，可见革兰氏阴性多形态的小杆菌，即为波氏杆菌，故可与兔弓形虫病相区别。

（五）防治措施

1. 预防　兔场禁止养猫并严防外界猫进入兔场。注意不使兔饲料、饮水被猫粪便污染。留种时须经弓形虫检查，确为阴性者方可留用。

2. 治疗 磺胺类药物对本病有较好的疗效。磺胺嘧啶按每千克体重70毫克，联合乙胺嘧啶，按每千克体重2毫克，首次量加倍，每天2次内服，连用3～5天。

（六）诊疗注意事项

病理检查在本病诊断上起重要作用，而症状仅作参考。还应注意与内脏有坏死或结节病变的疾病（野兔热、李氏杆菌病、泰泽氏病、结核病、伪结核病、沙门氏菌病等）鉴别。治疗应在发病初期及时用药。注意饲养管理人员个人防护。

三、脑原虫病

本病是由兔脑炎原虫引起，一般为慢性或隐性感染，常无症状，有时见脑炎和肾炎症状，发病率15%～76%。

（一）病原及生活史

兔脑炎原虫是一种细胞内寄生的原虫。其成熟孢子呈杆状，两端钝圆，或呈卵圆形，长1.5～2.5微米，内有一核及少数空泡，囊壁厚，两端或中间有少量空泡，一端有极体，由此发出极丝，沿内壁盘绕。有极丝是小孢子虫目的特征。极丝常自然伸出，压力、加热、乙醚或过氧化氢等的作用可促进极丝的伸出过程。孢子用苏木精和伊红染色不易着色，但用姬姆萨染色、革兰氏染色或郭氏石炭酸品红染色则很清晰。

（二）流行特点

本病广泛分布于世界各地。病兔的尿液中含有兔脑炎原虫，消化道是主要感染途径，经胎盘也可传染。

（三）临床症状和病理变化

通常呈慢性或隐性感染，常无症状，有时可发病，秋冬季节多发，各年龄兔均可感染发病，见脑炎和肾炎症状，如惊厥、颤抖、斜颈、麻痹、昏迷，平衡失调，蛋白尿及腹泻等。剖检见肾脏表面有小白色点或大小不等的凹陷状病灶，病变严重时肾脏表面呈颗粒状或高低不平。

（四）诊断

1. 诊断要点　主要根据肾脏的眼观变化及肾脏、脑的组织变化做诊断。肾脏、脑可见淋巴细胞与浆细胞肉芽肿，肾小管上皮细胞和脑肉芽肿中心可见脑炎原虫。

2. 实验室检查　将病死兔的肾脏（或脑）切开，切面直接在载玻片上涂一下，自然干燥，甲醇固定 3 分钟，姬姆萨染色（30～40 分钟），水洗，自然干燥，在油镜下观察可发现梨籽形和逗点形的滋养体。已有许多免疫学和分子生物学诊断方法，用于兔脑炎原虫的诊断。

3. 鉴别诊断　注意与巴氏杆菌病和李氏杆菌病的鉴别。与巴氏杆菌病的鉴别在本章巴氏杆菌病栏目中已作介绍。与李氏杆菌病鉴别时须注意：两种病虽然都有神经症状，但脑炎原虫病剖检见肾表面有小白色点或大小不等的凹陷状病灶。

（五）防治措施

目前尚无有效的治疗药物。一般采取淘汰病兔，加强防疫和改善卫生条件有利于本病的预防。

（六）诊疗注意事项

本病生前诊断很困难，因为神经症状和肾炎症状很难与本病联系在一起。注意与有斜颈症状的疾病（如李氏杆菌病、巴氏杆菌病等）鉴别。

四、住肉孢子虫病

本病是由兔住肉孢子虫引起的在肌肉形成包囊为特征的疾病。白尾灰兔多发。

（一）病原

住肉孢子虫在宿主的肌肉中形成包囊。兔住肉孢子虫包囊长达 5 毫米，其内充满了滋养体。滋养体呈香蕉形，一端稍尖，大小通常为（12～18）毫米×（4～5）毫米。在姬姆萨染色的抹片中靠近钝端可看到核。

（二）临床症状和病理变化

轻度或中度感染的兔不显症状，感染很严重的可能出现跛行。剖检见病变发生在心肌和骨骼肌，特别是后肢、侧腹和腰部肌肉。在严重感染的病例，肉眼可看到顺着肌纤维方向有多数白色条纹。显微观察，可看到肌肉中有完整的包囊。

（三）防治措施

目前尚无有效的治疗方法。本病的传播方式目前虽还没有搞清楚，但应将肉兔与白尾灰兔隔离开来饲养，可减少或避免本病的发生。

第二节　蠕虫病

一、囊尾蚴病

本病是由豆状带绦虫的中绦期幼虫——豆状囊尾蚴寄生于兔的肝脏、肠系膜和网膜等所引起的疾病。

（一）病原及生活史

囊尾蚴透明、球形，直径10～18毫米。豆状带绦虫寄生于犬、猫和狐狸等野生食肉兽的小肠内，成熟绦虫排出含卵节片，兔食入污染有这种节片和虫卵的饲料后，六钩蚴便从卵中钻出，进入肠壁血管，随血流到达肝脏。再钻出肝膜，进入腹腔，在肠系膜、胃网膜等处发育为豆状囊尾蚴。豆状囊尾蚴虫体呈囊泡状，大小如豌豆，囊内含有透明液和1个小头节。兔场饲养犬、猫或其他野生肉食动物的兔群易感染本病。感染途径为消化道。

（二）临床症状和病理变化

轻度感染一般无明显症状。大量感染时可导致肝炎和消化障碍等表现，如食欲减退，腹围增大，精神不振，嗜睡，逐渐消瘦，最后因体力衰竭而死亡。急性发作可引起突然死亡。剖检见囊尾蚴寄生在肠系膜、网膜、肝表面等处，数量不等，状似小水

泡或葡萄串。有些肝实质中见弯曲的纤维化组织。

（三）诊断

生前仅以症状难以做出诊断，剖检发现豆状囊尾蚴即可做出确诊。实验室可用间接血球凝集试验诊断。

（四）防治措施

1. 预防　兔场内禁止饲养犬、猫或对犬、猫定期进行驱虫。驱虫药物可用吡喹酮，每千克 5 毫克，拌料喂服。带虫的病兔尸体勿被犬、猫食入。

2. 治疗　可用吡喹酮，每千克体重 10～35 毫克，口服，每日 1 次，连用 5 天。

二、棘球蚴病

棘球蚴病是由细粒棘球绦虫的幼虫寄生于兔的肝脏、肺脏等部位而引起的一种寄生虫病。

（一）病原及生活史

病原为细粒棘球绦虫的幼虫。虫体长为 2～7 毫米，由头节和 3～4 个节片组成。寄生于犬等动物小肠内的细粒棘球绦虫成熟后排出虫卵，虫卵直径为 30～36 微米，外被一层辐射线条状的胚膜，里面含有六钩蚴，兔吞食了污染有虫卵的草和水，虫卵在消化道发育为幼虫，幼虫经血流到肝脏、肺脏等处生长为棘球蚴。

（二）临床症状和病理变化

轻度感染，一般不表现临床症状。由于棘球蚴生长缓慢，形状多种多样，大小不等，寄居部位不一，所以可引起不同的临床表现，主要为消瘦、黄疸、消化功能紊乱。棘球蚴寄生于肺时，则表现喘息和咳嗽。严重者表现腹泻，迅速死亡。剖检见棘球蚴主要寄生于实质器官，常见于肝脏，在肝脏形成豌豆至核桃大的囊泡，切开流出黄色液体，切面残留圆形腔洞，囊壁较厚，内膜上有白色颗粒样头节。

（三）诊断

养兔场（户）有养犬史。生前很难诊断，可采用间接血球凝集试验和酶联免疫吸附试验。病死兔在脏器内查到细粒棘球蚴可确诊。

（四）防治措施

养兔场（户）禁止养犬或让犬定期内服吡喹酮，按每千克体重5毫克，一次内服。避免虫卵污染场地、饲草和饮水。患兔可用吡喹酮驱虫，一般按每千克体重50～100毫克，一次口服。

三、肝片吸虫病

本病是由肝片吸虫寄生于肝脏胆管内引起的一种肉兔寄生虫病。

（一）病原及生活史

病原为肝片吸虫，虫体扁平，呈柳叶状，长20～30毫米，宽5～13毫米，新鲜时呈棕红色。

虫体在胆管中产出虫卵，随胆汁进入消化道，随粪便排出体外，落入水中孵化出毛蚴。毛蚴钻入中间宿主——椎实螺体内，经过胞蚴、母雷蚴、子雷蚴多个发育阶段，最后形成大量尾蚴逸出，附着在水生植物或水面上，形成灰白色、针尖大小的囊蚴。兔吃或饮入带有囊蚴的植物或水而被感染。囊蚴进入十二指肠后幼虫脱囊而出，穿过肠壁进入腹腔，而后经肝包膜进入肝脏，通过肝实质进入胆管发育为成虫。虫体在动物体内可生存3～5年（图15-3）。

（二）流行特点

在家畜中以牛、羊发病率最高，肉兔也可发生，有地方性流行的特点，多发生在以饲喂青饲料为主的兔群中（青饲料多采集于低洼和沼泽地带）。

（三）临床症状和病理变化

主要表现精神委顿，食欲不振，消瘦，衰弱，贫血和黄疸

图 15-3　肝片吸虫生活史

A. 终末宿主　B. 中间宿主

1. 虫卵　2. 毛蚴　3. 胞蚴　4. 雷蚴　5. 尾蚴　6. 囊蚴

等。疾病严重时眼睑、颌下、胸腹部皮下水肿。剖检见肝脏胆管明显增粗，呈灰白色索状或结节状，突出于肝脏表面。

（四）诊断

多发生在以饲喂青饲料为主的兔群中（青饲料多采集于低洼和沼泽地带，易受幼虫感染），呈地方性流行。肝脏呈特征病变。

常采用水洗沉淀法检查粪便中的虫卵。虫卵呈金黄色、椭圆形，有一不明显的卵盖，卵黄细胞分布均匀。

（五）防治措施

1. 预防　注意饲草和饮水卫生，不喂沟、塘及河边的草和水。对病兔及带虫兔进行驱虫。驱虫的粪便应集中处理，以消灭虫卵。消灭中间宿主椎实螺。

2. 治疗　①硝氯酚具有疗效高、毒性小、用量少等特点，按每千克体重 1～2 克，肌内注射。②双酰胺氧醚 10%混悬液，每次每千克体重 100 毫克，口服。③丙硫苯咪唑，每千克体重

3～5 毫克拌入饲料中喂给。④肝蛭净，每千克体重每次 10～12 毫克，口服。

(六) 诊疗注意事项

流行特点仅作诊断参考，确诊应依据粪便虫卵检查和肝病变检查。注意与肝球虫病鉴别。

四、兔肝毛细线虫病

本病是由肝毛细线虫寄生于兔的肝脏所引起的以肝硬变和中毒现象为主要症状的疾病。

(一) 病原及生活史

肝毛细线虫属毛首科毛细属，成虫呈毛发状，体长 4～5 厘米，最长可达 10～12 厘米。虫卵两端各有 1 个结节，卵壳表面有许多小杆形线。成虫寄生于肝组织内，雌虫在肝组织内产卵，虫卵一般无法离开肝组织，在虫卵周围形成直径为 0.1～0.2 厘米大小、灰黄色的小结节而使肝脏明显肿大。感染动物的尸体腐烂和分解是虫卵释放的主要途径。虫卵经 4～6 周发育为感染虫卵，这种感染性虫卵再被人或动物吞食后而感染，卵中幼虫在肠内孵出，钻入肠壁，通过门静脉进入肝脏发育为成虫。

(二) 临床症状和病理变化

一般无明显的症状表现。剖检可见肝脏有不同程度肿大或发生肝硬变，肝表面出现数量不等的绿豆大小的或带状的淡黄色结节，常可发现不易剥离的纤细虫体。

(三) 诊断

本病无明显的临床表现，同时因虫卵滞留于肝脏不能随粪排出，生前诊断十分困难。诊断必须依靠尸体剖检，在肝脏中发现虫体或虫卵做出确诊。

(四) 防治措施

1. 预防　消灭鼠等野生啮齿动物，并防止狗、猫等动物粪便污染兔舍、饲料、饮水和用具。病兔的肝脏不宜喂给别的

动物。

2. 治疗 发病时可试用丙硫咪唑，每千克体重 10～15 毫克，一次内服。必要时 1～2 周后再服 1 次，安全有效。

五、栓尾线虫病

本病是由栓尾线虫引起的一种感染率较高的内寄生虫病。

（一）病原及生活史

病原为栓尾线虫。雄虫长 3～5 毫米，宽 330 微米，有一弯曲的交合刺。雌虫长 8～12 毫米，宽 500 微米，阴门位于前端，肛门后有一细长尾部。虫卵大小为 103 微米×43 微米，虫卵排出后不久即达感染期。兔吃到感染性虫卵而感染，虫体在盲肠和结肠发育成成虫。

（二）流行特点

本病分布广泛，是肉兔常见的线虫病，獭兔多发，成虫寄生于獭兔的盲肠和结肠。

（三）临床症状和病理变化

少量感染时，一般不表现症状。严重感染时，表现心神不定，因肛门有蛲虫活动而发痒，用嘴啃舔肛门。采食，休息受影响，食欲下降，精神沉郁，被毛粗乱，逐渐消瘦，腹泻，可发现粪便中有乳白色线头样栓尾线虫。剖检见大肠内也有栓尾线虫。

（四）诊断

根据患兔常用嘴啃舔肛门的症状可怀疑本病，在肛门处、粪便中或剖检时在大肠发现虫体即可确诊。实验室检查时，可用饱和盐水浮集法检查虫卵。

（五）防治措施

1. 预防 加强兔舍、兔笼卫生管理，对食槽、饮水用具定期消毒，粪便堆积发酵处理。引进的种兔隔离观察 1 个月，确认无病方可入群。兔群每年进行 2 次定期驱虫。

2. 治疗 ①伊维菌素有粉剂、胶囊和针剂，根据说明使用。

②丙硫苯咪唑（抗蠕敏）每千克体重10毫克口服，每天1次，连用2天。③左旋咪唑，每千克体重5～6毫克口服，每天1次，连用2天。

第三节　外寄生虫病

一、兔虱病

本病是由兔虱寄生于兔体表所引起的寄生虫病。

（一）病原及生活史

舍饲肉兔虱病一般为兔嗜血虱，成虫长1.2～1.5毫米，背腹扁平，灰黑色，有3对粗短的足。圆筒形的卵粘着在兔毛根部，经8～10天孵化出幼虫。幼虫在2～3周内经3次蜕皮发育为成虫。雌虫交配后1～2天开始产卵，可持续产卵40天。

（二）致病作用与危害

每只虱每日可吸血0.2～0.6毫升，大量寄生时，引起兔贫血、消瘦，幼兔发育不良。同时在吸血时，可分泌带有毒素的唾液，刺激神经末梢，引起瘙痒、不安，影响休息与采食。病兔的啃咬、擦痒造成皮肤损伤，有时可继发细菌感染，引发化脓性皮炎，并降低毛皮质量，其危害十分严重。

（三）诊断

诊断比较容易，兔有搔痒症状，检查体表找到虱或虱卵即可确诊。

（四）防治措施

1. 治疗　阿维菌素或伊维菌素系列产品，按有效成分每千克体重0.2～0.4毫克，口服或皮下注射。

2. 预防　引进兔时务必隔离观察，防止将虱病引入兔场。定期检查，发现病兔立即隔离治疗。兔舍要保持清洁卫生和干燥。

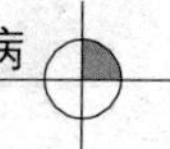

二、兔疥螨病

疥螨病是肉兔常见病、多发病之一，俗称“生癞”，是兔疥螨寄生于皮肤的一种外寄生虫病。本病具有高度的侵袭性，发病后如不及时采取有效的防治措施，会迅速传遍全群，造成严重危害。本病特征为患部剧痒、兔体消瘦、皮肤结痂和脱毛。

兔螨的发育过程分为虫卵、幼虫、稚虫和成虫4个阶段。

（一）临床症状

螨寄生于头部、耳内、脚趾间及嘴、鼻、眼周围的少毛部位皮肤的真皮层，由于疥螨在真皮层挖隧道，排出有毒代谢物质，刺激末梢神经，而使兔奇痒难忍，患兔在兔笼锐边摩擦止痒，趾抓嘴啃，以致皮肤被抓伤咬破，继发炎症，形成水疱和溃疡。溃疡面流出混有血液的炎症渗出液，干涸后结成硬痂，使患部皮肤变厚、龟裂。随着病情发展，病灶部位毛脱落，形成很厚的糠麸样结痂面。结痂严重时，使患兔嘴唇变厚而发硬、阻塞鼻孔，影响采食和呼吸，患兔由于奇痒而无法安静，逐渐消瘦和虚弱，最后死亡。

（二）防治措施

1. 预防

（1）定期消毒兔舍、兔笼及用具，笼底板要定期浸泡于2%敌百虫水溶液中洗刷，洗净后晾干，用火焰喷灯消毒。

（2）定期检查兔群，一旦发现本病，要及时予以隔离、消毒、治疗，尽量缩小传播范围。

2. 治疗　在治疗时要先剪去患部周围被毛，用温水浸软痂皮后，仔细刮除，再行涂药，以提高疗效。治疗方法如下：

（1）2%敌百虫水溶液或软膏擦洗、浸泡或涂抹患部，每天1次。

（2）0.1%乐杀螨溶液涂擦患部，每天1次。

（3）蝇毒磷是治疗疥螨的有效药物。以毛笔蘸取蝇毒磷药液

(16%蝇毒磷乳油加水70倍稀释而成)涂擦患处,每天1~2次,每隔7天继续1次。

(4)碘甘油合剂治疗耳螨。以5%碘酊3份,甘油7份混合涂擦患部。

(5)灭虫丁注射液,每千克体重皮下注射0.2毫升,也可涂擦患部。

不论采用以上哪种方法治疗,均需注意:涂药前一定要将患部与健康皮肤交界处的皮肤用小刀刮糙,再行用药,因为虫体大多聚集在交界处;治疗时要有耐心,由于皮下的虫卵经7~15天又可发育为成虫,而药液仅可杀灭成虫,对虫卵作用甚微,故应在治疗一个疗程后,停7~10天再重复一个疗程,以免前功尽弃。因兔子不耐药浴,不能将整只兔子浸泡于药液中,仅可依次分部位治疗。严格消毒与反复治疗相结合:疥螨病必须在治疗的同时,对周围环境要严格地消毒。因疥螨病的污染面广,感染机会多,复发率高,在治疗中要严格消毒和反复治疗同时进行,这样才能取得良好效果。

三、兔痒螨病

(一)临床症状

病兔食欲减退,逐渐消瘦,不断摇头,用脚搔耳朵,焦躁不安,外耳道内有干燥的黄色痂皮,塞满了整个耳朵,有个别兔表现歪头,最后出现抽搐而死亡。

(二)诊断

根据症状即可确诊为兔痒螨病。

(三)防治措施

1. 治疗

(1)发现病兔及时隔离治疗,对笼舍用具用1%~2%敌百虫溶液喷洒严格消毒。

(2)选用虫克星涂擦剂进行耳道内涂擦,每天2次,连用3

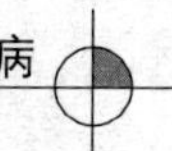

天，效果明显，根据螨的发育规律，隔一周后再治疗一次。

2. 预防

（1）搞好兔舍卫生，经常保持清洁、干燥、通风，饲养密度不要过大。

（2）要经常观察每一只兔，发现病兔立即隔离治疗，同时要对兔舍、笼具全面消毒，选用杀螨剂。

（3）饲料要全价，特别要注意维生素不足的问题，以提高兔的抵抗力。

（4）定期对兔群进行药物预防，即每半年对健康兔用1%～2%的敌百虫溶液蘸脚、滴耳，新购入的兔子也要进行预防性清洗脚爪及耳部。

（5）引进种兔一定要严格检疫，隔离观察一段时间后，确认无病再混群。

第十六章 营养性疾病

第一节 维生素缺乏症

一、维生素A缺乏症

维生素A缺乏症是由于饲料内维生素A原或维生素A不足或吸收机能障碍引起，临床上以生长迟缓、角膜角化、生殖机能低下为特征的营养性疾病。

（一）病因

日粮中缺乏青绿饲料，或饲料的贮存不当，如暴晒、酸败、氧化等，使饲料中的维生素A前体化合物（胡萝卜素或维生素A原）遭到破坏，而引起维生素A缺乏。研究证明，胡萝卜素转化为维生素A，主要是在肉兔体内的肝脏和小肠内进行的，而且必须在胡萝卜素酶的作用下才能完成。这种氧化酶在小肠内活性特别高。因而患有肠道病和肝脏病的肉兔，由于影响维生素A的转化和贮存易诱发本病。

（二）临床症状

1. 眼部角膜表现出模糊的白斑或白带，一般在角膜中央或稍偏一点，角膜混浊、粗糙、干燥，眼周围堆积干结痂或脓性分泌物，球结膜边缘发生色素沉着；若此时再不补充维生素A，病症将进一步恶化，出现完全的角膜炎、虹膜睫状体炎，眼前房积脓，以致永久失明，用显微镜检查眼底可见视网膜上有白色斑点。

2. 母兔发生不孕或不能繁殖，即使能受精怀孕，也会发生

早期胎儿死亡或被吸收、易流产、易产死胎或畸胎。

3. 仔幼兔易发生脑积水，这是母兔缺乏维生素 A 导致脑脊髓液压升高所致，即使不发生脑积水的仔幼兔，也生长迟缓，体重减轻，到后期自发运动减少，甚至不愿活动，有与寄生虫性中耳炎类似的神经症状，如转圈，头转向一侧，左右摇摆，头部回缩，四肢麻痹，有时发生惊厥，严重时倾跌后翻，失去控制能力。

（三）病理变化

在兔的尸体剖检中，维生素 A 缺乏的明显损害为眼和脑。慢性维生素 A 缺乏，由于动物机体抵抗力下降再继发感染，经常发生肺炎和肾炎。患病母兔所生仔兔，刚生下来就有脑内积水，前囱宽软，由少量成骨结缔组织组成，头部背侧可见一突出的隆起。小脑通过枕骨孔形成疝，大脑变薄、易脆。

病理组织学检查，角膜和球结膜上皮角化，角膜上皮偶尔发生囊肿变性和溃疡，角膜基质水肿、血管增生和炎性细胞浸润。此外，神经系统、骨骼和肾脏等也有明显的组织学变化。

（四）诊断

主要根据饲养管理情况及临床症状进行综合诊断，必要时采血送实验室，检查血浆中维生素 A 的含量，这是诊断此病最可靠的根据。

（五）防治措施

1. 预防　从源头抓起，主要给母兔供给充足的维生素 A 或胡萝卜，以保证母兔的自身健康，正常发情，及时受孕，使胎儿正常发育，生产健壮的子代。供给的饲料来源应富含有胡萝卜素，饲喂优质牧草及黄色玉米、胡萝卜、老南瓜、黄心甘薯等饲料是预防维生素 A 缺乏的简单易行、效果最可靠的办法，因为胡萝卜素或类含胡萝卜素（如隐黄素、藻黄素等）在母兔体内经胡萝卜素酶的作用后可转化为维生素 A。

2. 治疗

（1）内服维生素 A 胶丸，每丸含维生素 A 2.5 万国际单位，每只母兔内服600～3 000国际单位，每天1次，连续服7天为一个疗程。停服7天后再服7天，直到母兔体况正常健康为止。

（2）内服鱼肝油，每次1～2毫升。

（3）用1毫升含维生素A 5万国际单位、维生素D 5 000国际单位联合或混合进行肌内注射，每只母兔或缺乏维生素A的兔1次量0.25毫升，隔1天注射1次，连续7天。

二、维生素D缺乏症

佝偻病亦称维生素D缺乏症，是幼龄动物软骨骨化障碍、骨基质钙盐沉着不足的营养代谢性疾病。

（一）病因

母兔维生素D缺乏是本病的主要原因。母兔长期吃缺乏阳光照射的干草，因植物固醇不能转变为维生素D_2而无法获得维生素D；母兔又被禁闭，不能照射到阳光，皮肤不能合成维生素D_3；或胃肠道疾病无法吸收饲料中的维生素D，因而导致乳汁中缺乏维生素D，引起哺乳仔兔患病。其次是仔兔断乳过早，而饲料中又缺乏维生素D或光照不足，或患有胃肠道疾病妨碍维生素D的吸收，引发本病。

（二）临床症状

仔兔先天性维生素D缺乏，表现为站立时间延迟、肢体异常、变形、站立不稳、四肢向外倾斜。后天性的首先表现为异嗜，乱啃墙壁、石块、垫草等。精神、食欲、发育均较差。之后出现四肢关节疼痛，跛行，严重者骨变形、弯曲，在肋骨与肋软骨结合处出现特征性的“串珠肋”，肋骨内陷，胸骨凸出，形成“鸡胸”。

（三）诊断

根据异嗜、骨变形、“串珠肋”等，结合病史调查，可以作出诊断，必要时化验饲料中维生素D含量。

（四）防治措施

1. 预防　主要是对孕兔和哺乳母兔提供含维生素D的饲料，多晒阳光和运动，并保持饲料中适当的钙磷、比例（1∶0.9～1）。

2. 治疗　首先要补充维生素D：可用维丁胶钙注射液按1 000～2 000国际单位/只肌内或皮下注射，每天1次，连用5～7天；或维生素D_3注射液按每千克体重1 500～3 000国际单位肌内注射，也可口服鱼肝油1～2毫升/只，连用5～7天，同时注意补充骨粉、贝壳粉等。对症状不严重的病兔，也可采用多晒太阳，同时注意补钙的疗法。

三、维生素E缺乏症

维生素E是一种天然脂溶性物质，在体内有多种重要的生理功能。兔缺乏维生素E，可导致营养性肌肉萎缩。

（一）病因

维生素E是9种具有维生素E活性的生育酚的总称。它的主要功能是作为一种生物学抗氧化剂。兔对维生素E的需要量，据估计为每千克体重每天0.32～1.4毫克。兔的维生素E缺乏症主要是由于饲料中维生素E含量不足，长期饲喂劣质饲草或变质的饲料，造成维生素E大量破坏。其次，当饲料中不饱和脂肪酸含量过高时，机体对维生素E的需要量也相对增高，若长期饲喂含不饱和脂肪酸的饲料，也容易引起维生素E缺乏症。当肝脏患病时（如肝球虫感染），由于维生素E贮存减少，而利用和破坏反而增加，因而也易发本病。

（二）临床症状及病理变化

幼兔主要导致营养性肌肉萎缩，病初期主要是肌酸尿，减食，增重停止，继之病兔前肢僵硬，头稍回缩，体重急剧下降，食欲废绝。最后阶段病兔营养极度不良，进行性肌无力，全身紧张性下降，衰竭死亡。母兔维生素E缺乏，主要表现为受胎率下降，死胎增多，新生仔兔死亡率高。

病变可见骨骼肌及心肌、咬肌、膈肌萎缩，极度苍白、坏死，肌纤维有钙化现象。其中腰肌有出血条纹和黄色坏死斑。

（三）诊断

根据症状、病变可以作出初步诊断，确诊需对饲料中维生素E进行检测。

（四）防治措施

1. 预防　注意保证饲料中维生素E的供应。饲料中以种子胚芽中维生素E含量最高，青饲料中，大麦芽、苜蓿草的含量较高，应考虑补充；豆科牧草含不饱和脂肪酸较高，含硒较低，饲喂时应适当增加维生素E的供给。当饲料贮存时间过长或酸败时，饲料中脂肪较多（不饱和脂肪酸也高）时，肝脏患病时，或母兔妊娠而对维生素E需求增加时，可考虑在饲料中直接补充维生素E，并应及时治疗肝球虫病及其他肝脏疾病。

2. 治疗　主要是补充维生素E，由于维生素E和硒有协同作用，也可同时补硒。可肌内注射维生素E，按1 000国际单位/只用量，每天2次，连用2～3天；也可肌注亚硒酸钠维生素E注射液，按0.5～1毫升/只，每天1次，连用2～3天。

第二节　矿物质缺乏症

一、钙缺乏症

钙缺乏症是由于日粮中长期缺钙，或钙、磷比例失调、维生素D含量不足，以及其他慢性消化不良等引起的以骨骼变形、运动障碍为特征的一类代谢病。

（一）病因

钙不仅是动物骨骼的重要成分，保持骨骼的坚硬性，而且也介入全身性的机体物质代谢，参与组织中维持渗透的作用，同时也是重要的血浆成分。长期饲喂贫钙饲料或饲料来源于土壤贫钙

区，则会渐渐引起钙缺乏，特别是妊娠和泌乳期的母兔更易引起本病。长时间喂给单一的块根类饲料，内富含草酸，可产生脱钙作用，而引起钙缺乏。维生素 D 不足是钙缺乏的诱因，因维生素 D 具有促进钙的吸收作用。肝病和胃肠道疾病也会影响钙的吸收作用。此外，钙、磷比例失调也会造成钙吸收障碍。

（二）临床症状

病兔食欲减退，异嗜，经常啃吃被粪尿污染的垫草、被毛。由于血钙不足而动用骨骼中的储备钙，致使骨骼软化，膨大，并易发骨折，体质虚弱，眼晶状体混浊。成年兔体表面骨、长骨肿大，走路跛行。生长发育中青年兔钙缺乏，拔食自身被毛。幼兔出现骨骼弯曲，出现明显的肋骨和肋软骨连接处增大和骨骺变宽等骨软症症状。分娩前后的母兔主要表现产后瘫痪，或因髋关节变形而造成难产和仔兔死亡率增高。

（三）诊断

根据日粮组成、临床症状，结合血清钙含量降低可以确诊。

（四）防治措施

1. 预防　饲料应用多品种组成的混合料，一种饲料贫钙时可由另一种高钙饲料来平衡，喂给富含钙、磷的饲料，如豆科干草、麸糠等，或喂给钙、磷补充饲料，并注意调整钙、磷的比例（钙：磷为 1～2：1）．还要保证维生素 D 的含量。对妊娠和哺乳期的母兔，应在日粮中补加无机盐，如骨粉、石粉、贝壳粉或市售钙制剂等。同时，及时治疗各类肝、肠道疾患。要加强护理，多加垫草，天冷时注意保暖，饲料中注意添加优质骨粉。

2. 治疗　静脉注射 10％葡萄糖酸钙注射液，每千克体重 0.5～1.5 毫升，每天 1～2 次，连用 5～7 天。口服碳酸钙或医用钙片。肌内注射维生素 D 制剂，如维丁胶性钙注射液，每千克体重 0.05～0.1 毫克，每天 1 次，连续注射 5～7 天。对于产后瘫痪兔，可耳静脉注射 10％葡萄糖酸钙 5～10 毫升，注射后

6～12小时病兔如无反应，可重复注射，但一般不能超过3次。

二、磷缺乏症

磷缺乏症是由于饲料中长期缺磷，或钙、磷比例失调等引起的以生长发育不良、体重减轻、骨骼肿大、变形等为特征的一种代谢病。本病往往与钙缺乏症同时发生。

（一）病因

磷代谢作用与机体的钙代谢作用紧密关联，因为钙与磷结合成磷酸钙和磷酸氢钙，并以此种形态贮存于骨骼系统之中，两者之间互为因果，相互制约，故两者的缺乏症往往是同时或先后出现。但是，磷不仅满足与钙的化合中起支持物质的功用，而且也参与构成蛋白质和酶的合成。大脑组织富有磷，复杂的磷化合物以多种多样的形式介入机体的全身物质代谢和细胞的特殊新陈代谢之中，调节生命过程。当饲料中的钙、磷比例为2∶1时，钙、磷能很好地结合。当土壤缺磷，造成饲料中也缺磷，不能满足兔的需要，特别是幼兔、妊娠或哺乳母兔的需要，或饲料中的钙、磷比例失调，钙比例低时，维生素D或光照不足，影响钙、磷的吸收利用，而引起磷缺乏症。

（二）临床症状

患磷缺乏症的病兔往往与钙缺乏症同时出现。幼仔兔的典型症状为佝偻病，主要表现为骨质软弱、腿骨弯曲、脊柱呈弓状和末端粗大。生长发育期的青年兔表现为消化功能紊乱、异嗜癖、骨骼严重变形等软骨病的症状。分娩前后的母兔主要表现为产后瘫痪，典型的病兔症状发展很快，病初通常是食欲减退或废绝，精神沉郁，表现轻度不安，有的表现神经兴奋症状，头部和四肢痉挛，不能保持平衡，随后后肢瘫痪。

（三）诊断

根据临床症状，饲料中钙、磷含量测定，结合血清磷浓度检测可以确诊。

（四）防治措施

1. 预防　加强饲养管理，合理搭配日粮，喂给富含钙、磷的饲料，如豆科干草、糠麸等，或喂给钙、磷补充饲料，并注要调整钙、磷的比例，使磷的总量约占饲料的0.5%。还要保证维生素D的含量，及时治疗肠道疾患，这样即可有效地预防本病的发生。

2. 治疗　发病肉兔可补充磷酸钙制剂。肌内注射维生素D制剂，如维丁胶性钙注射液，每千克体重0.05～0.1毫克，每天1次，连注5～7天。静脉注射10%葡萄糖酸钙注射液，每千克体重0.5～1.5毫升，每天1～2次，连用5～7天。口服碳酸钙或医用钙片。同时饲料中添加优质骨粉。

第十七章 普通病

第一节 内、外、产科疾病

一、腹泻

各种年龄的肉兔均可发生，但以断奶前后的幼兔发病率最高，治疗不当常引起死亡。

（一）病因

如饲料不清洁，混有泥沙、污物等或饲料发霉、腐败变质；饲料中含粗纤维过多或过少，或吃了大量的冰冻饲料；饮水不卫生或夏季不经常清洗饲槽，不及时清除残存饲料，以致酸败而致病；饲料突然更换，特别是断奶的幼兔，更易发病；兔舍潮湿，温度低，肉兔腹部着凉；口腔及牙齿疾病，也可引起消化障碍而发生腹泻等。

（二）临床症状

1. 消化不良性腹泻 病兔食欲减退，精神不振，排稀软便、粥样便或水样便，被毛污染，失去光泽。病程长的渐渐消瘦，虚弱无力，不愿运动。有的出现轻度腹胀及腹痛。

2. 胃肠炎性腹泻 病兔食欲废绝，全身无力，精神倦怠，体温升高。腹泻严重的病兔，粪便稀薄如水，常混有血液和胶冻样黏液，有恶臭味。腹部触诊有明显的疼痛反应。由于重度腹泻，呈现脱水和衰竭状态，病兔精神沉郁，结膜暗红或发绀，呼吸急迫，常因虚脱而死亡。

（三）防治措施

1. 平时加强饲养管理，不喂霉变、腐败饲料、饲草。要保持兔舍清洁、干燥，温度适宜，通风良好。料槽、水槽定期刷洗、消毒。饮水要卫生，垫草勤更换。饲喂断奶幼兔要定时定量，防止过食。更换饲料应逐渐进行。

2. 发现病兔后，应停止给料，但饮水照常供应。体质较好时，用轻泻药如人工盐2～3克，加水40～50毫升灌服；或植物油10～20毫升灌服。隔1～2小时喂酵母片2～3片或乳酶生4～6片，每天2～3次。

3. 腹泻较重时可用抗菌药物，如用广谱抗生素，如庆大霉素、卡那霉素，每兔0.5～1毫升，肌内注射，每天2次，连用3天。食欲差的兔可灌服健胃剂，如大蒜酊、龙胆酊、陈皮酊2～4毫升。或可静脉注射葡萄糖盐水、5%葡萄糖液30～50毫升，20%安钠咖液1毫升、维生素C 1.0毫升，每天1～2次，连用2～3天。

二、毛球病

在养兔生产中，肉兔的毛球病是一种比较常见的肉兔代谢病，多是由于肉兔食入过多的兔毛，兔毛在胃内绕团再与胃内容物相混绕而形成毛球混合物，滞留在胃内越积越大，阻塞胃肠道而发病，它严重影响肉兔的皮毛质量及养殖效益。

（一）病因

1. 不及时清理兔笼，肉兔采食了脱落于饲料或垫草中的兔毛。

2. 饲料中缺乏某些营养物质（如氨基酸、维生素、矿物质等），导致肉兔食毛。

3. 兔笼狭小，饲养密度过大，极易引起肉兔互相啃咬食毛。

4. 饲料中营养不平衡，精料过多，粗料过少，粗纤维含量过低，肉兔常出现饥饿感而乱咬被毛。

5. 某些体外寄生虫病，如患有疥癣、毛虱等，肉兔奇痒，造成肉兔持续性啃咬，有时拔掉被毛而吞入胃内。

（二）临床症状

病初表现食欲不振，渴欲增加，喜饮水，好卧伏，大便干燥，排出粪便带兔毛，有时呈绳索状，当病情严重时，病兔只饮水不采食，触诊胃部膨胀有毛球疙瘩，如不及时治疗可引起死亡。

（三）防治措施

1. 预防

（1）饲喂全价平衡日粮，适当补充含硫氨基酸、维生素、矿物质等。

（2）饲喂高纤维日粮（特别是长的干草、青草及其他粗饲料）有助于在形成毛球前从胃内清除兔毛，日粮中的粗纤维含量在10%～14%较适宜。

（3）改善饲养管理，兔笼要适当宽敞，饲养密度要适当，生长兔要及时分群。

（4）搞好环境卫生，及时清除粪便垃圾，严防兔毛混入饲料中。

（5）定期用火焰喷灯喷烧兔笼，以烧掉黏附在笼网上的兔毛。

2. 治疗

（1）*药物疗法*　发现毛球病后，早期较轻时可口服多酶片，每次1.2克，每天1次，连服5～7天，使毛球逐渐酶解软化，同时口服泻药（如15毫升花生油，每天2次），以促进毛球排泄；较严重者，除用上述疗法外，还应口服阿托品0.1克，使幽门松弛，以便于毛球下滑，同时配合腹外按摩挤压，促使毛团破碎与排泄。毛球排出后，应喂给易消化的饲料。对有食毛症的兔，还要将食毛兔隔离饲养，并往其饲料中添加1.5%的硫酸钙和0.2%的胱氨酸+蛋氨酸（或1%的毛发粉）。

（2）*手术疗法* 若药物治疗无效者，应立即进行手术，取出阻塞物。

三、积食

积食病是肉兔的常见病之一，俗称肚胀。多发于 2～6 月龄的兔，一般在采食后 2～4 小时发病。发病初期，食欲废绝，胃肠臌气，腹部胀大，敲击有鼓音，口中流涎，卧伏不安。便秘或排粪有异味。后期出现大口喘气，呼吸困难，发出凄惨的嘶叫声。如不及时治疗，病重兔会胀破胃肠而死亡。

（一）病因

本病常发生在饥饿状态下，兔贪吃了大量饲料，造成胃内食物积聚，或吃了易膨胀发酵（麸皮）、难消化的饲料（玉米、小麦），食后又大量饮水而发病。此外，饲料突然改变得适口性好，肉兔食欲大增而引起消化不良，常发生于 2～3 个月龄的幼兔。

（二）临床症状

食后不久，病兔不安宁，卧于一隅，不时呻吟，流涎，磨牙，腹部胀大，叩之如鼓，表现痛苦，严重的病例呼吸衰竭或胃破裂死亡。

（三）防治措施

1. 饲喂要定时定量，更换饲料要逐步进行。

2. 灌服食醋 10～20 毫升，让兔充分运动，食醋可制止胃内容物发酵。

3. 灌服植物油或石蜡油 15～18 毫升，并进行腹部按摩，使胃内容物软化、润滑而便于排出。

4. 大黄苏打片，每次 1 片（0.5 克）内服，每天 2～3 次。

5. 姜酊 2 毫升，大黄酊 1 毫升，温水灌服。

6. 胃内积气时，十滴水 3～5 滴、薄荷油 1 滴，调水灌服。

7. 新斯的明：每只兔 0.1～0.25 毫克，皮下注射。

四、便秘

（一）病因

1. 粗、精饲料搭配不当，精饲料多，青饲料少，或长期饲喂干饲料，饮水不足，均可引发本病。

2. 饲料中混有泥沙、被毛等异物，致使形成大的粪结而发生本病。

3. 运动不足，排便习惯紊乱所致。

4. 继发于排便带痛性疾病，如肛窦炎、肛门炎、肛门脓肿、肛瘘等，或是排便姿势异常的疾病，如骨盆骨折、髋关节脱臼，以及热性病、胃肠弛缓等全身疾病的过程中。

（二）临床症状

病兔食欲减退或废绝，肠音减弱或消失，精神不振，不爱活动，初期排出的粪球小而坚硬，排便次数减少，间隔时间延长，数日不排便，甚至排便停止。有的病兔频作排便姿势，但无粪便排出。病兔腹胀，起卧不宁，回头顾腹等腹部不适表现。触诊腹部有痛感，且可摸到有坚硬的粪块。肛门指检过敏，直肠内蓄有干硬粪块。病兔口舌干燥，结膜潮红，食欲废绝。除继发于某些热性病外，体温一般不升高。剖检时发现肠管内积有干硬粪球，前部肠管积气。

（三）防治措施

1. 预防　本病的预防要点是：夏季要有足够的青绿饲料；冬季喂干粗饲料时，应保证充足、清洁的饮水；保持兔笼干净，经常除去被毛等污物；保持兔适当的运动，保证胃肠蠕动；喂养定时定量，防止饥饱不均，以减少本病发生。

2. 治疗　治疗原则是疏通肠道，促进排便。

首先，病兔禁食1～2天，勤给饮水。其次，可轻轻按摩腹部，既有软化粪便作用，又能刺激肠蠕动，加速粪便排出。或用温肥皂水，或用2%碳酸氢钠灌肠，软化粪便，加速粪便排出；

或用山乌桕根10克，水煎内服；或多酶片2～4片研末加适量蜂蜜兑水，调匀，1次灌服，每天2次，连用2～3天；或用10%鱼石脂溶液5～8毫升，或5%乳酸液3～5毫升内服；或用芒硝、大黄、枳实各3克，厚朴1克，煎汁内服；或用开塞露1支，剪开后插入肛门4厘米左右，挤出药液，结合口服大黄苏打片4片，饮水加补液盐，每天1次，连用2天；或用菜油或花生油25毫升，蜂蜜10毫升，水适量内服；也可用植物油或液体石蜡等润滑剂灌肠排便；或取神曲20～50克压碎，放入200～500毫升温水中，浸泡1～2小时，滤渣后灌服，成年兔30～50毫升，仔幼兔酌减，一般用药1次即愈；或取蜂蜜15毫升，生大黄粉3克，每只兔1次服5毫升，每天3次，但孕兔禁用。

病重兔应强心补液，以增强机体抵抗力。病轻后要加强护理，多喂多汁、易消化饲料，使食量逐渐增加。

五、感冒

感冒，又称伤风，是由寒冷刺激引起的以发热和上呼吸道黏膜表层炎症为主的一种急性全身性疾病。本病是肉兔的常发病，若不及时治疗，常可引起支气管肺炎。

（一）病因

多因寒冷、天气突变、遭受雨淋或剪毛后受寒等原因引起。

（二）临床症状

主要症状是体温升高，达40～41℃，流水样鼻液，有轻度的咳嗽及打喷嚏，同时还有结膜潮红，有时有结膜炎而流泪，皮温不整，四肢末端及耳鼻发凉等症状，病兔精神沉郁，食欲减退，喜卧少动。

（三）诊断

根据有受寒和天气突变的病史，突然发病而发热流涕等症状可以作出初步诊断，在排除了肺炎及传染性疾病后，可以确定为本病。

（四）防治措施

预防主要是加强防寒保暖，保持兔舍干爽、清洁、通风良好。

治疗原则是解热镇痛，防止继发感染。解热镇痛：安痛定注射液，每次1毫升，皮下或肌内注射，每天2次，或安乃近注射液，每次1毫升，肌内注射，每天2次。防止继发感染可肌内注射青霉素20万～40万单位，或肌内注射链霉素0.25～0.50克；也可应用磺胺类药物及其他抗菌药物。同时应加强护理。

六、支气管炎

支气管炎是肉兔的常见疾病之一，是黏膜的急性或慢性炎症，咳嗽、肺脏啰音是该病的主要特征。易在气候多变、寒冷季节发生。

（一）病因

支气管炎多由气温突变、寒流侵袭，兔舍潮湿阴冷、受潮受凉而发病，其次，伤风感冒后未能及时治疗或者护理也容易发生该病。

（二）临床症状

病兔精神沉郁，不爱吃食，不断咳嗽，连打喷嚏，流出黏性鼻涕，流泪，体温升高至41℃左右，呼吸急促，肺泡音强，肺脏啰音，粪便干燥，结膜发绀或潮红。

（三）防治措施

1. 预防　①要搞好平时的饲养管理，喂给营养丰富、容易消化、适口性强的饲料，使肉兔膘肥体壮，具有较强的抗病能力。②兔舍要保持阳光充足，通风干燥，做到冬暖夏凉。③发现兔只伤风感冒，要及时对症治疗，并加强护理。

2. 治疗

（1）消除炎症　可应用青霉素或链霉素等抗生类药物。肌内注射青霉素20万～40万单位，或链霉素0.25～0.5克；也

可肌内注射20%磺胺嘧啶注射液2毫升，每天2次，连用3天；或内服磺胺二甲基嘧啶0.1～0.2克，每天3～5次，连用7天。

（2）祛痰止咳　频发咳嗽而分泌物不多时，可选用镇痛止咳剂：磷酸可待因，每千克体重22毫克，内服每天2～3次，连服2～3天；咳必清，每次12.5～22毫升，每天3次内服，连服3天。

七、肺炎

兔肺炎多因病原菌感染所引起，天气寒冷、体质差是发病的诱因。常见的有肺炎双球菌、葡萄球菌、棒状化脓杆菌、支原体等。灌药时不慎使药液误入气管，可引起异物性肺炎。

（一）临床症状

精神不振，食欲减退或废绝。结膜潮红或发绀。呼吸加快，有不同程度的呼吸困难，严重时伸颈或头向后仰。咳嗽，鼻腔有黏液性或脓性分泌物。若不及时治疗，可发生死亡。

（二）病理变化

肺表面可见到大小不等、深褐色的斑点状肝样病变。

（三）防治措施

1. 预防　加强饲养管理，增强兔的抗病力。严寒季节要注意保温，剪毛、拉毛尽量避开寒流，或采取部分剪、拉毛的办法，幼兔更要注意保温防寒。同时，注意保持室内空气新鲜，勤打扫粪尿。病兔要放在温暖、干燥与通风良好的环境中饲养，并给予营养丰富、易消化饲料，保证饮水，防寒保暖。

2. 治疗　可用抗生素和磺胺类药物。青霉素、链霉素肌内注射，每兔40万～50万单位，每天2次；环丙沙星注射液每千克体重1毫升，肌内注射，每天2次；土霉素内服，每兔1片，每天3次。用药3～5天。体质较差的兔，静脉注射5%葡萄糖液 30～50 毫升，强尔心注射液 0.5 毫升。

八、中暑

肉兔被毛厚，汗腺少，是依靠呼吸散热的家畜之一，且兔肺不发达，呼吸强度低。当夏季持续高温时，肉兔散热困难，极易发生中暑。

（一）临床症状

病兔精神不振，全身无力，站立不稳，头部摇晃，四脚撑开、烦躁不安，体温持续升高，心跳加快，呼吸急促、困难。四肢抽动，眼球突出。口腔、鼻腔充血潮红，唾液黏稠，甚至有血丝。死前发出尖叫，有的盲目奔跑，四肢发抖，最后昏迷不醒，直至死亡。

（二）防治措施

1. 预防　高温季节打开门窗进行通风换气，必要时安装风扇，露天兔场搭盖遮阳棚，降低饲养密度。减少精料喂量，补喂食盐，适当提高饲料中维生素 C 的含量，多喂碳水化合物饲粮。供应充足的饮水，但要预防兔拉稀。

2. 治疗

（1）立即将病兔移至阴凉通风处，用冷毛巾敷头，每隔 4～5 分钟更换一次。

（2）如轻微中暑，可用清凉油或风油精擦鼻端，使其兴奋清醒。

（3）用十滴水 2～3 滴，加温开水灌服或口服人丹 4～5 粒。

（4）较重者，可在其耳朵两边的大静脉、尾尖、脚趾等处，用小针放血。

（5）可用大蒜捣烂取汁或用生姜汁滴鼻。

九、眼结膜炎

（一）病因

兔眼结膜炎的病因：兔舍卫生不良，氨浓度太高，或一些具有强烈刺激作用的消毒液刺激，尘沙、谷皮、草屑等异物落入眼内，以及眼睑外伤均可引起本病。其他疾病如维生素 A 缺乏、巴氏杆菌病等也表现结膜炎。

（二）临床症状

病兔表现程度不同的羞明、流泪、充血、肿胀和热痛症状。疾病初期仅表现流泪，黏膜潮红，轻度肿胀和眼睑半闭；若发展为化脓性结膜炎，则肿胀明显，疼痛剧烈，结膜囊内流出多量脓性分泌物，严重时上、下眼睑粘结在一起。有的病兔炎症侵害角膜，呈现角膜混浊，形成溃疡，甚至穿孔，严重者整个眼球发炎，甚至失明。

（三）防治措施

1. 预防　保持兔舍清洁卫生，通风良好；使用具有强烈刺激作用的消毒液消毒兔舍后，不要立即放入肉兔；经常喂给富含维生素 A 的饲料如胡萝卜、黄玉米、青草等。

2. 治疗　轻者可热敷，并用 2%硼酸溶液冲洗患眼，用抗生素眼药水滴眼。疼痛剧烈者，可用 3%盐酸普鲁卡因滴眼。对重症病兔，肌内注射抗生素或磺胺类药物。由维生素 A 缺乏或巴氏杆菌病等继发者，应及时治疗原发性疾病。

十、湿性皮炎

本病为肉兔皮肤的慢性炎症，常发部位为下颌、颈下，所以又称为垂涎病、湿肉垂病等，呈散发流行。多因下颌、颈下长期受潮湿，继发感染而造成。

（一）临床症状

局部皮肤发炎，部分脱毛、糜烂、溃疡，甚至坏死。可继发各种细菌感染，常为绿脓杆菌感染而将被毛染为绿色，有人称为绿毛病、蓝毛病。其次为坏死杆菌感染。感染可通过淋巴系统和血液向全身扩散。

（二）防治措施

治疗时，先剪去受害部位的被毛，用0.1%新洁尔灭液或1%碘王液洗净，局部涂搽红霉素软膏，或剪毛后用3%双氧水清洗消毒，再涂搽5%碘酊。感染严重者，应肌内注射抗生素。

十一、妊娠毒血症

本病是孕兔妊娠后期常见的致死性代谢性疾病，经产兔和肥胖母兔多发。

（一）病因

病因尚不完全清楚，目前认为主要与营养失调和运动不足有关。品种、年龄、肥胖、胎次、怀胎过多、胎儿过大、妊娠期营养不良及环境变化等因素均可影响本病的发生。本病的发生首先是体内肝糖原被消耗，接着动员体脂去调节血中葡萄糖平衡，结果造成大量脂肪积聚于肝脏和游离于血液中，造成脂肪肝和高血脂，肝功能衰竭，有机酮和有机酸大量积聚，导致酮血症和酸中毒；大量酮体经肾脏排出时，又使肾脏发生脂肪变性，有毒物质更加无法排出，造成尿毒症。同时，因机体不能完成调节葡萄糖平衡而出现低血糖。因此，妊娠毒血症是酮血症、酸中毒、低血糖和肝功能衰竭的综合征。

（二）临床症状

轻者症状不明显，重者可见精神沉郁，呼吸困难，尿量严重减少，呼出气体有酮味。死前可发生流产、共济失调，惊厥及昏迷等症状。血液学检查非蛋白氮升高，钙减少，磷增加，丙酮试验阳性。

（三）诊断

根据症状及病史，结合血液学检查可确诊。

（四）防治措施

1. 预防 在妊娠后期防止营养不足，应供给富含蛋白质和碳水化合物并易消化的饲料，不喂劣质饲料。同时，应避免突然

更换饲料及其他应激因素。对肥胖、怀胎过多、过大，以及易发生该病的品种，可在分娩前后适当补给葡萄糖，可防止妊娠毒血症的发生与发展。

2. 治疗 治疗原则是补充血糖，降低血脂，保肝解毒，维护心肾功能。

首先可静脉注射25%～50%葡萄糖20毫升，同时可静脉注射维生素C 2毫升，肌内注射维生素B_1、维生素B_2各2毫升。

十二、流产与死产

（一）病因

母兔妊娠期间由于机械性因素（如剧烈运动、捕捉保定方法不当、检查妊娠用力过大、产箱过高、洞口太小、笼舍狭小等使腹部受挤压撞击等）、饲养管理因素（在兔舍内有大的响声、猫狗窜入受惊吓、饲料营养缺乏等）、疾病（饲料中毒、生殖器官疾病、急性热性传染病、危重的内外科疾病）因素造成的胎儿不足月流产，或足月但产出死的胎儿。常造成严重的经济损失。

（二）临床症状

肉兔在流产与死产前无明显症状，或仅有精神、食欲的轻微变化，不易注意到，常是在笼舍内见到母兔产出的未足月胎儿或死胎时才发现。怀孕初期，流产可为隐性，即胎儿被吸收，不排出体外，被误认为未孕。有的怀孕15天产出不成形的胎儿，有的提前3～5天产出死胎，有的产仔时间达2～3天，有的产出死胎和活仔。产后多数体温升高，食欲不振，个别兔继发阴道炎、子宫炎，造成不孕。

（三）防治措施

1. 预防 加强饲养管理，保持兔舍安静，找出流产与死产的原因并加以排除。防止早配和近亲繁殖，发现有流产预兆的母兔，可肌内注射黄体酮15毫克保胎。习惯性流产的母兔应淘汰。

2. 治疗 流产后母兔，要保持安静休息，喂给营养丰富易消化吸收的饲料，并加3%食盐。及时用消毒药清洗局部，应用抗生素、磺胺类药物，控制炎症以防继发感染。

十三、吞食仔兔癖

兔吞食仔兔是一种新陈代谢和营养缺乏的综合征，是母兔的一种病态的恶癖。

（一）病因

引起母兔吞食仔兔的原因是多方面的，如母兔自身缺乏食盐或长期供应饮水不足，饲料中钙、磷不足，某些蛋白质和维生素B族缺乏以及其他营养物质供应不足而发生吞食仔兔的恶癖。母兔在分娩时受到惊扰，产仔箱有异味，也会发生吞食仔兔的现象。

（二）临床症状

吞食刚生下或产后数天的仔兔。有时将仔兔全部吃光，有时吞食一部分，有时将仔兔的耳、脚咬去。

（三）防治措施

1. 妊娠母兔要饲喂全价配合饲料，增喂富含蛋白质、矿物质、维生素的饲料，并经常喂给青绿多汁的饲料。

2. 产前给予足够的饮水，产后要及时饮淡盐水。

3. 兔舍要保持干净。产崽时不要围观或大声喧哗。

4. 有吞食仔兔癖的母兔产崽后母兔和仔兔要分开，进行定时哺乳。

5. 在母兔分娩前3～5天，把产箱洗净、消毒，放在阳光下晒干，然后铺上干净的垫草，放在母兔笼内。同时，不能用带有异味（如化妆品味）的手乱摸仔兔，以免母兔闻到后认为不是自己的仔兔而发生食崽现象。

十四、不孕症

（一）病因

1. 营养因素　兔体过肥或过瘦，饲料中缺乏维生素E，公

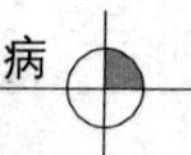

兔会降低精液的品质，母兔则不发情或发情不规律，卵泡发育不健全，交配后卵巢不排卵或少排卵，造成不孕或受胎率低。

2. 种兔使用不当 种公兔配种负担过重或长期不配种使生殖机能衰退，精液品质下降。

3. 季节影响 夏季炎热，秋季换毛，都会使精液量少质差，母兔发情不规律或停止发情。

4. 管理不善 患有子宫炎、卵巢炎、梅毒等生殖器官疾病。

（二）临床症状

母兔体质消瘦，被毛枯焦或脱落，乳房及阴户收缩，食欲减退，精神不振，在子兔断奶后数月未见发情。

（三）防治措施

1. 调剂营养 多喂发芽小麦和青饲料，因为小麦胚中含有大量维生素 E。公母兔过瘦，应喂给煮熟的黄豆，并注意不要使黄豆有馊味。公、母兔过胖时，要多喂用水浸软的豌豆，以增强性欲。

2. 促进发情

（1）异性诱导法 将母兔 2 次/天放入公兔笼内，通过公兔的追逐爬跨刺激，一般 2 天后就会有发情的表现。

（2）复配和双配 复配是同 1 只公兔，在第 1 次交配后，过 8～10 小时再交配 1 次。双配是用两只公兔与 1 只母兔交配，间隔时间是 10～15 分钟。

（3）刺激发情 在母兔的阴户上涂抹一点清凉油刺激一下，涂后 5～6 分钟，母兔就愿意和公兔交配了。

（4）中草药催情排卵 巴戟天、肉苁蓉、党参各 10 克，补骨脂 8 克，当归 6 克，附子、甘草各 3 克，用水 200 毫升，煎成 20%的浓药液，加糖适量内服，每只母兔一次服 10 毫升，3 次/天。

3. 治疗

（1）淫羊藿 15 克研粉，温水灌服，2 次/天，每次加水 1

汤匙。

（2）贯筋、决明子各 5g，水煎取浓汁半小碗，灌服 2 次/天，2 汤匙/次。

（3）狗、牛、驴、羊的肾绞成碎末，拌在精料里喂 3 次/天。

（4）玉兰花（将要开而未开的）10 朵，水煎灌服，2 次/天，1～2 汤匙/次。

十五、乳房炎

（一）病因

母兔泌乳不足或过多、乳汁过稠和外伤感染（其中葡萄球菌是主要的病原菌）等都是乳房炎发生的主要原因。

（二）临床症状

兔乳房炎是哺乳母兔的常见病，多发生在产后 5～20 天。患兔乳房肿胀、发热，有痛感。患部皮肤从开始的淡红色变成红色，以致变成蓝紫色。乳汁中混有脓液和血液，食欲减少，拒绝哺乳。慢性病例，乳房局部形成大小不一的硬块，之后形成脓肿，脓肿破溃后流出豆渣样脓汁。仔兔也会因吮吸了发病母兔的奶后造成仔兔黄尿病而死亡。

（三）防治措施

1. 预防

（1）保持兔笼舍内部清洁卫生，并定期消毒。

（2）清除兔笼、产箱尤其笼底板的尖锐物，防止皮肤损伤。兔体受外伤时，要及时作消毒处理。

（3）对繁殖母兔每年定期注射三次沈氏葡萄球菌蜂胶灭活疫苗，并在母兔分娩后注射一针沈氏兔病康预防感染葡萄球菌病等其他疾病。

（4）产前 2～3 天应适量减少精料。产后 3～5 天内多喂青绿多汁饲料，少喂精料。

（5）分娩后根据母兔泌乳能力，合理调整母兔带仔数。因为

奶多仔兔少，会引起积奶；奶少仔兔多，会导致仔兔用力吮吸、撞击乳房或咬破乳头，引发此病。

2. 治疗 乳房炎轻微时，将乳汁挤出，洗净乳房；严重时实施切开脓疱，排除脓血等常规外科处理。同时涂擦5%龙胆紫酒精溶液，并注射绿环沙星1毫升，每天2次，连用4天。

第二节 中 毒 病

一、食盐中毒

食盐是肉兔体内不可少的矿物质成分，适量可增进食欲，改善消化，但食盐过量导致中毒。肉兔食盐中毒引起死亡，可能是由于重要器官的代谢性病变及脑水肿液的物理性损伤的联合作用的结果。

（一）临床症状和病理变化

患兔兴奋不安，口流涎，倒地四肢强直痉挛，头颈伸直、结膜充血，流泪，呼吸困难，心跳加快，牙关紧闭，最后常因全身麻痹、昏迷而死亡。患兔胃黏膜有广泛性出血，小肠黏膜有不同程度出血。肠系膜淋巴结水肿、出血。脑膜血管扩张、充血、瘀血，组织有大小不一出血点。

（二）防治措施

预防食盐中毒的方法，应严格掌握食盐用量标准，拌料时必须均匀。咸鱼粉不能超过混合饲料的10%。平时喂给充分青绿饲料和饮水。患兔可大量给清水，皮下或肌内注射溴化钾镇静剂，同时静脉注射10%葡萄糖有一定疗效。

二、有机氯化合物中毒

有机氯化合物是一种应用范围很广的杀虫剂。常用的有滴滴涕、新合成的艾氏剂、狄氏剂、氯丹等，饲料被其污染后可发生中毒。

（一）临床症状

表现胆小，敏感性、攻击性增强，神经系统发生障碍，运动失调、痉挛、脚步不稳，常在此状态下死亡。

（二）防治措施

1. 用盐类泻剂和中枢神经系统镇静剂治疗。

2. 内服碱性药物，如碳酸氢钠或氯化镁，也可将3克氢氧化钙溶解在100毫升冷水中搅拌澄清后应用，还可用碱性溶液洗胃或灌肠。

3. 为预防有机氯中毒，每千克饲料中氯含量不得超过0.5毫克。

三、有机磷化合物中毒

本病是因肉兔误食使用过有机磷农药的蔬菜、谷类、植物种子或田间杂草，治疗体外寄生虫时用药不当而引起的中毒病。有机磷化合物包括敌百虫、敌敌畏、1605、1059、3911、乐果、马拉松、二嗪农等多种。

（一）临床症状

在接触毒物后0.5～4小时内出现症状，表现不吃，流涎，流泪，瞳孔缩小，心跳加快，呼吸急促，全身肌肉震颤或兴奋不安，发生痉挛。最后因全身麻痹、窒息死亡。轻症只表现流涎和拉稀。

（二）病理变化

最急性病例剖检常无明显病变。病程稍长的胃肠黏膜肿胀，上皮脱落或坏死，时有出血斑块。肝、脾、肾轻度肿胀。肠系膜淋巴结出血，肺充血、水肿，支气管内有多量分泌物。

（三）防治措施

对已发生中毒的病兔应立即抢救。不论是哪一种有机磷农药中毒，都可以用阿托品缓解和解除症状，用解磷定或氯磷定解毒。阿托品每兔可肌内注射0.5～5毫升，以流涎停止和瞳孔缩

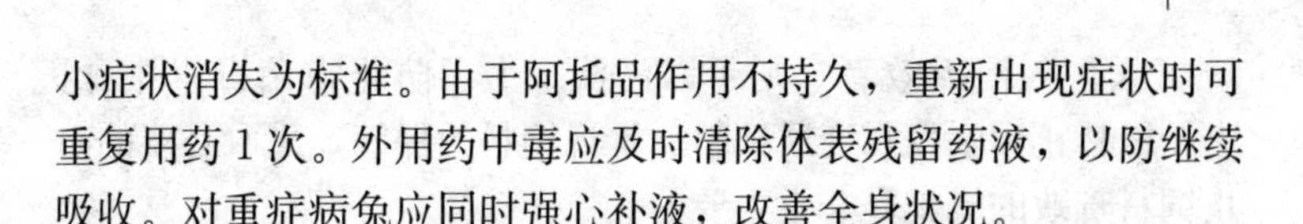

小症状消失为标准。由于阿托品作用不持久，重新出现症状时可重复用药1次。外用药中毒应及时清除体表残留药液，以防继续吸收。对重症病兔应同时强心补液，改善全身状况。

对青饲料的来源应严格控制，避免将有机磷农药混入肉兔的饲料、饮水中。在用敌百虫治疗肉兔内外寄生虫时，应准确计算用量，防止本病的发生。

四、霉菌毒素中毒

肉兔霉菌毒素中毒而出现全身瘫软等症。发病原因多数是由肉兔采食了被霉菌污染并产生毒素的饲料、饲草等引起的，是一种急性或慢性中毒性疾病。这些毒素会引起动物肾脏和肝脏损害、繁殖机能降低，甚至造成死亡。此外，麦角生物碱也是一种常见的霉菌性毒素，可危害中枢神经系统和血管平滑肌，可造成血液循环障碍，引起坏疽。病兔表现为跛行和四肢疼痛等症状。

（一）临床症状

中毒肉兔常呈急性发作，出现流涎，腹泻，粪便恶臭，混有黏液或血液。病兔出现精神沉郁，呼吸急促，运动不灵活，或倒地不起，最后衰竭死亡。妊娠母兔常引起流产或死胎。

（二）病理变化

剖检可见病兔肝脏明显肿大，表面呈淡黄色。肝实质变性，质地脆。胸膜、腹膜、肾脏、心肌及胃肠道出血。肠黏膜容易剥脱。肺充血、出血。

（三）防治措施

本病无特效解毒药物。疑为中毒时应立即停止喂给发霉饲料，采用对症治疗，即尽快排出已食饲料，补充体液保肝解毒。停食1天，而后改喂优质饲料和清洁饮水。急性中毒时，用0.1%高锰酸钾溶液或2%碳酸氢钠溶液洗胃、灌肠，然后内服5%硫酸钠溶液50毫升，同时静脉滴注或注射5%葡萄糖氯化钠液50～100毫升、维生素C 0.5～1.0克，每天1～2次，连用

1～2 天。久治无效者，则予以淘汰。为了防止霉菌毒素中毒，应严格禁止饲喂发霉变质饲料。重视饲料的保管，采取必要的防止饲料霉败的措施是非常重要的。

参考文献

谷子林，薛家宾 . 2007. 现代养兔使用百科全书 . 北京：中国农业出版社 .

晋爱兰 . 2005. 兔病防治指南 . 北京：中国农业出版社 .

马新武 . 2000. 肉兔生产技术手册 . 北京：中国农业出版社 .

任克良 . 2008. 兔场兽医师手册 . 北京：金盾出版社 .

图书在版编目（CIP）数据

肉兔生产配套技术手册/陆桂平，刘海霞，李巨银主编．—北京：中国农业出版社，2012.12
（新编农技员丛书）
ISBN 978-7-109-17406-1

Ⅰ．①肉…　Ⅱ．①陆…②刘…③李…　Ⅲ．①肉用兔—饲养管理—技术手册　Ⅳ．①S829.1-62

中国版本图书馆CIP数据核字（2012）第277876号

中国农业出版社出版
（北京市朝阳区农展馆北路2号）
（邮政编码100125）
责任编辑　颜景辰

中国农业出版社印刷厂印刷　新华书店北京发行所发行
2013年7月第1版　2013年7月北京第1次印刷

开本：850mm×1168mm 1/32　印张：11.625
字数：286千字　印数：1～5 000册
定价：26.00元